化学信息技术基础实验

周　新　编

华中科技大学出版社
中国·武汉

内容简介

本书除绪论外，共分为7章，第1章介绍了用PowerPoint 2010制作化学课件；第2章介绍了用Visio 2010绘制各种化学图形、化工工艺流程图、过程示意图等；第3章、第4章介绍了用ChemBioDraw、ChemWindow、ISIS/Draw等软件进行化学图形处理及化学信息获取的方法；第5章介绍了绘图及数据分析软件Origin的使用方法；第6章介绍了多媒体管理及电子试卷的开发工具Authorware；第7章介绍了化学文献检索。

本书可作为本、专科化学化工及相近专业学生学习计算机信息处理的教材，也可作为化学编辑、中学化学教师和化学化工科技工作者的参考书籍。

图书在版编目(CIP)数据

化学信息技术基础实验/周新编. —武汉：华中科技大学出版社，2022.1
ISBN 978-7-5680-7813-9

Ⅰ. ①化… Ⅱ. ①周… Ⅲ. ①化学实验-应用软件 Ⅳ. ①O6-3

中国版本图书馆CIP数据核字(2021)第267954号

化学信息技术基础实验 周 新 编
Huaxue Xinxi Jishu Jichu Shiyan

策划编辑：王新华 封面设计：秦 茹
责任编辑：李 佩 责任监印：周治超
责任校对：刘 竣
出版发行：华中科技大学出版社(中国·武汉) 电话：(027)81321913
武汉市东湖新技术开发区华工科技园 邮编：430223
录 排：华中科技大学惠友文印中心
印 刷：武汉市洪林印务有限公司
开 本：710mm×1000mm 1/16
印 张：14.5
字 数：280千字
版 次：2022年1月第1版第1次印刷
定 价：36.00元

前　　言

计算机技术的发展，使人们在20世纪中后期逐渐意识到，各学科的信息通过计算机技术可以得到高效的处理和传播，化学信息亦是如此。美国化学会在1999年定义“化学信息学”涉及的领域包括化学信息的设计、制造、组织、处理、检索、分析、传播和使用。通过化学信息学的研究，化学工作者能够记录和了解化合物的结构、化学参数、光谱数据等；可以进行化合物微观结构计算，寻找合成路线中适合条件的目标分子；可以进行统计分析，将数据可视化表达；可以用之辅助绘制复杂物质分子及反应过程、微观结构、反应能量变化、反应装置；还可以进行化学及相关领域内的信息检索与查询。

“化学信息技术”是比“化学信息学”更加广泛的一个概念，它是利用计算机信息处理能力来解决跟化学相关的问题。2011年由教育部高等学校化学类专业教学指导分委员会编制的《高等学校化学类专业指导性专业规范》，要求化学类专业的教学内容包括“化学信息的获取、处理和表达”“化学实验的信息化教学”等，并要求化学类专业学生“要有查阅资料、获取信息的能力”。基于上述要求，编者编写了这本书，考虑到时代与教育的发展需要，让化学学科融合计算机信息技术，更好地服务于科技进步，是国家大力提倡的“课程思政”的基本要求。因此，本书亦是“新师范”建设背景下立足校本放眼国际的《有机化学实验》课程思政的设计与探索这一教学研究课题的一个成果。同时，也希望本书能在处理一系列专业的信息问题时为广大化学工作者提供参考和帮助。

本书立足于化学领域内各类信息的计算机处理，内容精当，难度适中，主要介绍了在化学化工及相关学科领域内使用计算机进行信息处理的操作方法与技巧，通过经典软件的应用，以及大量操作实例介绍了化学课件制作，化学化工绘图，复杂的分子式、方程式、轨道式和电子式的绘制，化学实验装置图、化工流程图的绘制，各类化学化工过程及现象的多媒体呈现，化学数据分析以及化学文献检索的具体方法。由于编者水平有限，书中难免有错漏之处，敬请各位读者批评指正。

编　者

目　录

绪论 …………………………………………………………………………… (1)
第 1 章　多媒体信息处理工具 PowerPoint …………………………………… (5)
1.1　PowerPoint 2010 的使用准备 ……………………………………………… (5)
1.2　PowerPoint 2010 的打印及退出 …………………………………………… (11)
1.3　PowerPoint 2010 页面的编辑 ……………………………………………… (12)
1.4　PowerPoint 2010 的视图 …………………………………………………… (23)
1.5　PowerPoint 2010 页面对象的插入 ………………………………………… (24)
1.6　PowerPoint 2010 页面的播放 ……………………………………………… (33)
1.7　PowerPoint 2010 的应用实例 ……………………………………………… (40)
第 2 章　流程示意图绘制软件 Visio ………………………………………… (55)
2.1　Visio 2010 的安装、启动、新建、打开和保存 ……………………………… (55)
2.2　Visio 2010 的菜单简介 ……………………………………………………… (57)
2.3　Visio 2010 制图情况介绍 …………………………………………………… (63)
2.4　Visio 2010 制图,绘制分子式、方程式 ……………………………………… (74)
2.5　Visio 2010 制图 ……………………………………………………………… (81)
第 3 章　化学绘图软件 ChemBioDraw ………………………………………… (87)
3.1　ChemBioOffice 2014 的安装 ………………………………………………… (88)
3.2　ChemBioDraw 的使用 ………………………………………………………… (89)
第 4 章　化学绘图软件 ChemWindow ………………………………………… (118)
4.1　ChemWindow 软件介绍 ……………………………………………………… (118)
4.2　ChemWindow 软件的使用 …………………………………………………… (118)
4.3　ISIS/Draw 绘图介绍 ………………………………………………………… (126)
第 5 章　绘图及数据分析软件 Origin ………………………………………… (135)
5.1　Origin 工作界面 ……………………………………………………………… (135)
5.2　Origin 二维图形的绘制 ……………………………………………………… (138)
5.3　Origin 三维图形的绘制 ……………………………………………………… (162)
5.4　数据的非线性拟合 …………………………………………………………… (167)
5.5　数据分析与处理 ……………………………………………………………… (170)

第 6 章　多媒体管理工具 Authorware ……………………………… (176)

6.1　Authorware 的软件环境 ……………………………… (176)

6.2　Authorware 的功能 ……………………………… (179)

6.3　Authorware 的应用实例 ……………………………… (195)

6.4　程序的调试、打包、发布 ……………………………… (207)

第 7 章　化学文献检索 ……………………………… (208)

7.1　学习文献检索的意义 ……………………………… (208)

7.2　文献检索基础与网络发展简介 ……………………………… (209)

7.3　期刊书籍类文献简介 ……………………………… (215)

7.4　利用网络联机检索 ……………………………… (217)

参考文献 ……………………………… (223)

绪　论

信息技术是新时代具有革命性影响力的综合技术，它以电子计算机和现代通信为主要手段实现信息的获取、加工、传递和利用，在生产、生活、教育、娱乐的各个领域都广泛存在。在不同的领域，信息技术有着不同的功能，我国教育部在《基础教育课程改革纲要》中提出："大力推进信息技术在教学过程中的普遍应用，促进信息技术与学科课程的整合，逐步实现教学内容的呈现方式、学生的学习方式、教师的教学方式和师生互动方式的变革，充分发挥信息技术的优势，为学生的学习和发展提供丰富多彩的教育环境和有力的学习工具。"2018 年 4 月，教育部正式发布《教育信息化 2.0 行动计划》，通过实施计划，到 2022 年基本实现"三全两高一大"的发展目标，即教学应用覆盖全体教师、学习应用覆盖全体适龄学生、数字校园建设覆盖全体学校，信息化应用水平和师生信息素养普遍提高，建成"互联网＋教育"大平台，推动从教育专用资源向教育大资源转变、从提升师生信息技术应用能力向全面提升其信息素养转变、从融合应用向创新发展转变，努力构建"互联网＋"条件下的人才培养新模式，发展基于互联网的教育服务新模式，探索信息时代教育治理新模式。该计划实现所有学校接入互联网，无线校园和智能设备应用普及，网络学习空间畅通，实现信息化教与学覆盖全体教师和全体学生，数字校园建设覆盖各级各类学校。促进教育信息化从融合应用向创新发展的高阶演进，信息技术和智能技术深度融入教育全过程，推动改进教学、优化管理、提升绩效。全面提升师生信息素养，推动从技术应用向能力素质拓展，使之具备良好的信息思维，适应信息社会发展的要求，提升应用信息技术解决教学、学习、生活中问题的能力。

信息技术与化学学科相结合深刻改变了化学工作者的研究方法，丰富了研究技术手段。化学信息技术目前最前沿的应用是药物筛选。利用计算化学通过分子建模和仿真虚拟合成各种化合物，为了找到目标方向上的化合物并减少工作量，科学家们把化学、数学及计算机等学科融合起来，进行分子层面的各种性质的计算、化合物数据库的建立、分子的虚拟合成、QSAR 的研究、化学结构和性质数据库的建立、基于三维结构的分子设计、统计方法的研究等。化学信息学方法与传统的化学计量学方法相比，更注重于有用信息的提取和计算速度的提高。化学信息学在化学领域、化工领域、药物设计领域、材料科学领域等许多领域中都已得到广泛的应用。

近年来国外部分大学正尝试在化学教育中系统地增加化学信息学课程，2003年德国的 Johann Gasteiger 出版了 *Chemoinformatics* 一书，该教科书系统、全面、深入浅出地介绍了化学信息学的各个研究领域及其研究现状和今后的发展动向。在国内，中国教育部理科化学教学指导委员会已将化学信息学列入高等学校化学专业和应用化学专业的化学教学基本内容。目前，化学信息学作为一门新的教学课程，其课程的要求、内容、教学方式和教材等已经是课程建设的一项新任务。国外化学信息学的教学侧重于专业方向教学，交叉性强，涵盖面广。而中国化学信息学的教学，内容多侧重于化学文献学，这显然不能涵盖化学信息学的全部。

化学信息技术是比化学信息学更加广泛的一个概念，它是利用计算机信息处理能力来解决跟化学相关的工作。在 2011 年由教育部高等学校化学类专业教学指导委员会编制的《高等学校化学类专业指导性专业规范》中，要求化学类专业的教学基本内容需包括化学信息的获取、处理和表达；化学实验教学要培养学生具有查阅资料、获取信息的能力。

(1)化学结构式的处理。

市面上有关化学结构式编辑的软件非常多，其功能主要是描绘化合物的结构式、化学反应方程式、工艺流程图、实验装置图，还包括生物医学典型结构的图例等平面图形的绘制。常见的这类软件有 ChemBioDraw，ChemWindow，ISIS Draw，ChemSketch 等。

ChemBioDraw 为当前最常用的结构式编辑软件，除了上述功能外，其 Ultra 版本还可以预测分子的常见物理化学性质，如：熔点、生成热等；预测质子及 13C NMR 化学位移等，较新的版本里有生物细胞结构、动物图例和医学人体器官结构，可以解决部分相关专业人士的需求。

ChemWindow 的一个最突出的特点是与光谱相结合，它包含了数万张 13C NMR 的数据库，其预测有一定的参考价值；除了根据化合物的结构预测 13C NMR 化学位移外，还能预测红外光谱、质谱等，更可以读入标准格式的 NMR、IR、Raman、UV 及色谱图。

(2)三维结构。

较有名的化学三维结构显示与描绘的软件有 ChemBio3D，WebLab Viewer Pro，RasWin，ChemBuilder 3D 等，它们都能够以线图、球棍及丝带等模式显示化合物的三维结构。

ChemBio3D 同 ChemBioDraw 一样，是 ChemBioOffice 的组成部分，它能很好地与 ChemBioDraw 协同工作，ChemBioDraw 上画出的二维结构式可以方便地转换为 ChemBio3D 的三维结构。

(3)数据处理。

化学中的数据处理多种多样,对不同的数据处理要求宜采用不同的软件完成。通用型的软件,如:Origin、SPSS、SigmaPlot 等可以根据需要对实验数据进行数学处理、统计分析、傅里叶变换、线性及非线性拟合;绘制二维及三维图形,如:散点图、条形图、折线图、饼图、面积图、曲面图等。

核磁数据处理软件有 NUTS、MestRe-C、Gifa 等,NUTS 可以处理一维及二维核磁数据,其功能包括傅里叶变换、相位校正、差谱、模拟谱、匀场练习等几乎所有核磁仪器操作软件的功能;MestRe-C 是处理一维核磁数据的免费软件,功能完善;Gifa 可以处理一至三维核磁数据,是免费软件。

(4)文献管理。

有专门的文献管理程序可以帮助作者整理、排列所收集的文献内容,撰写研究论文的过程中,这类程序允许在文字处理时插入参考文献,并自动生成规定格式的参考文献列表。这类程序中有代表性的有 EndNote 4、Reference Manager 和 ProCite 等,它们都能对文献进行整理,能在文字处理程序中直接插入参考文献并生成一定杂志规定格式的参考文献列表。

另外一类是文献检索的知识和通用数据库,包括文献检索的方法,期刊的种类和级别,知名数据库的特点,如美国《化学文摘》、CNKI 等。

(5)图谱解析。

解析有机化合物的红外光谱、核磁共振谱及质谱是一项复杂且非常重要的工作。核磁共振谱的解析可以先利用 ChemNMR、13C Module for ChemWindow、gNMR 等软件对目标化合物的化学位移进行估算或作出模拟谱,用以协助对该化合物图谱的指认。ChemNMR 为 ChemDraw Ultra 版本的一个插件,可以用来估算大多数有机物的 1H、13C NMR 化学位移及用线图表示的相应图谱;13C Module for ChemWindow 为 ChemWindow 的一个插件,可以用来估算大多数有机物的 13C NMR 化学位移,gNMR 则可用来估算任何 NMR 活性核的化学位移,并能画出非常逼真的图谱。二维核磁的解析可以使用 Sparky 程序,特别是对复杂 2D NMR 的解析非常有用。IR Mentor Pro 及 IR SearchMaster 为专门用来辅助红外光谱解析的工具,它们能对给定的红外光谱数据进行自动分析与处理。

(6)计算机辅助教学。

利用计算机动画、多媒体等功能协助学习一些比较抽象的化学知识是信息化时代的标准做法,这类软件市面上非常多,其中 PowerPoint、Authorware、Visio 是不仅限于化学工作者在办公、教育教学等方面广泛使用的基础工具。PowerPoint 为数字化的信息展示提供了解决方案,不仅是化学方面的信息,几乎所有的信息都可以使用这个软件来展现,它在广告宣传、产品展示、方案呈现、报告演说、课程讲解、论文答辩等各个场合都很有用处,能够处理文字、表格、图形、图像、音视频等媒体素材。利用 PowerPoint,不但可以创建演示文稿,还可以在互联网上召开远程会议或在 Web 上给观众展示演示文稿。随着办公自动化的普及,PowerPoint 的应用越来越广。另一个应用广泛的多媒体制作软件是 Authorware,它是基于流程的图形编程语言,在创建互动的程序中整合了声音、文本、图形、动画,数字电影等各类媒体,能够建立交互式的程序,根据用户响应的情况,达到某些特定的功能,比如答题系统,在教育教学中有一定的适用性。Visio 是 Office 软件系列中负责绘制流程图和示意图的软件,是一款就复杂信息、系统和流程进行可视化处理、分析和交流的软件。使用具有专业外观的 Visio 图表,可以促进人们对系统和流程的认识,从而深入了解复杂信息并利用这些信息做出更好的业务决策。显然,以上三个软件对从事教育、办公、理工专业的工作者来说是较常用的工具软件。

(7)量子化学计算。

量子化学对分子结构与性质的解释与预测是任何其他工具所不能替代的,与分子结构和性质的计算有关的程序逐渐成为化学研究中一个必不可少的工具。

MOPAC 是最著名的半经验分子轨道(AM1、PM3、MINDO、MNDO/3 等)计算程序,它使用 MNDO、MINDO/3、AM1 和 PM3 理论方法获得分子的轨道、生成热和分子结构,计算出的分子轨道及电荷密度等可以用三维图形表示出来。MOPAC 可以计算分子、原子团和聚合物的振动光谱、热力学量、同位素影响和力常数。

HyperChem 是一款分子模拟软件,利用 3D 对量子化学计算,可进行几何优化,分子轨道分析,预测可见-紫外光谱,进行分子力学及动力学模拟动画,HyperChem 能提供比其他 Windows 软件更多的模拟工具,包括常用的几乎所有分子力学及半经验分子轨道方法,并能计算振动光谱、电子光谱等,所得结果可用非常漂亮的三维图形表示出来。

Gaussian 是一个功能强大的量子化学综合软件包。它的可执行程序能解析过渡态能量和结构、键和反应能量、分子轨道、原子电荷和电势、振动频率、红外和拉曼光谱、核磁性质、极化率和超极化率、热力学性质、反应路径等,可以预测周期体系的能量,结构和分子轨道。因此,Gaussian 可以用于研究许多化学领域的课题,例如取代基的影响,化学反应机理,势能曲面和激发能等。

教育信息化的核心内容是教学信息化。教学是教育领域的中心工作,教学信息化就是要使教学手段科技化、教育传播信息化、教学方式现代化,要求在教育过程中较全面地运用以计算机、多媒体、大数据、人工智能和网络通信为基础的现代信息技术,促进教育改革,从而适应信息化社会提出的新要求。

第 1 章 多媒体信息处理工具 PowerPoint

在现代教育改革的浪潮中，多媒体信息的使用正在逐渐成为教师教学和学生学习不可缺少的环节，信息化教学会用到很多软件，就制作课件而言，Office 系列软件中的 PowerPoint 是较好用、也很常用的一个。在多媒体电脑及投影仪广泛使用的今天，用 PowerPoint 制作的演示文稿，因其生动、直观的特点，在很多领域深受人们欢迎，大量应用于教学、课题与项目的讲解、公司会议、互联网远程会议等方面。

1.1 PowerPoint 2010 的使用准备

1.1.1 PowerPoint 2010 软件简介

PowerPoint 和 Word、Excel 都是 Microsoft 公司推出的 Office 系列产品，全称"办公软件三件套"，利用 PowerPoint 可以快速制作出各种专业的、漂亮的演示文稿，用以辅助说明教学内容、工作计划、日程安排、项目规划等，通过添加文字、图像、声音、视频等可以形象生动、趣味直观、图文并茂地展示演示内容。

Microsoft 公司自 Microsoft Office 97 起，其系列办公软件逐渐走向成熟，以后推出的 Office 2000、Office 2003、Office 2010、Office 2016 等版本都是在原有功能的基础上增加和优化。本书着重介绍 Microsoft Office 2010 版的 PowerPoint 2010。

1.1.2 PowerPoint 2010 的安装

Windows 系统安装之后，将 Office 2010 的安装包打开，双击"set up"，将自动开始安装，根据提示，写入序列号，可以默认安装，也可以选择性安装（如只安装 Word 与 PowerPoint），操作结束后，PowerPoint 2010 安装完毕。

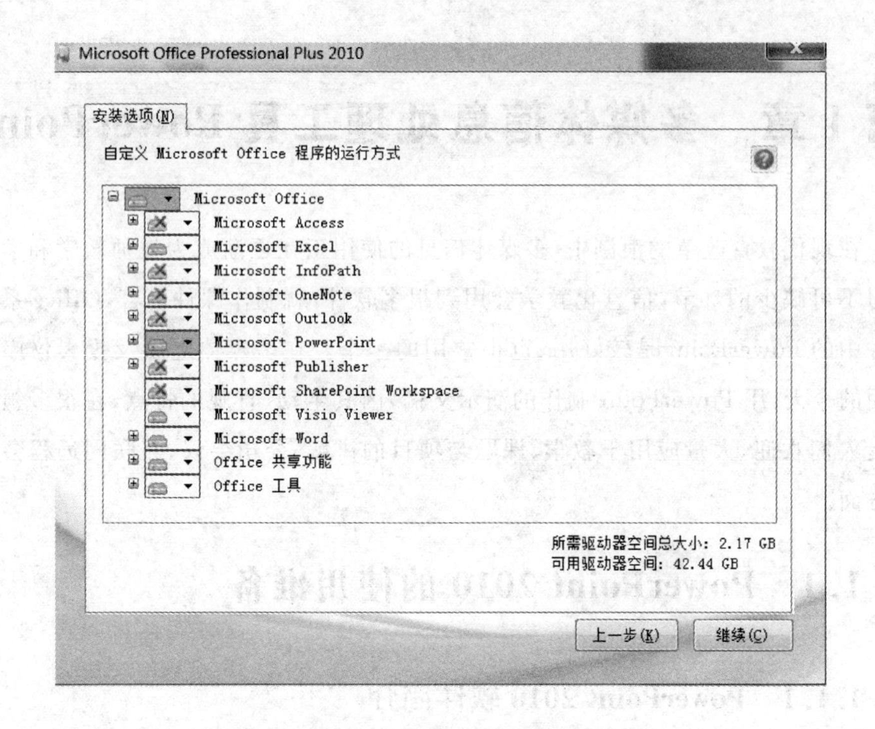

1.1.3 PowerPoint 2010 的工作界面

想用 PowerPoint 2010 制作出好的演示文稿,就要熟悉它的工作界面。启动 PowerPoint 2010,一个类似于 Word 2010 的窗口呈现在眼前。

其各部分功能与名称介绍如下。

(1)标题栏:显示软件的名称(Microsoft PowerPoint)和当前文档的名称(演示文稿 1);其右侧是常见的“最小化”“最大化/还原”“关闭”按钮。

(2)菜单栏:通过展开其中的每一条菜单,选择相应的命令,完成演示文稿的所有编辑。其右侧也有“最小化”“最大化/还原”“关闭”三个按钮,用来调整当前文档。

(3)“常用”工具条:将一些最常用的命令按钮,集中在本工具条上,方便调用。

(4)“格式”工具条:设置演示文稿中相应对象格式的常用命令按钮集中于此,方便调用。

(5)“任务窗格”:利用这个窗口,可以完成编辑“演示文稿”等主要工作任务。

(6)工作区:在此处编辑幻灯片,并展示制作出的幻灯片。

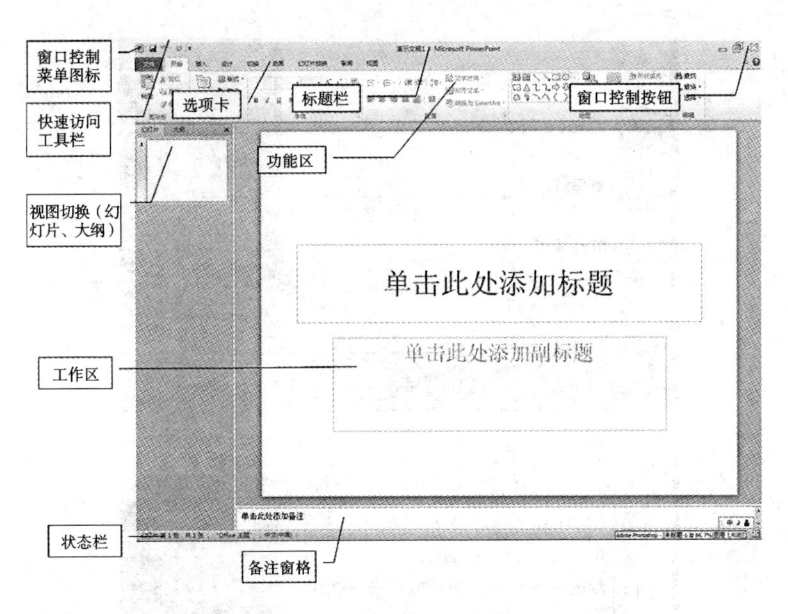

(7)备注区：用来编辑幻灯片的一些“备注”文本。

(8)大纲区：通过“大纲视图”或“幻灯片视图”可以快速查看演示文稿中的任意一张幻灯片。

(9)“绘图”工具栏：可以利用上面相应按钮，在幻灯片中快速绘制相应的图形。

(10)状态栏：在此处显示出当前文档相应的某些状态要素。

1.1.4　PowerPoint 2010 的启动

1. 从原始位置启动 PowerPoint 2010

应用软件安装后都存放在硬盘的某一个分区，默认情况下 Office 会安装到装有操作系统的分区，大多情况都在 C 盘中，Office 存在的位置是 C:\Program Files\Microsoft Office 文件夹下，打开此位置，再找到“Office”文件夹，双击打开，找到图标 POWERPNT 并双击，即可启动 PowerPoint 2010。如果操作系统安装在 D、E 等其他分区，文件夹“Program Files”以及“Office”也在相应的分区下，找到它，双击该图标打开程序。

2. 从“开始”菜单启动 PowerPoint 2010

Windows 操作系统的“开始”菜单实现了对计算机硬软件的所有管理，依次单击“开始”按钮—所有程序—Microsoft Office—Microsoft PowerPoint 2010。

3. *从桌面启动* PowerPoint 2010

Office 安装后，桌面上会生成其快捷方式，找到“Microsoft PowerPoint 2010”图标，双击即可。如果桌面上没有其图标，则可创建其快捷方式，步骤如下：到“开始”菜单中找到“开始/程序/Microsoft Office/Microsoft PowerPoint 2010”，在此图标上单击右键，或选择发送到“桌面快捷方式”。

1.1.5 PowerPoint 2010 文稿的新建

新建空白演示文稿文件：新建一空白演示文稿。

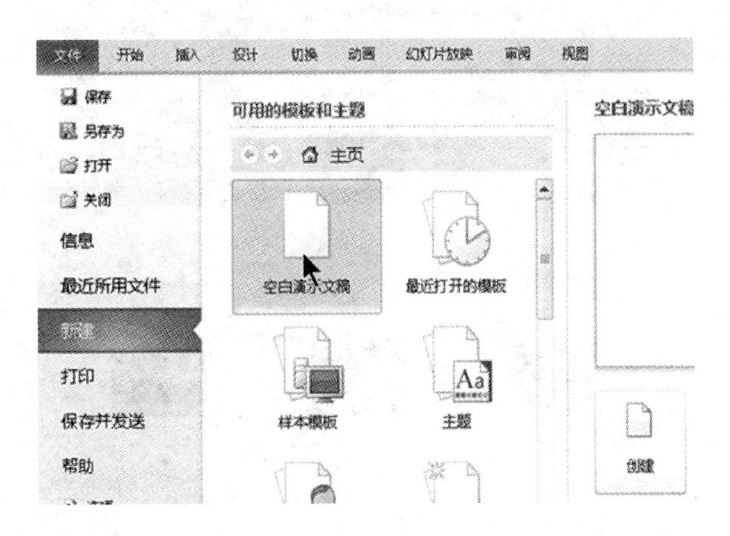

点击文件"新建",在出现的任务窗格中选择"空白演示文稿",则新建一空白文稿页面。点击文件"新建",在出现的任务窗格中选择"样本模板",将出现大量模板。选中一种模板后,幻灯片的背景图形、配色方案等就都已确定,套用模板是一件省时省力的事。

点击文件"主题",在出现的任务窗格中选择合适的主题,进行编辑。

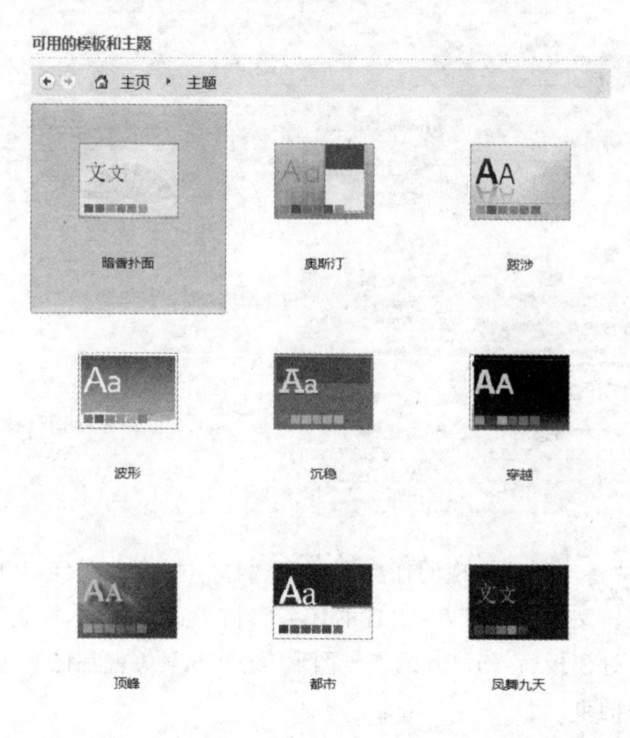

1.1.6 PowerPoint 2010 文稿的打开

打开 PowerPoint 2010 后，单击“文件”菜单中的“打开”按钮，弹出名为“打开”的对话框，选择要打开的文件位置，选择文件，打开。或者单击“常用”工具栏上的“打开”按钮，弹出“打开”对话框，选择文件，单击“打开”按钮，文件即被打开。

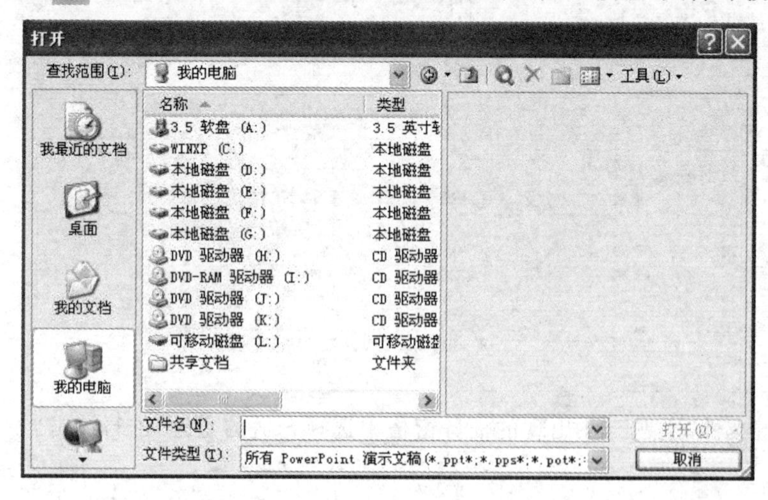

1.1.7　PowerPoint 2010 文稿的保存

保存有三种形式:保存、另存为、另存为网页。

文件编辑好后,选择文件菜单里的“保存”,将成果存储起来(当然,在新建一个文件后,最好的习惯就是立即保存,写进内容后及时点击“保存”按钮,以免意外断电或死机时文件丢失),或者单击常用工具栏上的“保存”按钮,初次存储会弹出“另存为”对话框,如果演示文稿中第一张幻灯片标题内有文字,系统就会以这个标题作为文件的名字;如果第一张幻灯片的版式中不含标题,系统默认文件名为“演示文稿 1”;演示文稿扩展名是“ppt”,是 PowerPoint 的缩写,默认存储目录为“我的文档”。可以按自己的意愿更改保存目录和文件名。

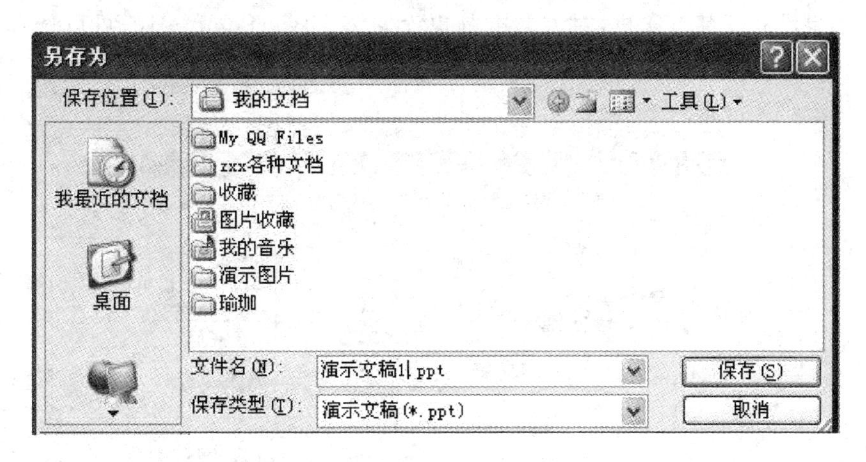

若打开已有的演示文稿,进行更改后又不想覆盖原文件,可以选用“另存为”,则更改后的文件会存储为一个新的文件,原文件并不会改变。若想将文稿当作网页存储起来,可以选用“另存为网页”,文稿将被存储为以“htm”为后缀名的网页格式。

1.2　PowerPoint 2010 的打印及退出

PowerPoint 2010 打开后新建的页面默认为“在屏幕上显示”的大小,可以根据实际情况人为设置。当需要打印时,可以按照打印纸张的大小选择相应的页面,同时进行横、纵向的选择。

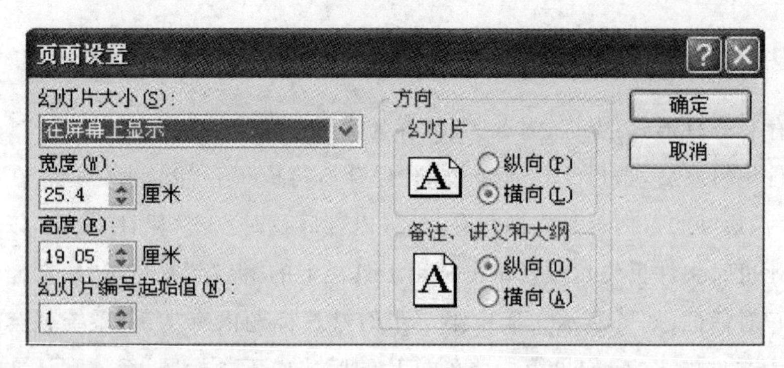

打印前必须先设置好页面，然后选择"文件/打印"，弹出"打印"对话框，选择"打印机及打印范围"，确定后开始打印。当然，可以在打印前先通过"打印预览"查看打印效果。

如果没有安装打印机，对方的电脑也没安装 PowerPoint 2010，可以选择"文件/保存并发送/打包成 CD"命令，将演示文稿、外部链接文件刻录到光盘上，或者打包成一个文件夹。

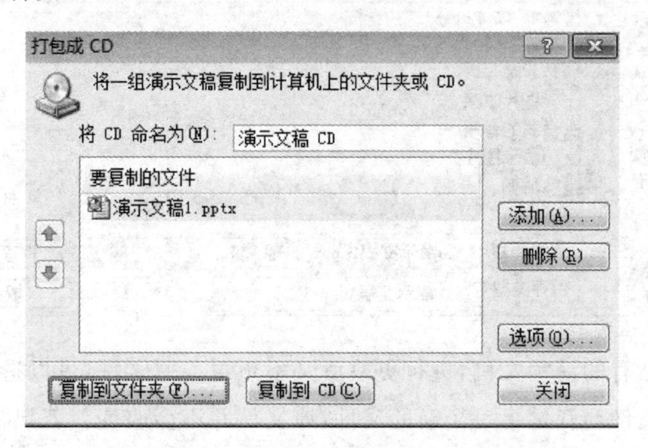

在 PowerPoint 2010 文件菜单下有"退出"命令，点击相应按钮可以退出 PowerPoint 2010 软件。

1.3 PowerPoint 2010 页面的编辑

1.3.1 幻灯片的添加、删除、显示比例

新建一个 PowerPoint 2010 文件，一般只有一个页面，可有多种方法添加新的页面。

(1)增加空白页面:将鼠标的光标移到左边标示有“大纲”和“幻灯片”的缩略窗口的区域内,当光标闪烁时,敲击“Enter”键,即可增加一个空白页面。

(2)新建页面:在缩略窗口的空白处点击鼠标右键,弹出的快捷菜单中有“新幻灯片”,点击即可新建一个页面。

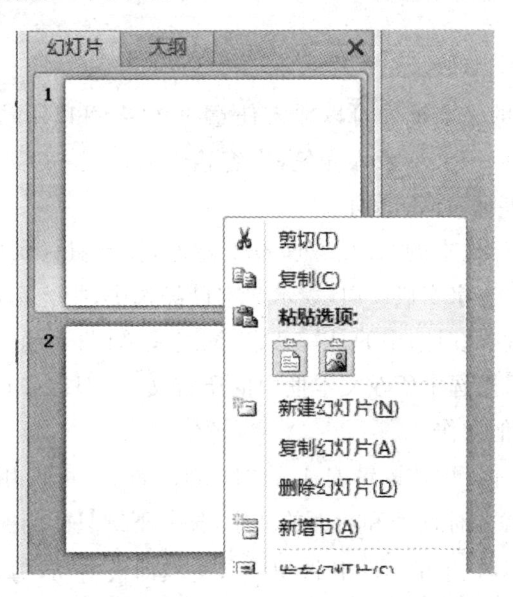

(3)删除幻灯片:在缩略窗口中选中要删除的幻灯片,点击鼠标右键选择“删除幻灯片”或者敲击键盘上的“Delete”键。

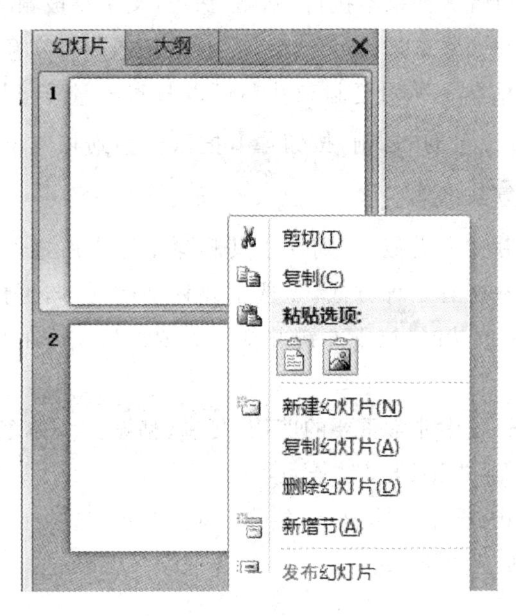

PowerPoint 2010 的文件窗口可以通过"视图/显示比例"或者"常用"工具栏上的比例调节按钮来调整大小,以适合编辑或观看。

1.3.2 内容的输入与编辑

1. 文字录入与编辑

在文件窗口内的文本框中可以输入任意的文字,可以用熟悉的输入法(五笔或者拼音等),也可以用文字录入光笔,内容输入后,其格式需要编辑。在进行操作之前,必须选择所要编辑的文本。

把光标放在选择文本的"开始"处,按下左键,拖动鼠标到要选择文本的结尾处,然后释放鼠标。文字变成反白,表示文本已经选中;把光标放在文本框中的文字内,双击鼠标左键,此时选中的是一个字、词组或单词;连续三击鼠标左键,可以选中整段文本;如果想选中所在文本框中的所有文字,即按"Ctrl+A"组合键。选中之后即可执行其他操作。

要删除这些文本,可以按键盘上的"Delete"键。(可以用"Backspace"键和"Delete"键分别删除光标前面和后面的文字,按一下键只能删掉一个字符。)

单击"常用"工具栏上的"剪切"按钮,文本即被剪切,剪切下来的文本被保存到剪贴板上,在需要移动到的位置点击光标,选择工具栏上的"粘贴"按钮,文字就被移动到新位置。如果不执行"粘贴"命令,文字将被删除。

一个文本中总有一些重复性对象,复制,就是把重复性对象保存在剪贴板中,在需要的地方进行粘贴。利用复制和粘贴可以节省大量重复性劳动。选中要复制的内容,单击工具栏上的"复制"按钮,把鼠标移到相应位置,再选择"粘贴"按钮,文本就被复制过来了。

移动文本与复制文本类似,区别在于其删除了原来所选的文本,是剪切和粘贴的过程。移动文本还有一种方法,先选定要移动的文本,再把光标移到选定文本上,光标变成箭头形状时,按下左键并拖动到要放置文本的位置,松开鼠标,文本即被移动。

以上即是编辑过程中非常重要的剪切、复制、粘贴三个命令,其快捷键分别是"Ctrl+X""Ctrl+C"和"Ctrl+V"。

设置文本框格式:选中文本框—"绘图工具/格式"选项卡—"形状样式"组—形状填充/形状轮廓/形状效果。

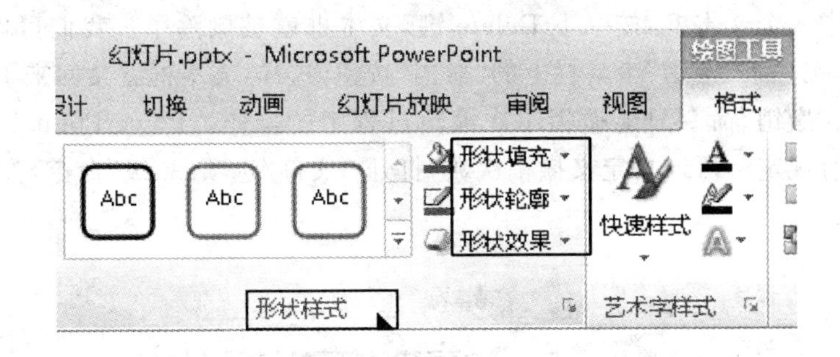

2. 剪贴板的应用

剪贴板是一个能够存放多个复制内容的地方，它可以使用户进行有选择的粘贴操作。用户可以将多个不同的内容，如文本、图片、表格或图表等放到剪贴板中，然后有选择性地粘贴。

若想调用最后一次存进去的内容，直接进行粘贴即可；若要找前几次存进去的内容，可以依次点击“编辑/Office 剪贴板”调用。

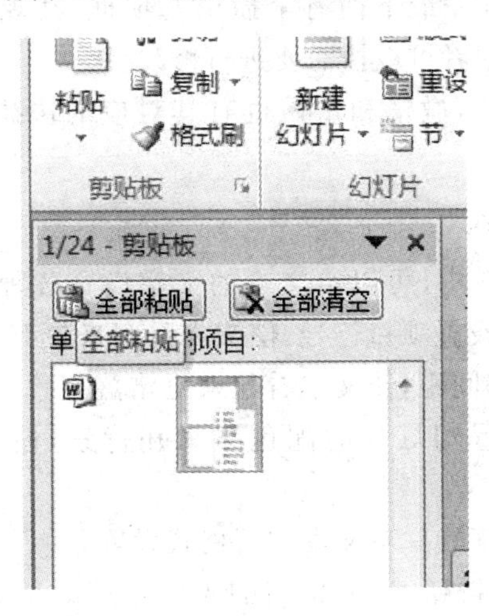

所有复制或剪切的内容都在剪贴板里面存着。剪贴板里的三个按钮分别是粘贴、全部粘贴和全部清空，从小图标上可以知道它是在 PowerPoint 2010 中复制的，还是在其他 Office 成员中复制的。利用剪贴板，在文稿中确定要粘贴的位置，然后从剪贴板中找到要粘贴的内容，单击鼠标左键，即完成粘贴操作。

3. 撤销与重做

撤销就是取消上一步执行的选项或删除键入的上一词条。重做是还原用“撤销”选项撤销过的操作。在 PowerPoint 2010 中，撤销和重做是一项重要功能，它们的对象既可以是一张幻灯片中输入的文本、对象等，也可以是创建的幻灯片。

如选中一个文本框，按一下 Delete 键，文本框就被删除了。我们可以撤销刚才的动作，按一下"常用"工具栏上的"撤销"按钮，这样，文本框就又回来了。

注意："撤销"命令只能撤销本次编辑过程中的操作。PowerPoint 2010 对撤销的次数有规定。可以自定义撤销次数，打开"文件/选项/高级"命令，弹出"编辑选项"对话框。

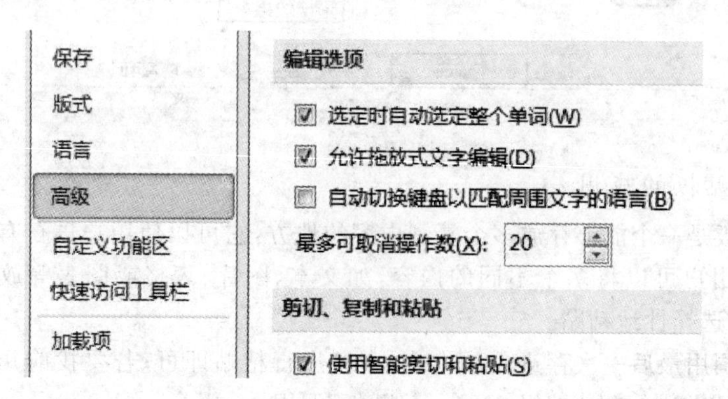

单击"高级"选项卡，在最下面有个撤销选项框，其规定了"最多可取消操作数"，缺省数目为 20，使用者可以按需要进行修改。

与删除、复制等类似，撤销和重做也有其对应的快捷键，分别为 Ctrl＋Z 和 Ctrl＋Y。

4. 设置幻灯片格式

在 PowerPoint 2010 中，可以给文本的文字设置各种属性，如字体、字号、字形、颜色和阴影等，或者设置项目符号，使文本看起来更有条理、更整齐；给段落设置对齐方式、段落行距和间距，使文本看起来更错落有致；可以利用幻灯片母版修改幻灯片默认设置、设置幻灯片的配色方案和背景，使幻灯片看起来更协调、美观。

利用"开始"菜单的工具栏对文本进行格式设置。

该工具栏就是一组按钮，这些按钮的主要作用就是对文字或段落进行各种设置。

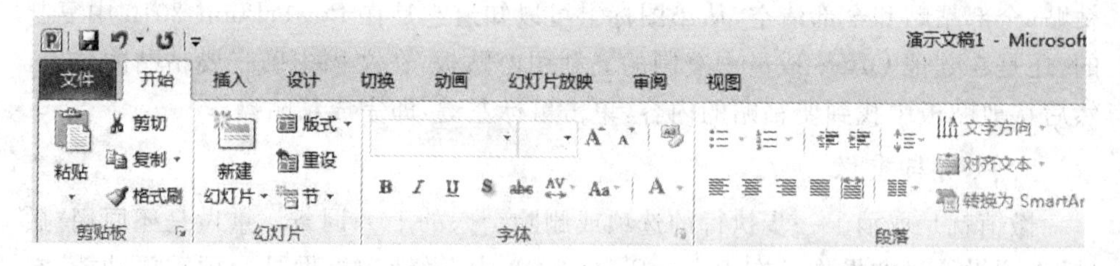

选中标题文字，然后单击工具栏上的"字体"列表框旁的下拉箭头，就可以看到有许多种字体可供选择，操作系统里安装了的字体，都会显示出来，而且每种字

体一目了然。如果选择隶书,标题文字就变成隶书。

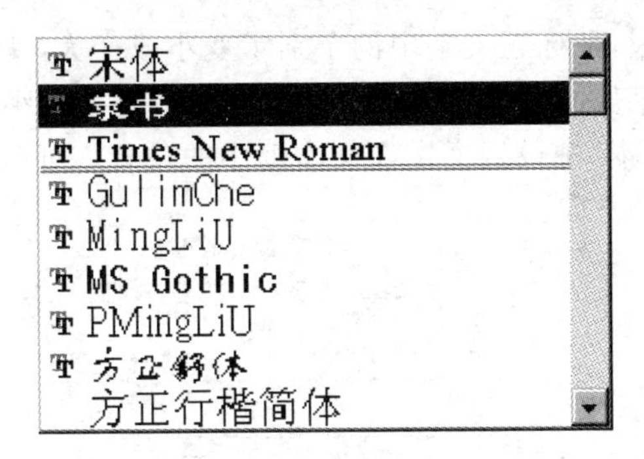

单击“字号”列表框旁的小箭头,下拉列表框中选择文字的字号,文字大小就改变了。

在 PowerPoint 2010 中,字号都是用数字来表示的,数值越小,字符也越小。数值的单位是“磅”,2.83 磅等于 1 毫米,所以 28 号字大概就是一厘米高的字。如果想定义字的大小,就单击字号列表框中间,列表框中的内容即被选中,这时我们输入“50”,敲一下回车键,文字就变成 50 号。通过定义文字的大小,可以输入任意大小的字;再单击工具栏上的“加粗”按钮,文字就加粗显示;点击“倾斜”按钮,文字即倾斜显示。如果想把文字变成红色,可以在“字体”对话框中设置:单击“格式”菜单,第一条命令就是字体,单击,弹出“字体”对话框。

在字体效果选项中可以对文字进行下划线、阴影、上下标等设置,点击阴影前面的复选框,打钩,即表示被选中。打开颜色列表框,选择蓝色,点击“确定”按钮,文字就变成蓝色。以此类推,可以把所有的文本全都设成满意的格式。

5. 格式刷

如果很多文本都是一个格式,有一个简单的方法,就是利用格式刷。格式刷是一种可以复制和粘贴段落格式及字符格式的工具。在文稿的排版操作中,利用格式刷可以像复制文本一样,复制文字或段落的格式,以提高文稿编辑的效率。

复制段落格式。选中要复制格式的文本框,再单击“常用”工具栏中的“格式刷”按钮,按钮就凹进去了,鼠标指针变成一个小刷子形状,点击鼠标左键,拖动小刷子,则两段的格式就一样了。

单击“格式刷”按钮,只能进行一次格式复制。如果双击格式刷,复制一种格式后,鼠标光标还保持着小刷子形状,这时想把格式粘贴多少次都行。如果不想使用格式刷,就再单击一下“格式刷”按钮,或者按一下“Esc”键,取消格式粘贴。

也可以记住快捷键,复制格式是 Ctrl+Shift+C,粘贴格式是 Ctrl+Shift+V。在对文本做了一定的美化处理之后,如果对结果感到不满意,可以按下 Ctrl+Shift+Z 组合键,取消对该文本所做的任何格式处理。

6. 字体的其他设置

为了更突出效果，把标题文字中的个别字变小或变大，使关键的文字更加醒目。这时就会涉及字体的设置。选择要改变的文字，选取大小合适的字号即可。

可以从“对齐文本”中设置文字在文本框中的位置。可以利用“文字方向”更改文字在文本框中的方向。

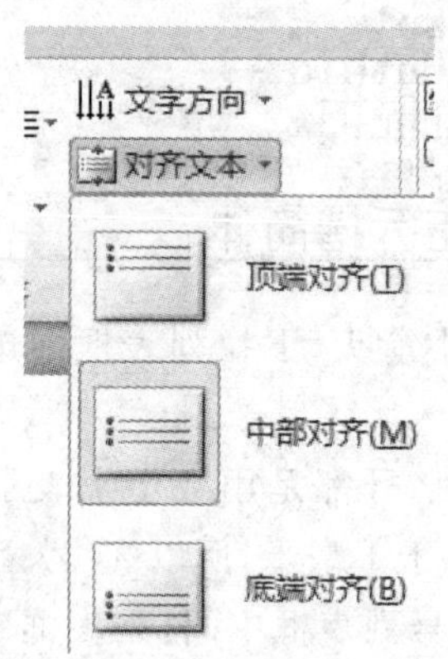

7. 段落格式的设置

段落格式就是成段文字的格式，包括段落的对齐方式、段落行距和段落间距等。可以用快速工具条上的对齐按钮进行对齐方向的设置。

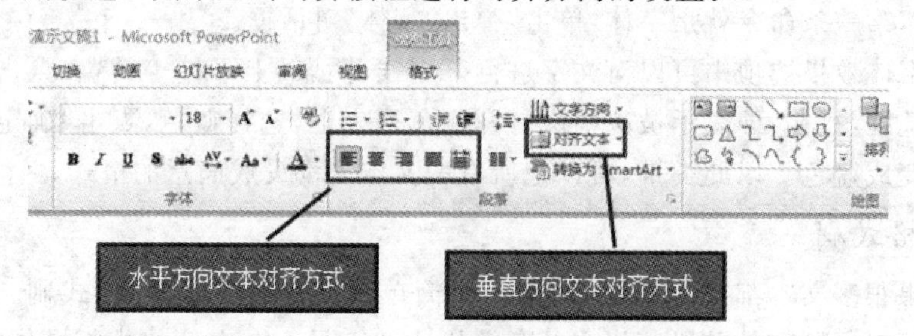

单击“格式”工具栏上的“右对齐”按钮，文本即靠右对齐，左边不一定对齐；单击“居中”按钮，文本即居中对齐排列，两边都不齐；单击分散对齐按钮，可使每行文字都撑满两侧进行排列；段落对齐的默认缺省方式为左端对齐，两端对齐与左端对齐非常相似，但还是有区别。当一段文字有很多行时，可以很明显地看出，两端对齐方式会将同一段落中的每一行文字都沿两端对齐，而左对齐只对左边文本对齐，右边不一定能对齐。一般来讲，文件的正文都是左右对齐的，标题是中间对齐的，而文章最后的落款或日期可以采用右对齐。

除了对齐方式，还可以改变段落的行距。行距是行与行之间的距离，行距过宽或过窄都会影响幻灯片的观赏效果。选中几段文字，单击“段落”命令，打开“段落”对话框，既可对行距进行设置，还可对段前和段后距离进行设置。

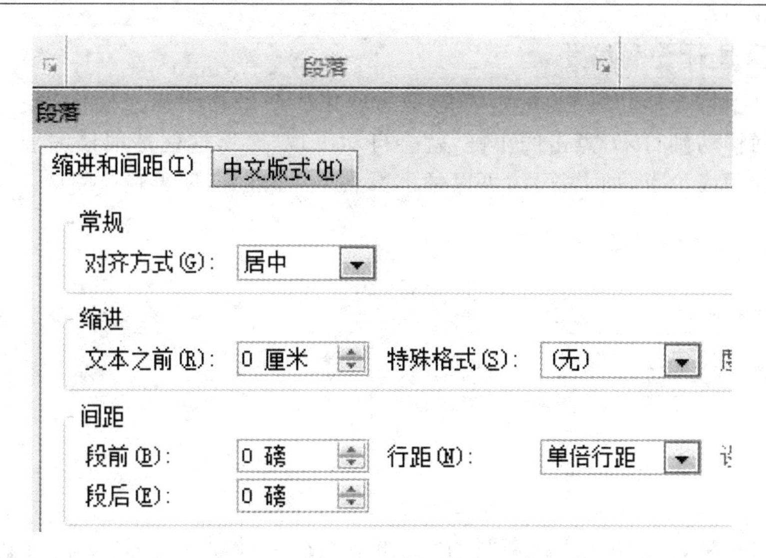

调整合适的行距和段前段后距离，可以根据文稿的字号大小和文字数目进行调节。在对话框中设置完后，可以随时进行预览，观看其效果。

8. 符号与特殊符号

如果输入键盘以及输入法软键盘包含的字符以外的符号，就需要调用符号与特殊符号命令。

把光标定位在要插入特殊字符的位置，单击“插入”菜单，选择“符号”命令，找到需要的符号，单击“插入”即可。常见的 α、β、Δ、±、≈、√、❶、❷等符号都有。

9. 项目符号和编号

通过项目符号和编号，可以将内容条理化。如果我们在文档中输入“1.”，然后把光标移动到行末，点击回车键，就会自动出现“2.”，这就是项目编号。对文本框中小标题或论点，加上符号，可以是小黑点、小方框等，便于观众阅读。

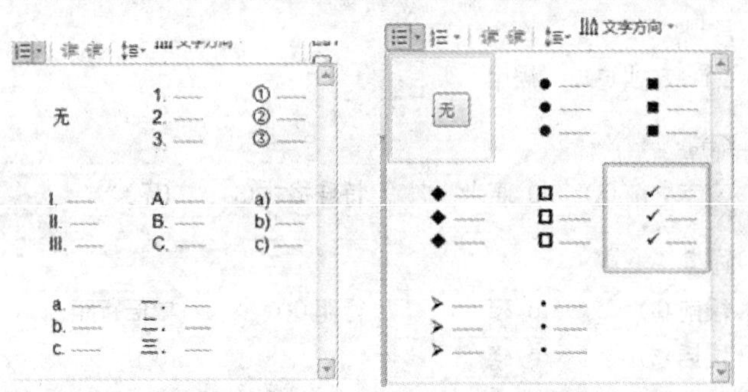

任选一种，然后单击“确定”按钮。如果要换一种项目符号，就再重新选择样式。单击右键，还可以从“颜色”列表框中选择符号的颜色，如果对所给的符号不满意，单击“图片”按钮或“字符”按钮，以便设定项目符号的形状。单击“图片”按钮，弹出“图片符号”对话框，选取一个图形，在弹出的菜单中单击“插入剪辑”按钮，自定义项目符号及编号。

1.3.3 辅助项目的添加

在编辑 PowerPoint 2010 演示文稿时，也可以为每张幻灯片添加类似 Word 文档的页眉或页脚。点击插入菜单的快速工具条上的“页眉和页脚”命令，可见到“日期和时间”“幻灯片编号”等相关的设置。

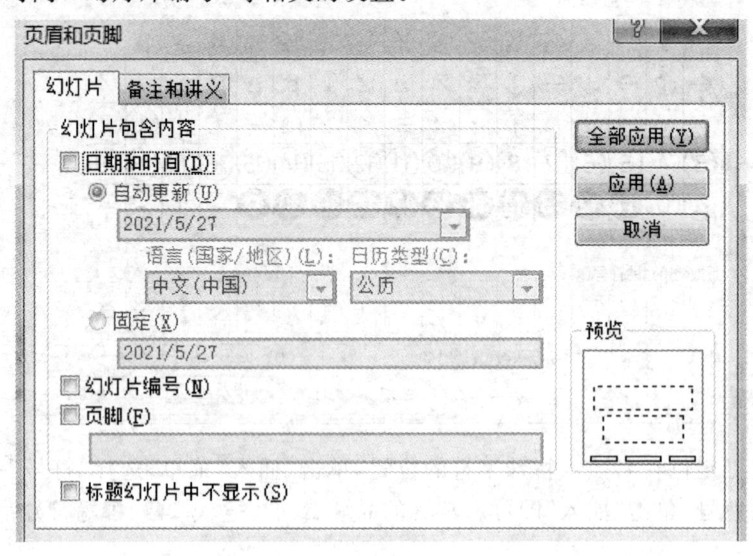

1.3.4　幻灯片的背景、母版

1. 幻灯片的背景

单击“设计”菜单中的“背景样式”命令，或者在页面上单击鼠标右键，选择“设计背景格式”，都可得到下面的对话框。

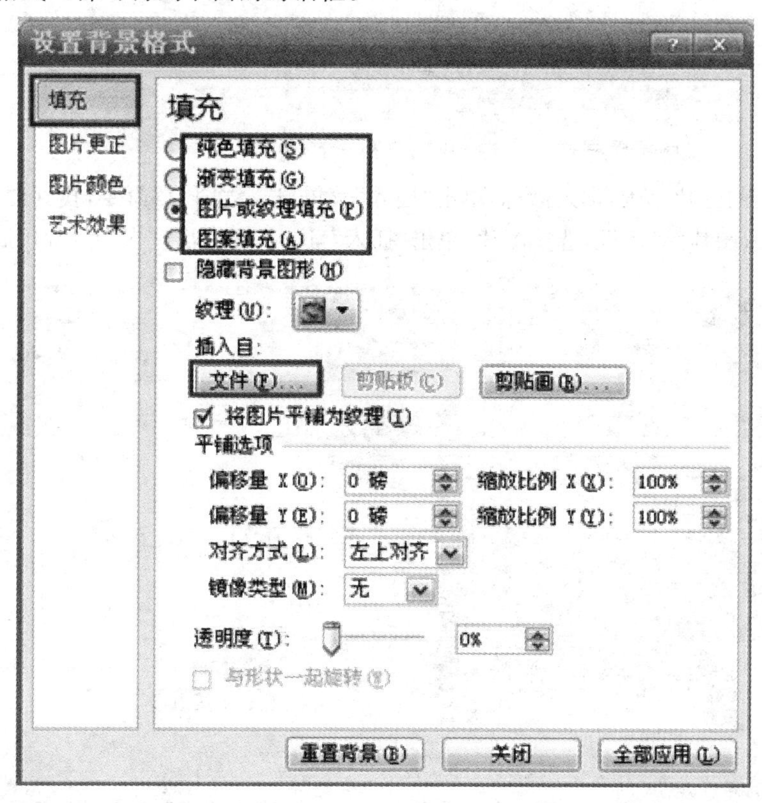

“纯色填充”能给文本框或整个页面加上单一的某种颜色，渐变填充、图片或纹理填充、图案填充让背景更加丰富。

2. 幻灯片的母版

PowerPoint 2010 中有三种母版，分别是幻灯片母版、讲义母版及备注母版，可用来制作统一的背景内容，设置标题和主要文字的格式，包括文本的字体、字号、颜色和阴影等特殊效果，也就是说母版是为所有幻灯片设置默认版式和格式。修改母版就是在创建新的模板。如果不想套用系统提供的模板，可自行设计制作一个模板，以创建与众不同的演示文稿。模板是通过对母版的编辑和修饰来制作的。如果需要某些文本或图形在每张幻灯片上都出现，比如固定的 LOGO 或一样的图片、字符，就可将它们放在母版中，只需编辑一次即可。

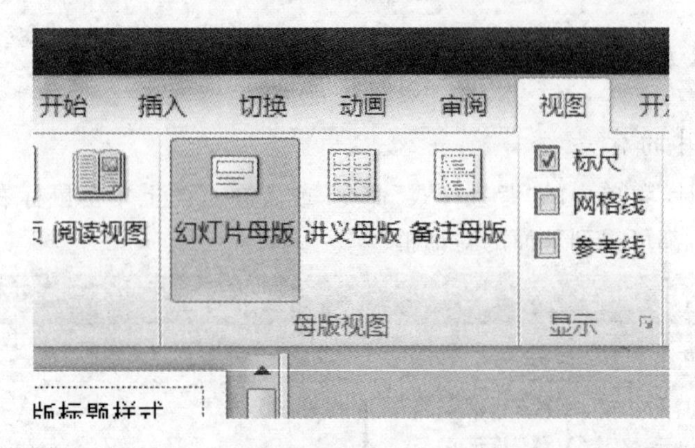

打开幻灯片母版，加入徽标：单击“插入”菜单，选择“图片”命令，找到图片位置，出现“插入图片”对话框，选择图片，单击“插入”，这时，图片出现在幻灯片母版中。

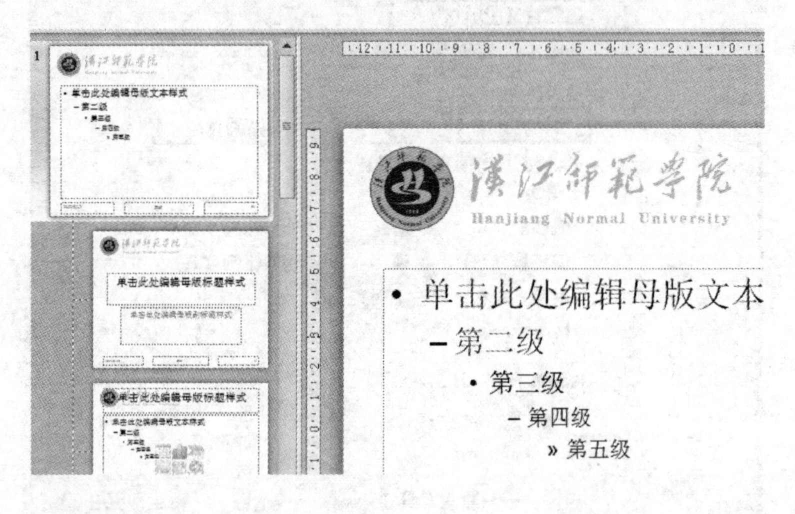

对母版对象设置完成后，单击母版上的“关闭”按钮，回到当前的幻灯片视图中，此时会发现每插入一张新的幻灯片，都会在左上角看到一样的图标“汉江师范学院”字样。

当然还可以给单张的幻灯片设置背景，如果要使个别幻灯片外观与母版不同，可以直接修改该幻灯片。而且幻灯片上的文字不会遮住背景，这是因为每一张幻灯片都会有两个部分：一个是幻灯片本身；另一个就是幻灯片母版。就像两张透明的胶片叠放在一起，上面的一张是幻灯片本身，下面的一张就是母版。在放映幻灯片时，母版是固定的，更换的是上面的一张。在进行编辑时，一般我们修改的是上面的幻灯片，只有打开“视图”菜单，选择“母版”命令中的“幻灯片母版”后，才能对母版进行修改。除了可以修改幻灯片母版，还可以修改讲义母版及备注母版，方法同上。

1.4　PowerPoint 2010 的视图

PowerPoint 2010 的页面视图有普通视图、幻灯片浏览视图、备注页视图和阅读视图四种。

1.4.1　普通视图

PowerPoint 2010 启动后直接进入普通视图，幻灯片中间这片地方就是视图区，视图区被分成三块，其中的每一小块称为窗格。

视图是由窗格组成的，左边是大纲窗格、右边是幻灯片窗格，幻灯片窗格下面有备注页窗格。大纲窗格将多页的文本内容一一展示，看起来一目了然，改起来也方便；幻灯片窗格为我们演示所看到的画面，不光有文本内容，还有幻灯片的背景、文本格式等，也就是幻灯片的外观和效果；备注页窗格可给这页幻灯片添加说明，使用户更快地知道其内容。单击左面大纲窗格中的任意一条内容，幻灯片窗格中就会显示出相应的幻灯片效果，备注页窗格的备注当然也会随着改变。拖动窗格分界线，可以调整窗格的大小。

1.4.2　幻灯片浏览视图

幻灯片浏览视图可以方便地将演示文稿中的所有幻灯片以缩小视图的方式排列在屏幕上，可以很直观地了解所有幻灯片的情况，还可以通过屏幕右方的滚动条浏览排在后面的幻灯片。通过幻灯片浏览视图，可以很容易看到各幻灯片之间的搭配情况，可以确认要展出的幻灯片放在一起看上去是否协调，还有一个好处就是可以很容易地复制、删除和移动幻灯片，添加幻灯片放映时间、选择幻灯片切换效果和进行动画预览等。

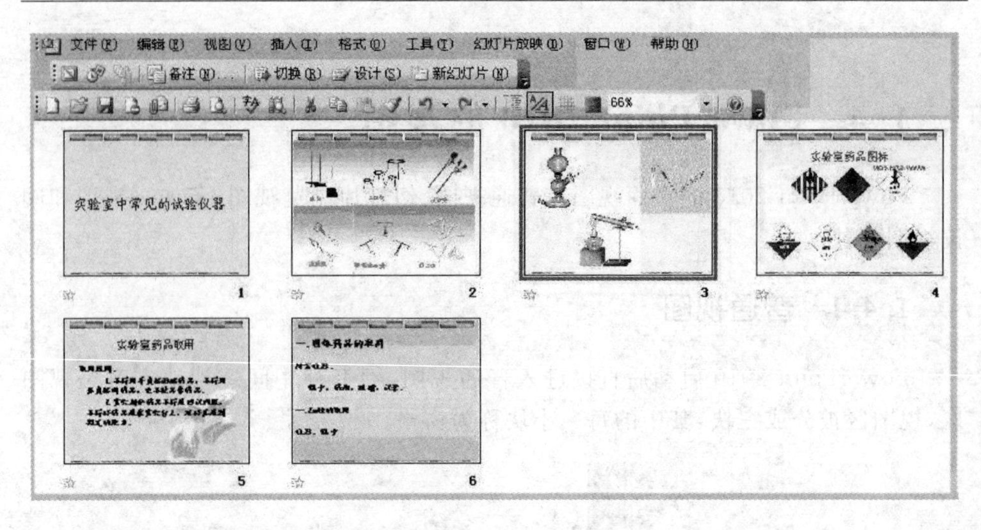

备注页视图主要用于编辑备注内容，阅读视图其实就是演示文稿的放映状态。

1.5 PowerPoint 2010 页面对象的插入

1.5.1 插入表格

1. 新建表格

新建一个演示文稿，选择“插入—表格”，可以直接拖动鼠标选择插入行列数少的表格。

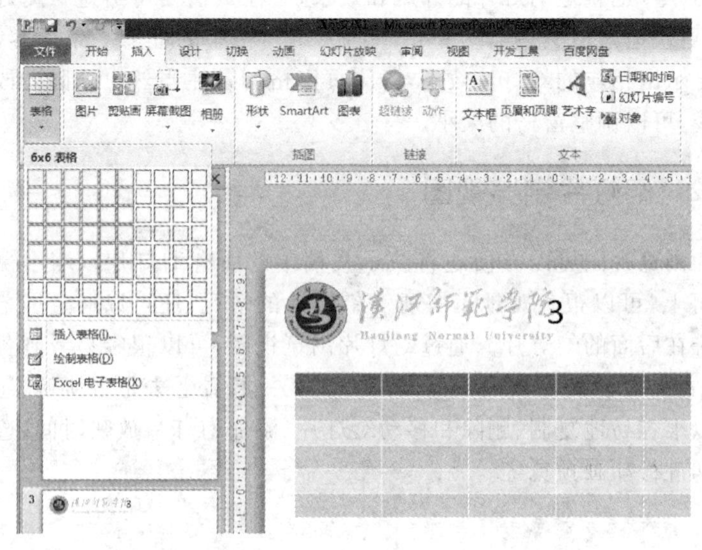

也可以打开“插入表格”对话框，输入所需的行数和列数。

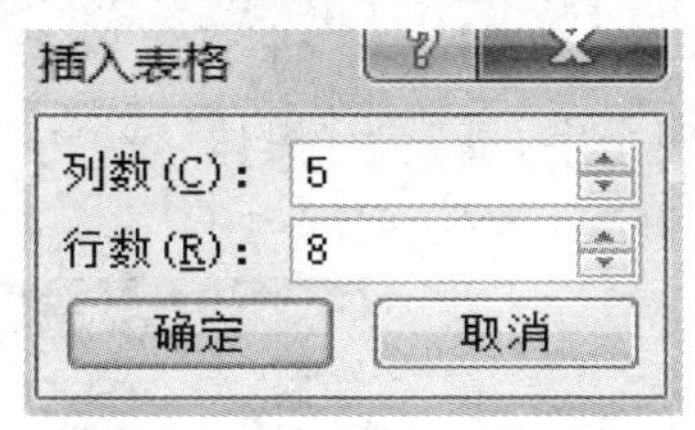

2. 设置表格格式

表格的格式有其特色，如边框风格、填充效果、文字竖直方向、对齐等。单击表格的边框，选中整个表格，单击“设计”菜单，快捷工具条中就有表格样式的一系列命令。

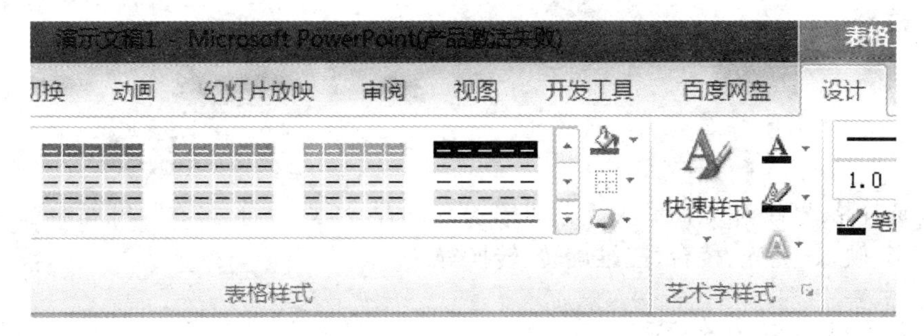

也可以单击鼠标右键，选择“设置形状格式”，对表格的形状、填充颜色等进行设置。

1.5.2 插入艺术字

艺术字是为了让文档内容有美感而插入的有特殊形状与色彩的字体。单击“插入”菜单中的“艺术字”项，从下拉菜单中选取想要的艺术字样式。

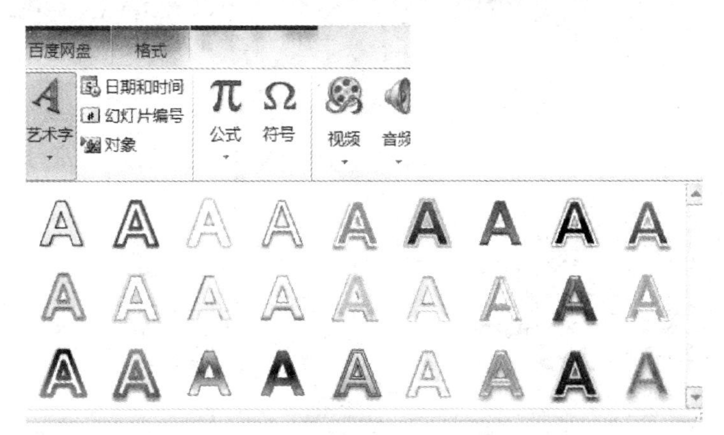

“艺术字”项里面列出了 30 种艺术字格式，有横排的，有竖排的，选择其中的一种，在对话框中可以输入要做成艺术字的文字，并设置文字的字体、字号等格式，例如，输入“振兴中华”四个字，设置为“黑体”，80 号字，给文字加粗，最后单击“确定”按钮，艺术字就出现在窗口。

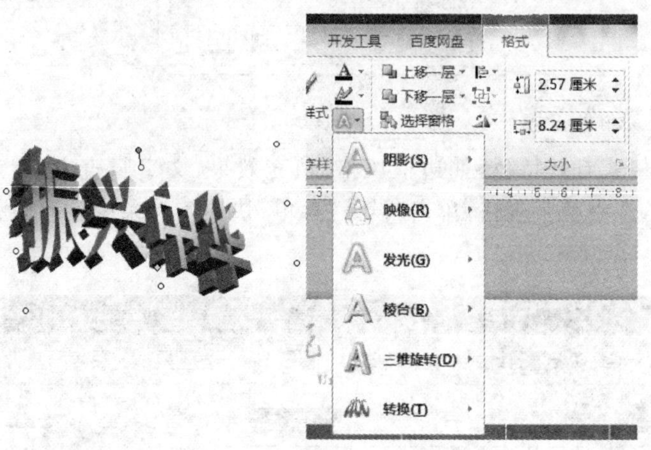

选择格式菜单，里面有关于艺术字设置的命令，点击符号“A”，出现的选项包括阴影、映像、发光、棱台、三维旋转、转换等。

1.5.3 插入公式

PowerPoint 2010 插入公式的功能较之前的版本更加完善。选择“插入”菜单，在快捷工具条的“公式”命令中，点击常见的数学公式，可以直接选用。

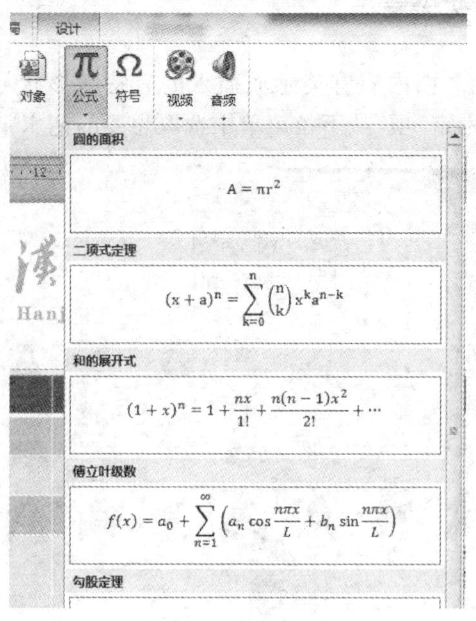

当插入公式后，“设计”菜单上会出现各类与公式输入有关的符号、格式、括号、分数、函数等用来输入一些复杂的内容。

1.5.4　插入图片

在 PowerPoint 2010 页面中插入图片，可以增加视觉效果，向观众传递更多的信息。要插入图片，点击“插入”菜单，有“图片”“剪贴画”“屏幕截图”等选项，可以就不同位置的图片进行插入。

1. 调整图片的大小

（1）方法一：当光标变为双向箭头形状时，鼠标左键拖动图片控制点即可对大小进行粗略设置。

(2)方法二:选中图片—“图片工具—格式”选项卡—“大小”组—高度—宽度(精确设置其数值)。

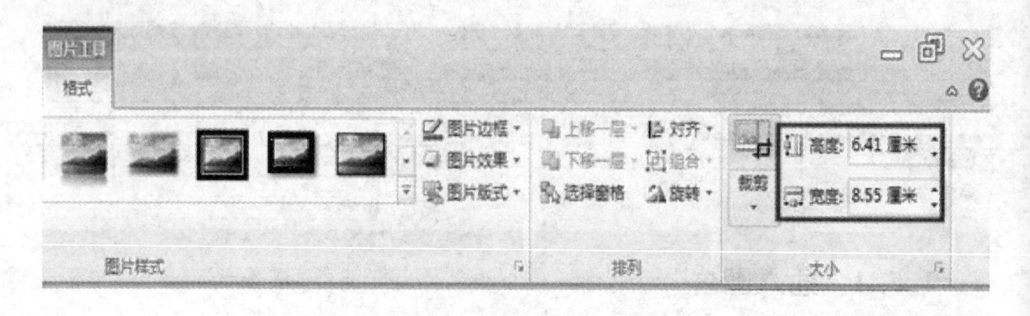

2. 调整图片位置

选中图片,光标变为双向十字箭头时,鼠标左键直接拖动即可移动图片位置,通过旋转控制点可旋转图片。

3. 设置图片的叠放次序

选中图片—“图片工具—格式”选项卡—“排列”组—上移一层(置于顶层)/下移一层(置于底层)。

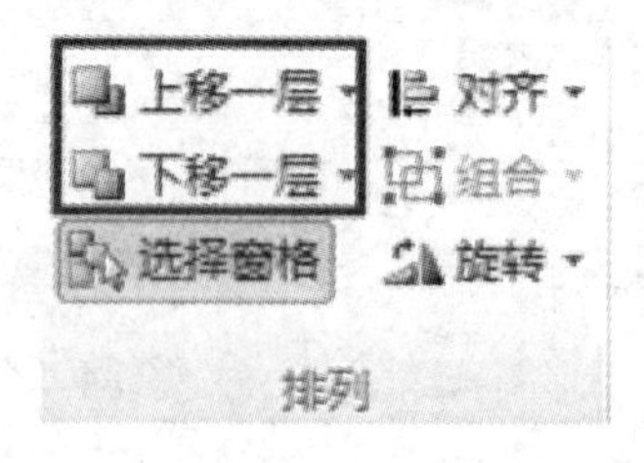

点击“选择窗格”按钮,在右侧的“选择和可见性”面板中,可以对幻灯片对象的可见性和叠放次序进行调整。

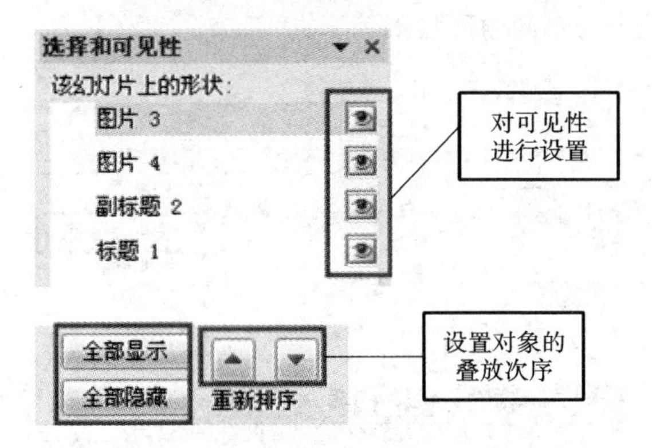

4.图片的裁剪

选中图片—“图片工具—格式”选项卡—“大小”组—裁剪。按纵横比裁剪图片。

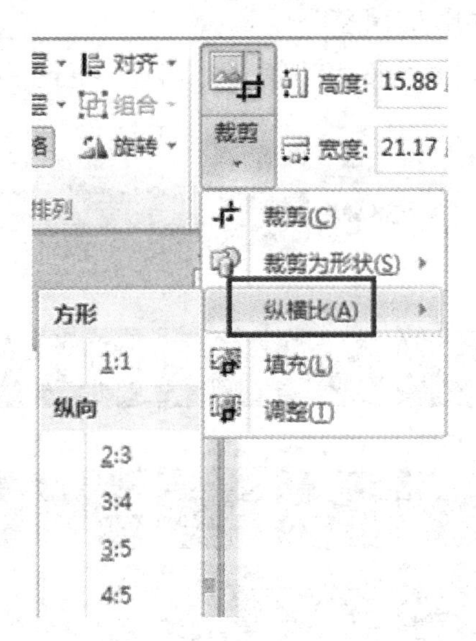

(1)自由裁剪图片。

(2)将图片裁剪为不同的形状。

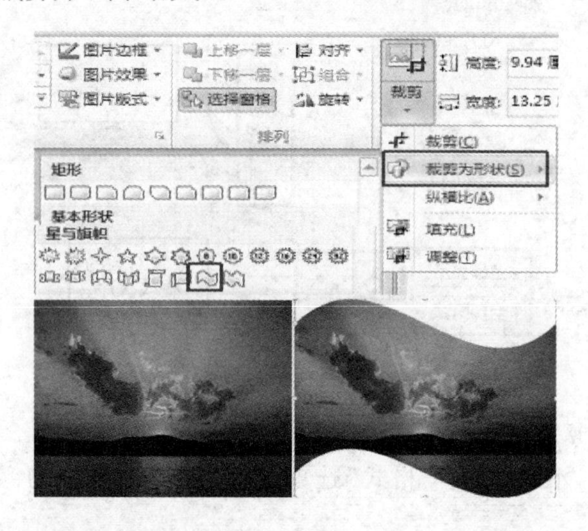

5.图片亮度和对比度调整

选中图片—“图片工具—格式”选项卡—调整—更正—亮度和对比度。

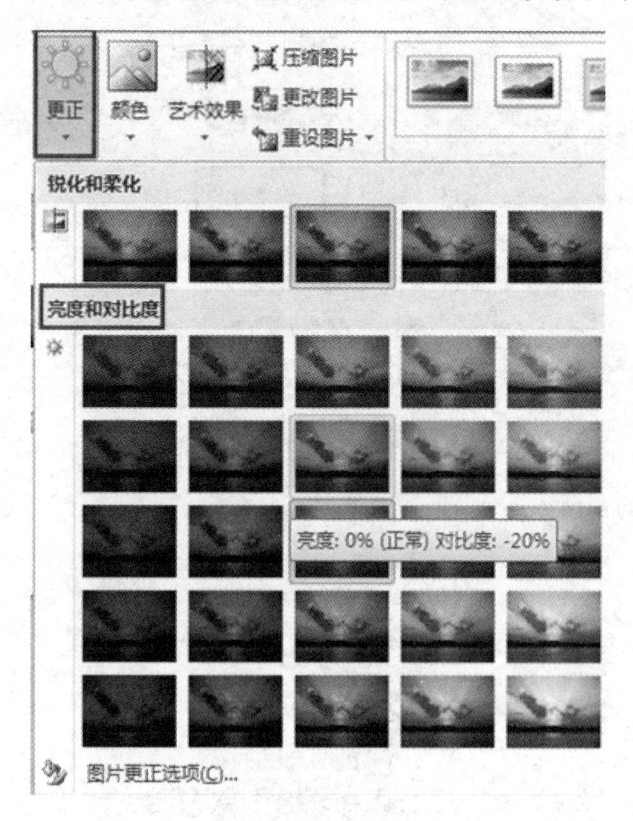

1.5.5　插入影片和声音

为了使幻灯片更加活泼、生动，还可以插入影片和声音。单击“插入”菜单，选取“视频”“音频”选项，在打开的菜单中选取“文件中的视频”或“文件中的音频”命令。

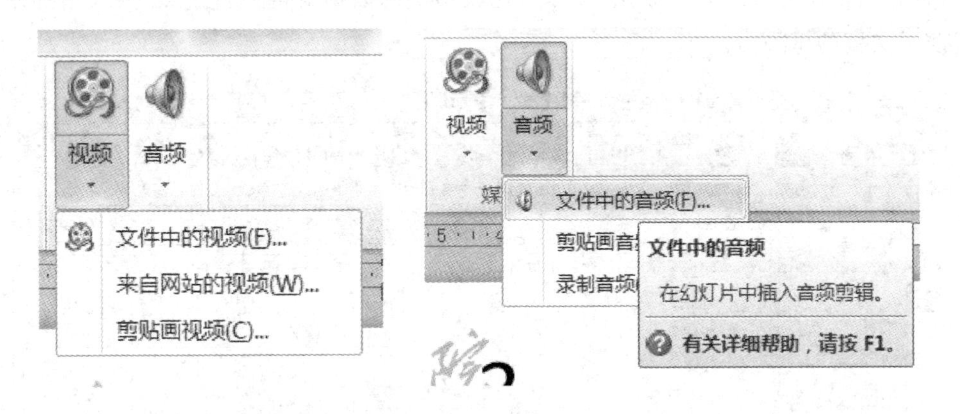

设置音频文件。选中声音图标—“音频工具—播放”选项卡—音频选项—开始(自动—单击时—跨幻灯片播放)。

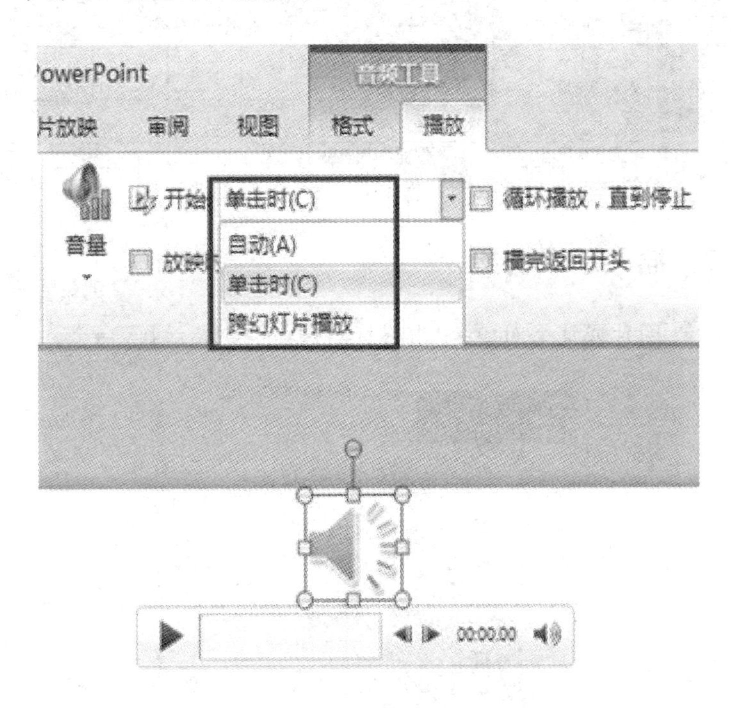

1.5.6 插入图表

插入图表是制作幻灯片时经常要使用的操作。图表不仅能直观地展示数据信息，还可以使数据的展现形式更加美化，增加了观众的兴趣。通过使用条形图、饼图、面积图等方式表示数据，使原来比较枯燥的数据变得一目了然，大大增加了演示文稿的感染力。

1.5.7 插入超级链接

选中文字、图片或某个对象，单击鼠标右键，选择“超链接”命令。

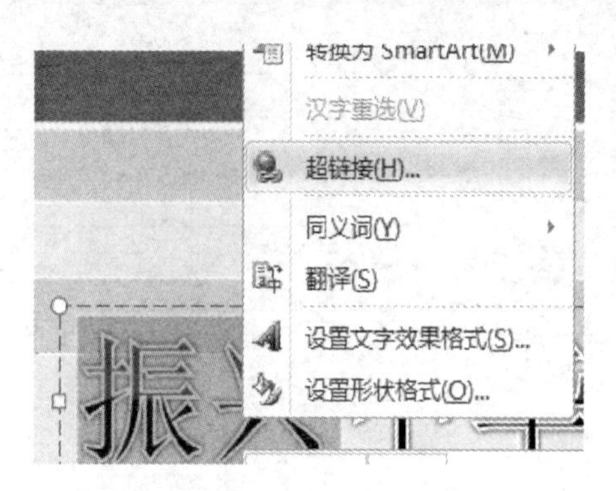

弹出“插入超链接”对话框，在此可以设置一些动作。“链接到”项中可以链接到现有文件或网页、链接到本文档中的位置、链接到新建文档或者电子邮件地址。一般设置链接到本文档中的某个页面居多，比如到第 81 页。

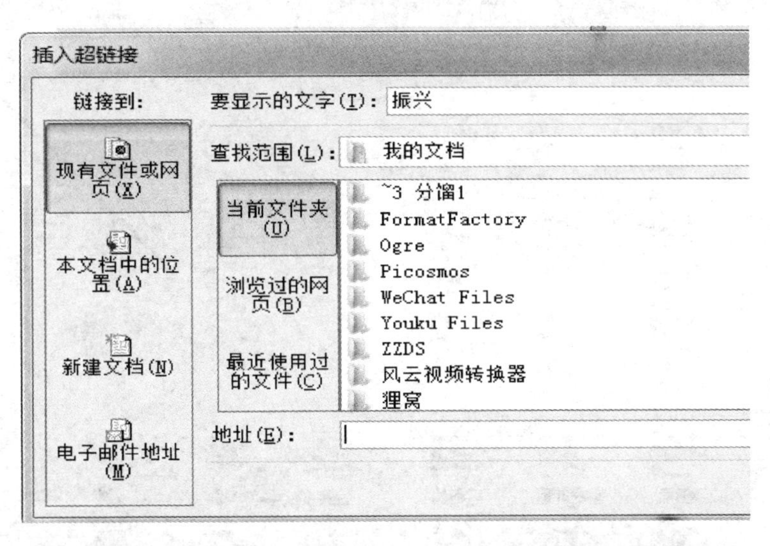

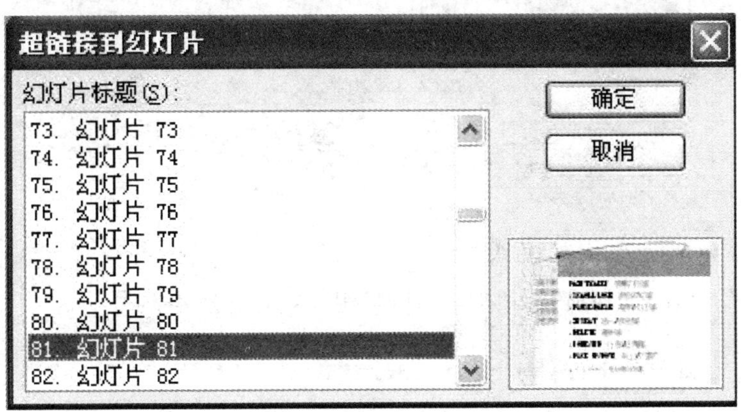

1.6　PowerPoint 2010 页面的播放

1.6.1　幻灯片的切换

通俗地说，幻灯片的切换效果就是在幻灯片的放映过程中，放完某一页后，这一页如何消失，下一页如何出来。设置切换效果可以增加幻灯片放映的活泼性和生动性。选中菜单“切换”命令，弹出幻灯片切换快捷工具条。

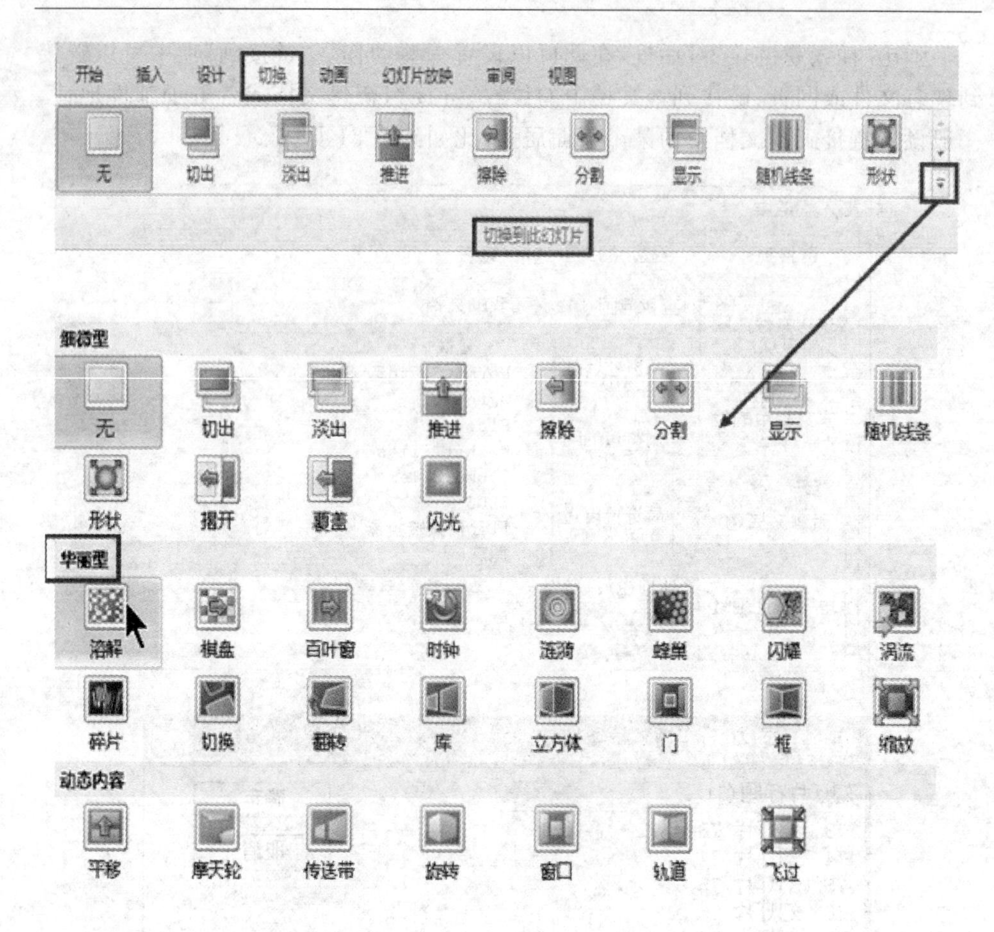

1. 切换音效及换片方式

选中幻灯片—“切换”选项卡—“计时”组—声音—换片方式。

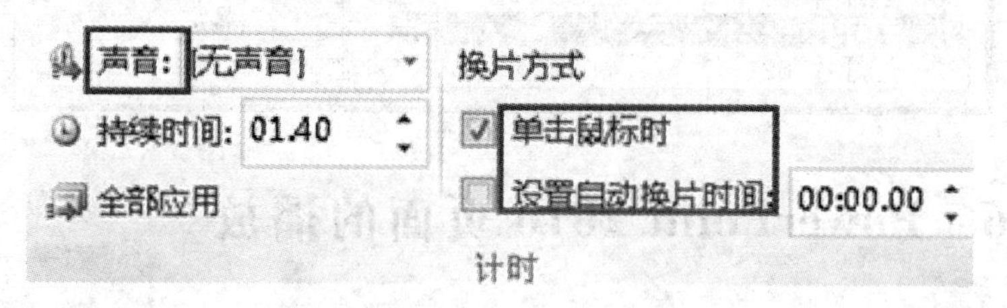

2. 添加翻页按钮

插入—插图—形状—动作按钮—上一页/下一页。

1.6.2　动画

动画能使幻灯片上的文本、形状、声音、图像、图表和其他对象具有动态效果，这样就可以突出重点、控制信息的出现方式，并提高演示文稿的趣味性。下面以“飞入”效果为例进行说明。

1. 文本进入效果——飞入

(1)飞入效果设置：选中文本对象—“动画”选项卡快翻按钮—“进入”—“飞入”效果。

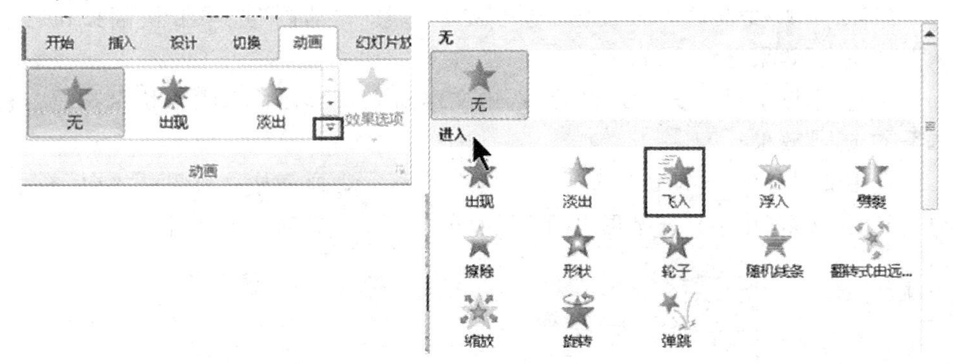

(2)飞入方向设置：选中文本对象—“动画”选项卡—“动画”组—“效果选项”。

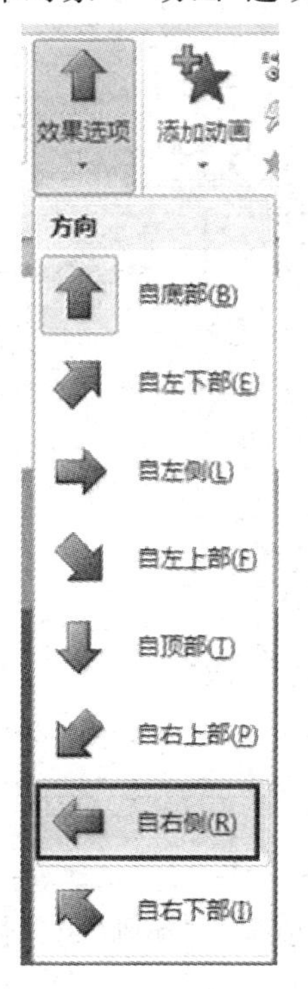

(3)动画持续时间:选中文本对象—“动画”选项卡—“计时”—“持续时间”。

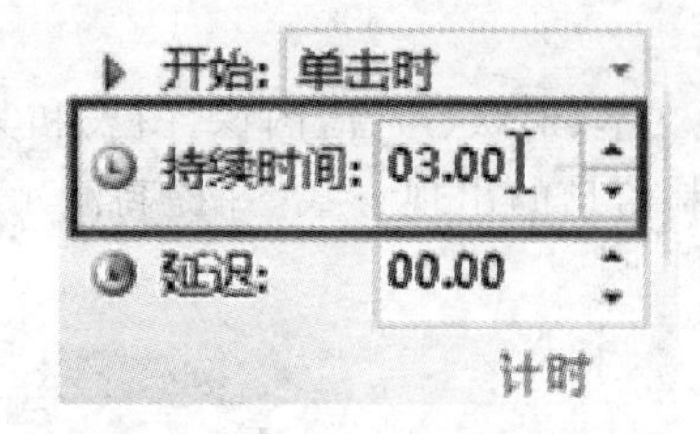

2. 设置文本发送方式

(1)文本整批发送方式设置:选中文本对象—“动画”选项卡快翻按钮“进入”—“飞入”效果。

(2)文本按字母发送方式设置:选中文本对象—“动画”选项卡快翻按钮“进入”—“飞入”效果。

选中文本对象—“动画”选项卡—高级动画—动画窗格—效果—方向(自右侧)—动画文本(按字母—字母之间延迟百分比(50)—计时—期间(快速(1 秒))。

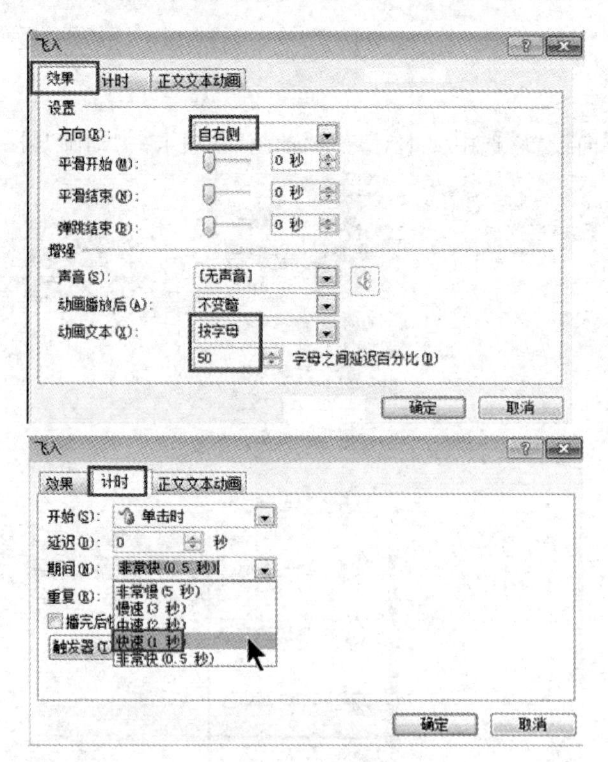

3. 文本对象的其他进入效果

选中文本对象—“动画”选项卡—“动画”组—快翻按钮—更多进入效果。

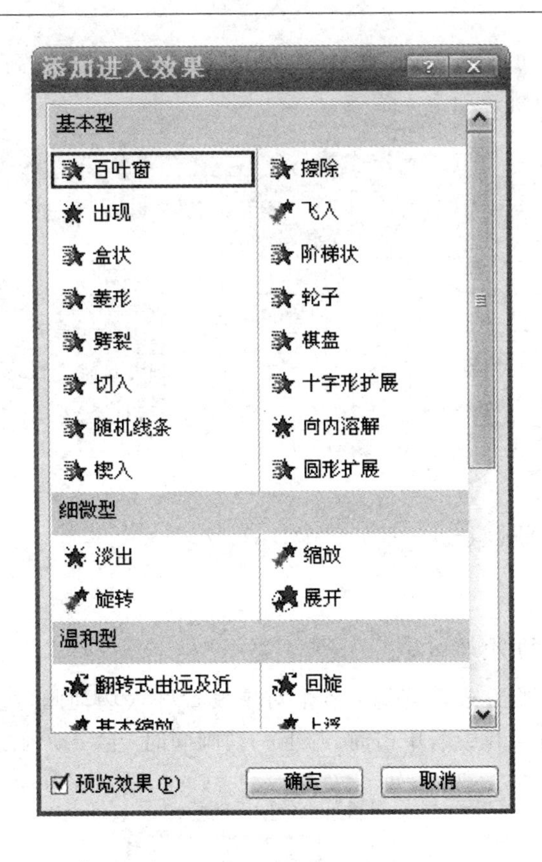

4. 图片等其他对象的进入效果设置

(1)设置图片等其他对象的进入效果:选中对象—“动画”选项卡—“动画”组—快翻按钮—更多进入效果。

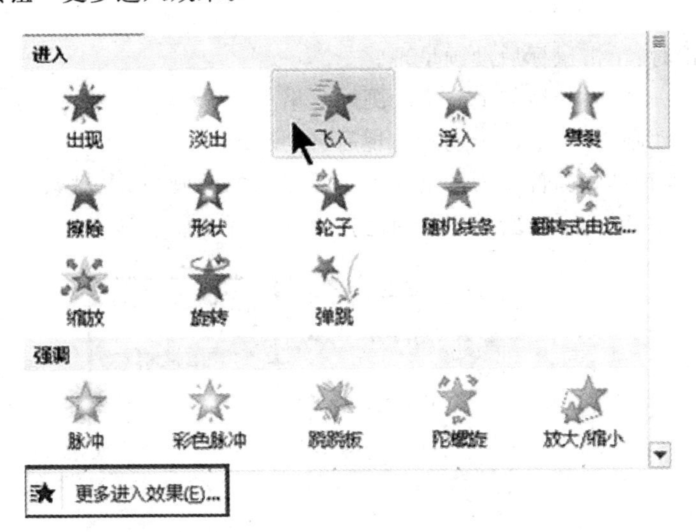

(2)设置入场动画的声音:选中对象—"动画"选项卡—高级动画—动画窗格—效果选项—弹跳选项卡—声音。

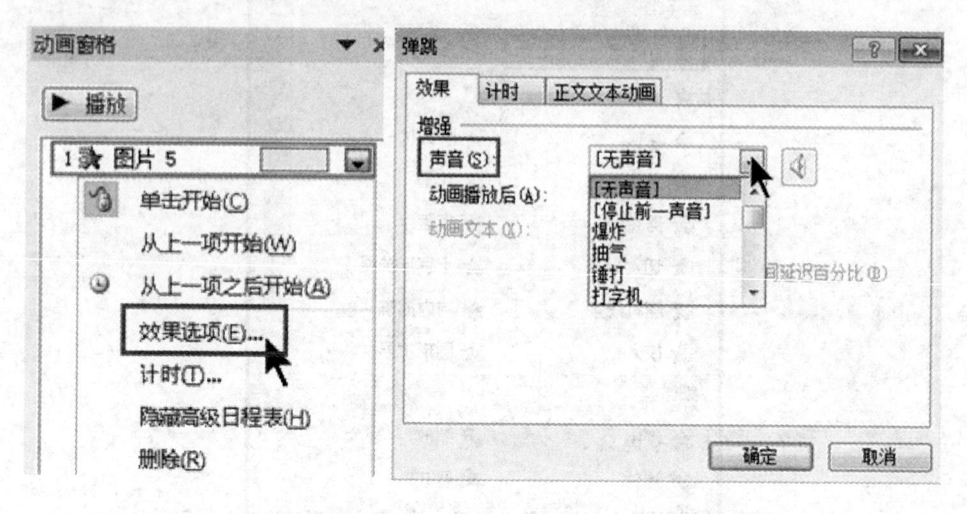

5. 控制动画的开始方式

设置动画的开始方式。首先为各个对象设置好入场动画,选中对象—"动画"选项卡—"计时"组—开始—单击时/与上一动画同时/上一动画之后。

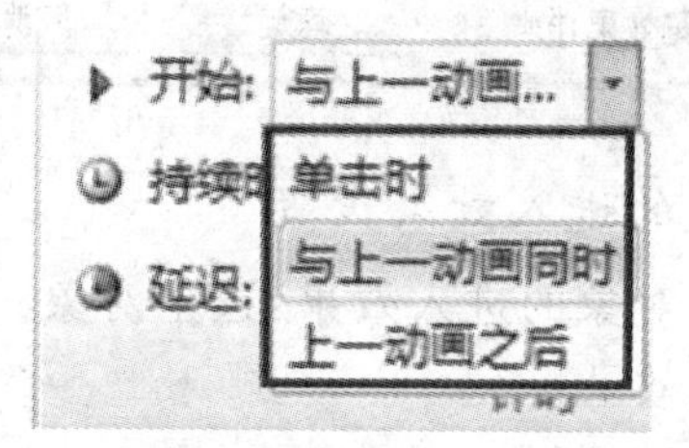

(1)单击时:单击鼠标后动画呈现。

(2)与上一动画同时:与上一个动画同时呈现。

(3)上一动画之后:上一个动画出现后自动呈现。

对动画重新排序。首先为各个对象设置好入场动画,选中对象—"动画"选项卡—"计时"组—对动画重新排序—向前移动/向后移动。

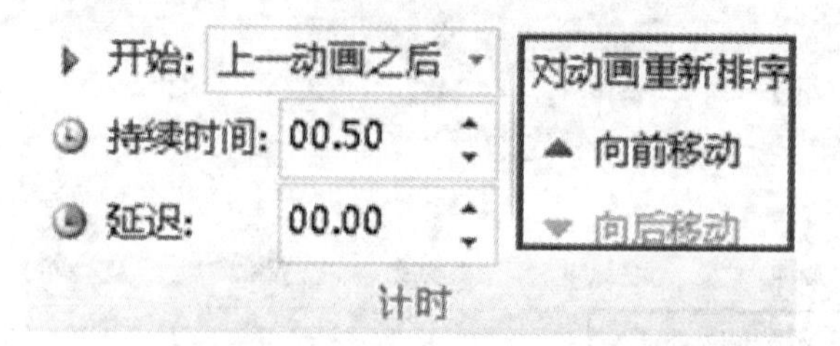

6. 删除动画

选中设置动画的对象—“动画”选项卡—“高级动画”组—动画窗格—单击所选对象右侧的下三角按钮—删除。

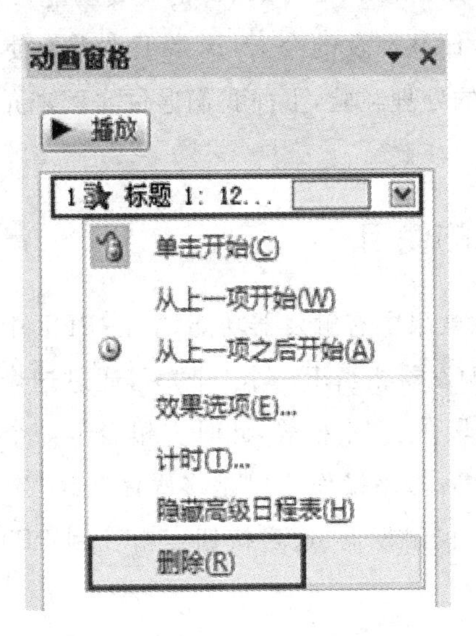

1.6.3 幻灯片放映

幻灯片的放映很简单，按一下 F5 键，或点击屏幕左下角的“ ”幻灯片放映按钮即可。也可以从菜单中找到相关命令。在放映过程中若需要切换到上一张、下一张很简单，可以用 Page Up、Page Down 键来控制，也可以用方向箭头来控制，还可以单击鼠标右键选择“上一张”“下一张”来实现。如果只想切换到下一张，还可以敲空格键、回车键等。如果想放映某一张特定的幻灯片，可以用键盘输入其页码数字，再敲回车键即可转到对应的页面。

要创作好的幻灯片，不论是在前景和背景的衬托、文字格式和段落编排上，还是在图片的选取、颜色的搭配上都需要有一定的耐心、想象力和审美能力。要提高幻灯片的美观性，在幻灯片中添加图片是十分必要的，这就要求制作者不要局限于现成的图片和 PowerPoint 本身所提供的绘图功能，要充分发挥想象力，并借助于一些专业绘图软件，如 PhotoShop 等，处理或制作出漂亮的图片，然后将其作为幻灯片的背景。当然，所加入的图片需与内容相关，这样既能起到美观的作用，又能起到突出主题的作用，但是要特别注意，不要让背景图片喧宾夺主，淡化了主题内容。

1.7 PowerPoint 2010 的应用实例

前面我们介绍了 PowerPoint 2010 软件的主要功能,结合它的菜单、工具列举了实例。在多媒体教学日益普及的今天,课堂上常需要使用到课件,如何制作出精美的 PPT,需要实际的处理经验,下面我们通过实例来介绍 PowerPoint 2010 的一些综合应用。

1.7.1 触发器的使用

PPT 的自定义动画效果中有触发器功能,能在 PPT 中实现交互,给课件的制作带来了很多的方便,触发器相当于一个“开关”,通过这个开关控制 PPT 中的动作元素——图片、文字、段落、文本框等,此时它相当于一个按钮,设置好触发器功能后,点击会触发一个操作,该操作可以是多媒体音乐、影片、文本或图片的动画等。用一句话概括 PPT 的触发器:通过按钮点击控制 PPT 页面中已设定动画的执行。

1. 案例 1:用触发器控制声音

实现效果:通过点击按钮,实现对声音的播放、暂停和停止操作。

准备素材:声音文件、三个按钮图片。

制作过程:

(1)将声音文件导入 PPT 中,选择“单击时播放”选项。插入三张按钮图片,并为图片分别命名为“播放”“暂停”和“停止”。

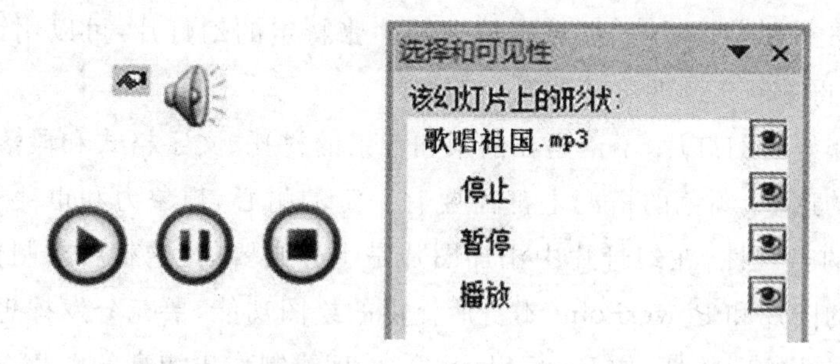

(2)在“自定义动画”窗格中,点击“歌唱祖国.mp3”右侧按钮,选择“计时”选项,在弹出对话框中点击“触发器”按钮,选择下面的“单击下列对象时启动效果”,点击右侧按钮,选择“播放”,点击“确定”按钮。

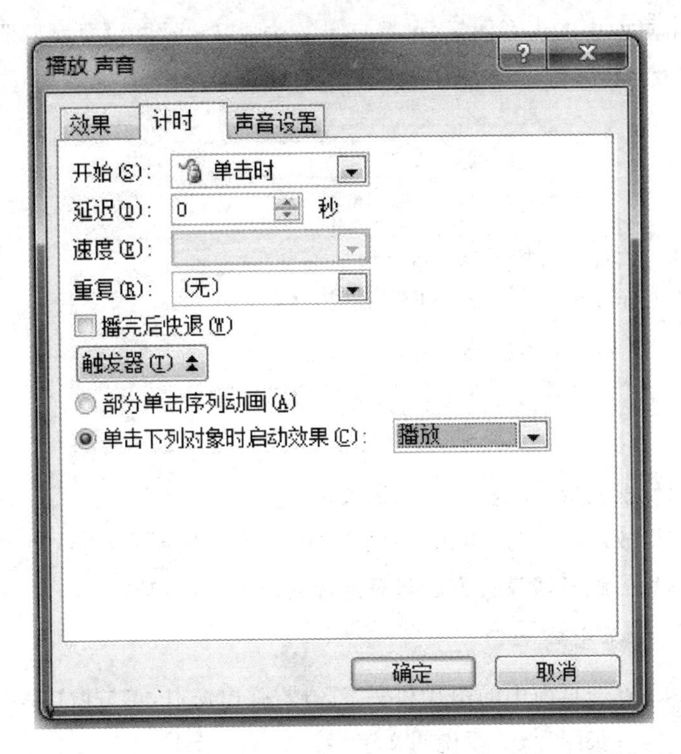

(3)点击页面中的声音图标，在"自定义动画"窗格中点击"添加效果"，弹出菜单，指向"声音操作"，在弹出的菜单中点击"暂停"这一项。

(4)在"自定义动画"窗格中，为"暂停"动画设置触发器，触发对象为"暂停"按钮，设置方法同上。

(5)点击页面中的声音图标,设置自定义动画“停止”并设置触发器。

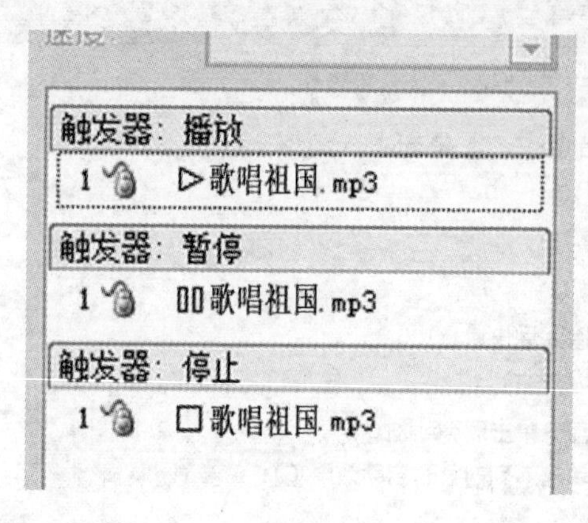

(6)全部设置完成,播放动画,测试效果。

提示:在播放幻灯片时,点击“暂停”按钮停止音乐播放,再次点击该按钮,继续播放;对影片的触发器设置方法与对声音的设置方法相同。

2. 案例 2:弹出窗口

实现效果:点击页面中的图片和文字区域,弹出窗口,点击窗口,将窗口关闭。

准备素材:一张图片,一段说明文字。

制作过程:

(1)在页面中插入图片与文字。绘制弹出窗口,将弹出窗口各元素进行组合,将该组合命名为“弹出窗口”,效果如下所示。

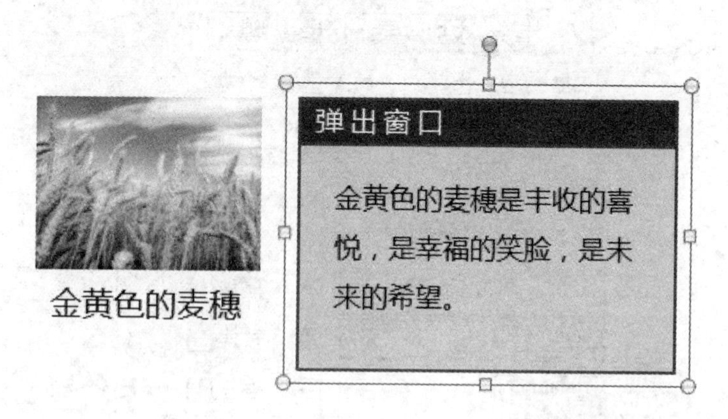

(2)在左侧绘制矩形,大小为正好覆盖住图片与文字区域,矩形轮廓设置为“无轮廓”,并将该矩形命名为“弹窗按钮”。如下所示。

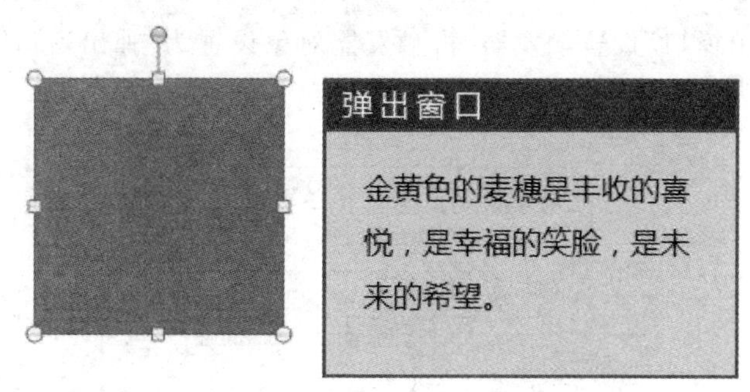

(3)点击“弹出窗口”组合,设置自定义动画,动画类型为“升起”,速度设置为“0.3 秒”,并为此动画设置触发器,触发对象为“弹窗按钮”。设置完成后如下所示。

(4)点击页面中的“弹出窗口”,在自定义动画中设置退出动画“下沉”,速度为“非常快”。

(5)为“弹出窗口”设置触发器,将触发器对象设置为“弹出窗口”。(也就是弹出窗口自身作为触发器)。

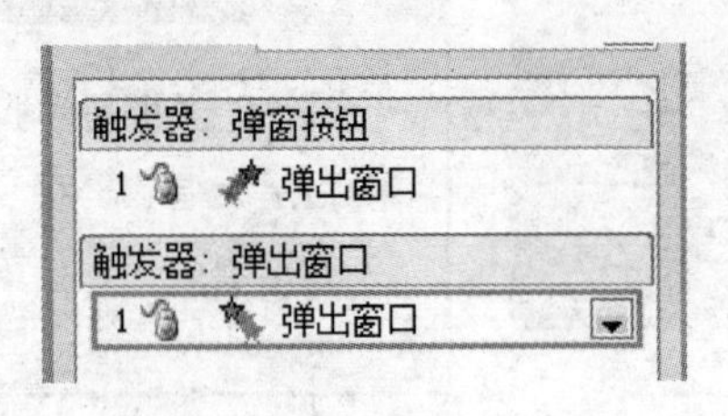

(6)选择页面中的“弹窗按钮”(覆盖图文上的蓝色矩形),右键菜单中选择“设置形状格式”,在窗口中将透明度设置为100%,点击关闭按钮。此时页面中的矩形变为透明效果。

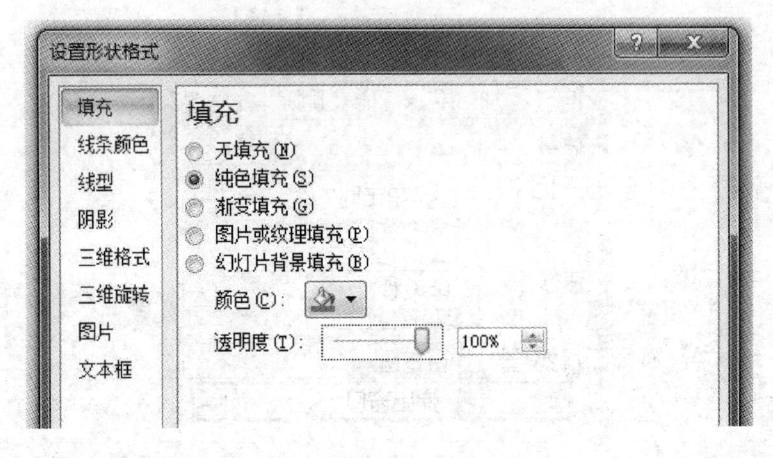

(7)完成全部设置,播放幻灯片,点击透明矩形区域,出现“弹出窗口”,单击“弹出窗口”,该窗口消失。提示:通过设置透明度的技巧,可以将触发效果运用到页面中的任意位置和任何对象上;实现本例效果,也可以不用透明矩形,而是分别将图片和文字作为触发对象,触发的动画都是“弹出窗口”。也就是说,同一个动画效果可以设置多个触发器来进行控制。

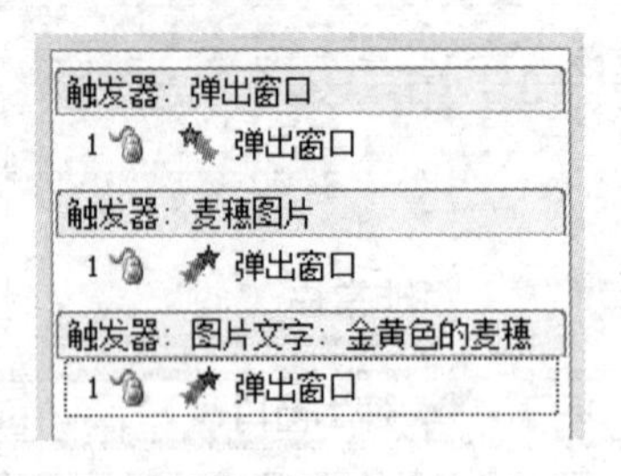

3. 案例3:图片点击放大效果

实现效果:点击页面中的缩略图,出现大图和说明文字。

准备素材：图片一张，一段说明文字。

制作过程：

(1)将图片插入 PPT 中，复制图片并缩小，调整页面中图片与文字的位置。

辛勤的蜜蜂飞舞在花丛中。

(2)将各元素分别命名为"缩略图""大图"和"说明文字"。

(3)分别为"大图"和"说明文字"设置动画，动画类型为"出现"。

(4)在"自定义动画"窗格中，点击"大图"动画右侧按钮，选择"计时"选项，弹出对话框。

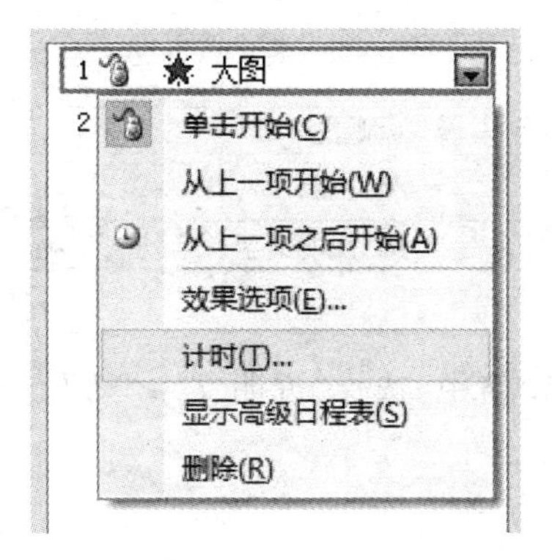

(5)点击“触发器”按钮,选择“单击下列对象时启动效果”选项,点击右侧按钮,选择“缩略图”,点击“确定”按钮。

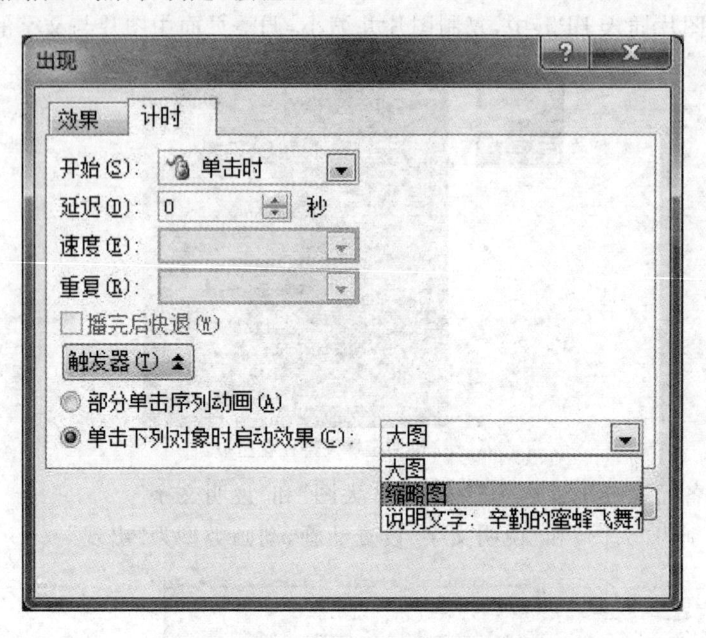

(6)用同样的方法,为“说明文字”设置触发器,触发对象仍然选择“缩略图”。设置完成后,在“自定义动画”窗格中显示效果如下,此时“触发器:缩略图”下有两个动画。

自定义动画
更改 删除
修改: 出现
开始: 单击时
属性:
速度:
触发器: 缩略图
1 大图
2 说明文字: 辛勤...

(7)在“自定义动画”窗格中,选择“说明文字”动画,将“开始”选项设置为“之前”。

(8)完成全部设置，播放幻灯片，此时鼠标指向“缩略图”时，变为手形，点击鼠标，“大图”与“说明文字”同时出现。

提示：在设置触发器之前最好为页面中的各元素命名，便于在设置中找到相应对象；在本例中分别为“大图”及“说明文字”设置动画和触发器，也可以先将两者进行组合，之后作为一个整体设置动画和触发器，两者实现效果相同。

4. 案例 4：判断选择答案的对错

选择题

用鼠标点击答案

1+2=（　）

A. 3　　B. 4

答对了，你真棒，请做下一题

C. 5　　D. 2

实现效果：选择题，当用鼠标点击 A 答案，页面会弹出“答对了，你真棒，请做下一题”，当点击 B、C、D 的答案时，则页面弹出“答错了，请再试一次”。

准备素材：题目，四个答案分别在不同的文本框中，答案提示的两段文字分别在不同的文本框中。

制作过程：

(1)给“答对了，你真棒，请做下一题”的文本框设置一个动画，右击动画窗格中的动画，选择“计时”，在弹出的对话框中点击“触发器”，选“单击下列对象时启用效果”，右侧的对象为 A 答案的文本框。同时给“答错了，请再试一次”文本框设置“消失”的动画，该动画也使用触发到 A 答案的文本框。将两个动画设置成同时播放。

(2)给“答错了，请再试一次”文本框设置出现的动画，右击动画窗格中的动画，选择“计时”，在弹出的对话框中点击“触发器”，选“单击下列对象时启用效果”，右侧的对象为B答案的文本框。同时给“答对了，你真棒，请做下一题”文本框设置“消失”的动画，该动画也使用触发到B答案的文本框。将两个动画设置成同时播放。

(3)C、D答案按B答案一样设置。完成之后将“答错了，请再试一次”文本框设置为消失，不加触发设置。整体效果如下。

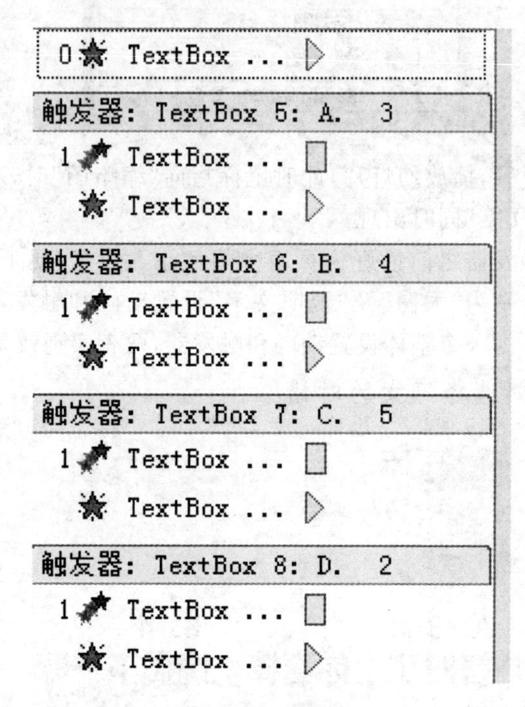

用同样的原理与操作思路可以制作连线题和填空题。

1.7.2 多张图片的处理

1. 案例1：缩略图，点击放大

实现效果：多张图片，以较小的尺寸存在于演示文稿的页面，当用鼠标点击其中一张时，它会展现出动画，且放大到整个屏幕，再次单击，图片缩小到原图。

准备素材：多张图片。

制作过程：

(1)点击“插入菜单”，选择“对象”—“Microsoft PowerPoint 演示文稿”，双击此对象，在其中选择“插入图片”，把图片素材插入此对象中，设置其动画形式，动画播放方式为“与上一动画同时”。

(2)依次插入“对象”—“Microsoft PowerPoint 演示文稿”，在其中插入其他图片，针对每张图片进行同样的设置。通过这种设置，一张演示文稿中能排版 20 张左右的小图片，每一张都能看清全貌，若是想了解具体内容，可以点击放大，非常方便。

2. 案例 2：多张图片做成滚动胶片

实现效果：让多张图片在胶片框中滚动播放，像电影胶片放映一样。

准备素材：胶片框样子的图片一张，多张图片。

制作过程：插入胶片框，在框内加入照片，调整到合适大小，组合成一个整体，复制一份，设置动画为直线移动，拖动直线到一组胶片框的长度，将其置于文件窗口的正中间，同时右击动画窗格“组合”的动作，选择“效果选项”，设置如下。

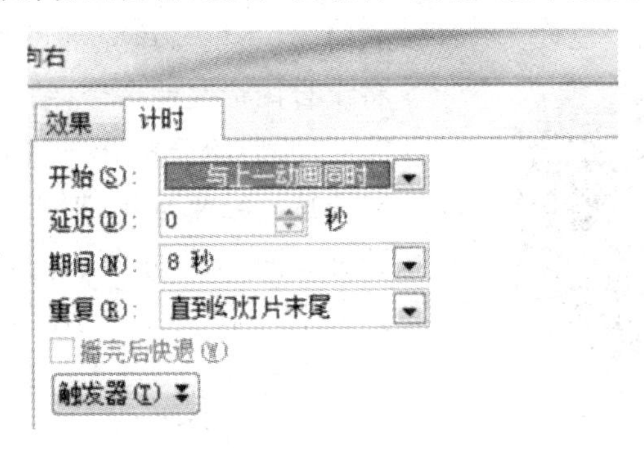

放映动画，可以看到胶片中的图片不断滚动播放，直到单击鼠标为止。

1.7.3 自定义动画

1. 案例1：镂空文字

实现效果：彩色灯光从背后照射，透过空心的文字。

制作过程：在文本框中输入文字，如“汉江师范学院”，文本框黑色填充，文字白色，字体要大，将文本框复制，粘贴为图片，选择菜单：格式/颜色/设置透明颜色，把文字变为透明。绘制一个椭圆，用多种色彩填充，放到最底层，给它添加动画：从左到右移动。在动画窗格里右击，选择“效果选项”，在“效果”中使用“自动翻转”，在“计时/重复”中选择“直到幻灯片末尾”。

汉江师范学院

放映动画，会看到透过镂空的文字，椭圆的五彩颜色像探照灯一样，不停地左右运动。

2. 案例2：转动时钟

实现效果：时钟的时针、分针同时转动，时针转一圈，分针转动12圈。

准备素材：钟表盘面的图片。

制作过程：选择箭头，画一较长的指针，作为分针，拖动复制一个与之相接，将它隐形（边框与填充都设为无色），然后组合；将组合图形复制一个，缩短作为时针。

动画：给分针、时针都设置动画。强调—陀螺旋。效果选项：时针一圈12秒，无重复；分针一圈1秒，重复12次，动画开始方式，让第二个动画“与上一动画同时”。

1.7.4　PowerPoint 2010 动画的高级技巧

1. 案例 1:跳动火焰

绘制包括外焰、内焰、焰心的三个图层,对外焰设置“放大/缩小”的动画,效果为尺寸110%垂直,自动翻转,时间0.01秒,与上一动画同时。对焰心设置“放大/缩小”的动画,效果为尺寸50%垂直,自动翻转,时间为中速2秒,与上一动画同时,重复情况皆为“直到幻灯片末尾”。选择播放,即可看到灯火摇曳的样子。

2. 案例 2:倒计时或进度条

进度条:制作规则的矩形至少十个,红色填充,相连摆放,动画设置每隔2秒“出现”,从第一个矩形开始,后边的矩形出现的时间都在上一动画之后。

倒计时:按进度条的方法反向制作。设置为“消失”动画即可。

3. 案例 3:汉字笔顺动画

小学低年级教学时,教师经常要演示汉字书写的正确笔顺。

汉字笔顺动画制作方法分为三个基本步骤。

首先,Word 2010 中输入汉字,设置字体为楷体 GB2312(若没有,需要安装);将其另存为兼容 Word 2003 的文档。选中文字,点击鼠标右键,在快捷菜单中打开“字体”对话框,选择“空心”格式。

实现汉字书写笔顺动画的关键是要把汉字的每个笔画分解为一个个独立的形状。前提是汉字字体必须设置为楷体 GB2312 或宋体 GB2312。WindowsXP 中默认有这两种字体,但 Windows 7 开始系统默认没有这两种字体。需要从网上下载这两种字体后安装。

其次,复制这个空心汉字到 PowerPoint 2010 中,开始—选择性粘贴,选择图片(Windows 元文件),取消组合两次。汉字笔画就分解出来了。删除不需要的对象(一般有1～2个空白形状)。分解后的笔画形状可重新组合,大小可任意缩放。

最后,添加动画前必须要取消形状组合。按书写顺序添加“擦除”动画,并设置正确的擦除方向。如果要连续播放动画,除第一个动画外,设置其他动画开始参数为“上一动画之后”。

4. 案例 4：用控件插入音乐

选择“视图”菜单，单击鼠标右键，选择“自定义功能区”，在“开发工具”选框处打钩。

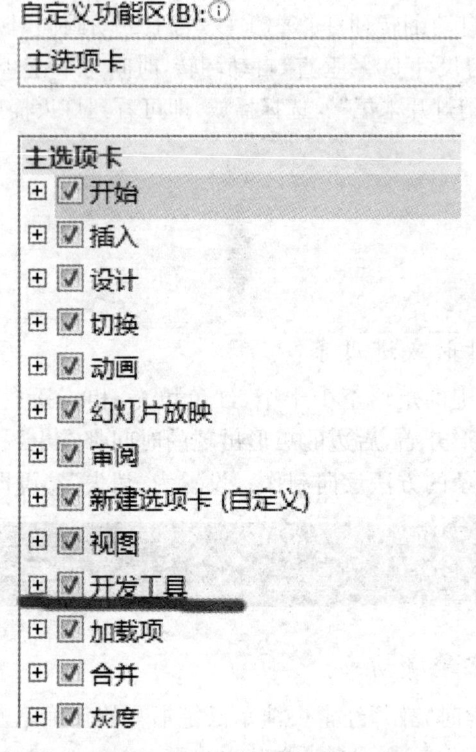

选择“开发工具”菜单，单击“控件”—“其他控件”。

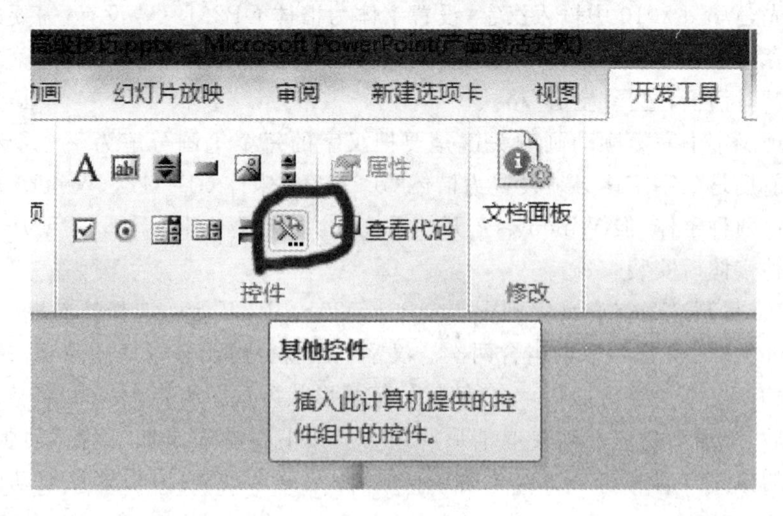

在弹出的对话框中选择“Windows Media Player”，然后用鼠标在幻灯片页面上拉出一个框，鼠标右键点击此框，选择“属性”，在弹出的对话框中输入相关信息，例如在 URL 右侧输入音乐文件的地址。注意是硬盘中的地址命名，包括文件的后缀名。例“E:\音乐\纯音乐-红楼梦.mp3”。

属性

WindowsMediaPlayer1 WindowsMediaPlayer

按字母序 | 按分类序

(名称)	WindowsMediaPlayer1
(自定义)	
enableContextMenu	True
enabled	True
fullScreen	False
Height	107.75
Left	104.875
stretchToFit	False
Top	139.625
uiMode	full
URL	
Visible	True
Width	283.5
windowlessVideo	False

1.7.5　PowerPoint 2010 的制作原则

PowerPoint 2010 的功能强大，应用广泛，要制作出精美的 PPT，需要善用母版、合理配色、善用动画、注重逻辑、内容精简，要明白 PPT 只是演讲者描述一件事物的辅助手段，最终能否吸引人，从来不是靠 PPT，而是靠演讲者的综合能力。

在 PPT 的制作过程中，有以下经验可以参考。

(1)图胜于表，表胜于文。图表能“讲故事”，能节约大量的文字，图表能让听众一目了然。

(2)总起与总结。讲述任何一个内容都要有逻辑性，一个主题要有总起，告诉听众你要讲什么，结束时要有总结，让听众加深印象。

(3)时间控制。无论是讲课、做报告，还是开会，都要言简意赅。针对幻灯片进行汇报时，一定要把握好时间，按重要程度分配各部分的时间，可以利用排练功能(幻灯片放映—排练计时)预估时间。

(4)每张幻灯片的内容不能太多，太多意味作者没有思考，没有精简。每张

PPT 最多传递的信息为 5 个，一般 3～5 个要点占据一个页面。

(5)PPT 页面中的字体不能太小，否则观众看不清，一般来说，大标题：44 点，粗体；一级标题：32 点，粗体；二级标题：28 点，粗体；正文：28～32 点之间。

(6)文字与背景的颜色反差要大，使用相反的色调或冷暖不同色系的颜色会使内容更加醒目。

(7)文字不在多，贵在精简；色彩不在多，贵在和谐；动画不在多，贵在需要。

第 2 章　流程示意图绘制软件 Visio

2.1　Visio 2010 的安装、启动、新建、打开和保存

2.1.1　Visio 2010 软件简介

Office Visio 是 Office 软件系列中绘制流程图和示意图的软件，是一款便于办公与商务工作中就复杂信息、系统和流程进行可视化处理、分析、解构、表达、交流和呈现的软件。该程序可以帮助用户以图表的形式诠释事物的过程。

Visio 是当今较常用的办公绘图软件之一，它将强大的功能和简单的操作完美地结合在一起。使用 Visio，可以绘制组织结构图、营销图表、业务流程图、项目管理图、办公室布局图、地图、网络图、电子线路图、数据库模型图、反应过程图、方程式、分子式、化学装置图、工艺管道图、因果图、方向图等，因而，Visio 被广泛地应用于软件设计、办公自动化、项目管理、广告、企业管理、建筑、电子、机械、通信、科研和日常生活等众多领域。

Visio 被微软公司收购，作为 Microsoft Office 2010 系统中的一名重要成员，Visio 2010 的功能更加强大，应用范围也在不断扩大。

2.1.2　Visio 2010 的安装

对于购买了 Microsoft Office 2010 完全版的用户，安装了 Microsoft Office 2010，Microsoft Visio 2010 也同时被安装。

Microsoft Office
Microsoft Excel 2010
Microsoft PowerPoint 2010
Microsoft Visio 2010
Microsoft Word 2010
Microsoft Office 2010 工具

2.1.3　Visio 2010 的启动、新建、打开和保存

Visio 2010 提供了一个专用、熟悉的 Microsoft 绘图环境，有形象的模板、大量的形状和工具。借助它可以轻松自如地创建各式各样的业务图表和技术图表。

可以直接双击桌面上的快捷图标，也可以单击开始—程序—Microsoft Office 2010—Microsoft Visio 2010，来打开 Visio，打开程序如下。

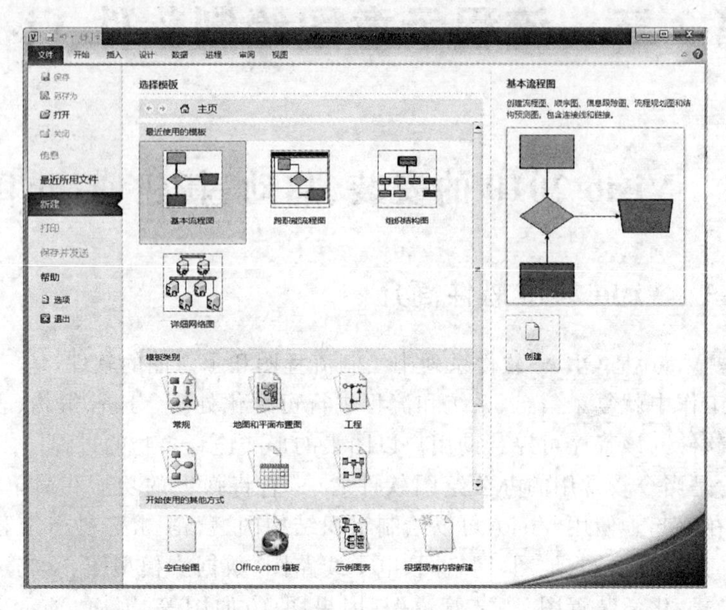

新建一个 Visio 2010 页面，单击“文件”菜单，选择“新建”，可以看到 Visio 2010 提供了很多新建选项。

如果点击“选择绘图类型”则回到程序刚打开的状况；点击“新建绘图”则新建一个空白页面；另外还提供了 Web 图表、地图、电气工程、工艺流程、机械工程、建

筑设计图、机械工程图、框图、灵感触发图、流程图、软件开发图、数据库示意图、网络开发/示意图、项目日程、业务进程图、组织结构图等。打开相应的选项，对应的图例会排列在窗口的左侧以供选择，用这些图例可以制作出各种想要的图形。

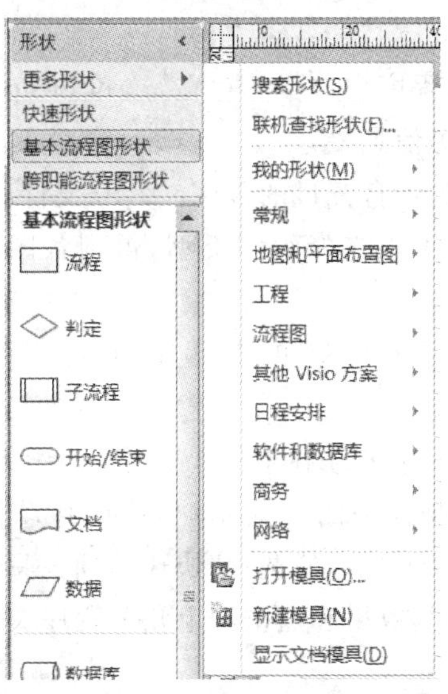

Visio 文件的打开与保存类似于 Office 系列其他软件，保存文件默认后缀名为.vsd。与 PPT 文件一样，它也可以另存为网页。

2.2　Visio 2010 的菜单简介

2.2.1　“文件”菜单

进入 Visio 2010 程序后，点击“文件”，文件菜单就被打开，各命令作用如下。

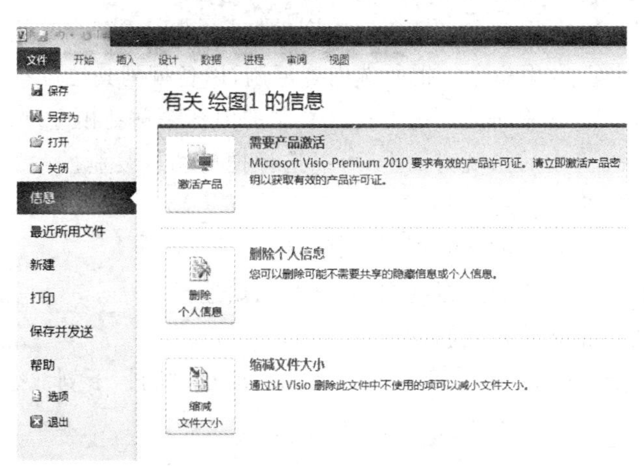

保存：文件直接保存为默认路径下的默认格式，当然，文件类型可以选择 Visio 2010 支持的其他格式。

另存为：重新存为另一个文件。如果在编辑过程中，另存后将不影响原文件。

打开：打开 Visio 2010 支持的各种文件。

关闭：关闭文件窗口，程序窗口依然存在，这和 Office 其他系列软件类似。

信息：显示文件的相关信息。

最近所用文件：提供最近打开过的 Visio 2010 文件。

新建：新建空白页面，可以选择绘图类型，得到各图表的图例，进入专业绘图选项。

打印：选择打印机，设置打印效果、打印比例、奇偶页打印、打印范围、打印份数等。

保存并发送：可以把文件作为附件发送或更改为 PDF 格式发送。

选项：后台设置文件及程序的一些功能，比如自动保存的时间、撤销的次数等，也有菜单的定制及不常见命令的选用、快速访问工具栏的设置等。

退出：可以退出程序，其效果和点击右上角的程序关闭命令一样。

2.2.2 “开始”菜单

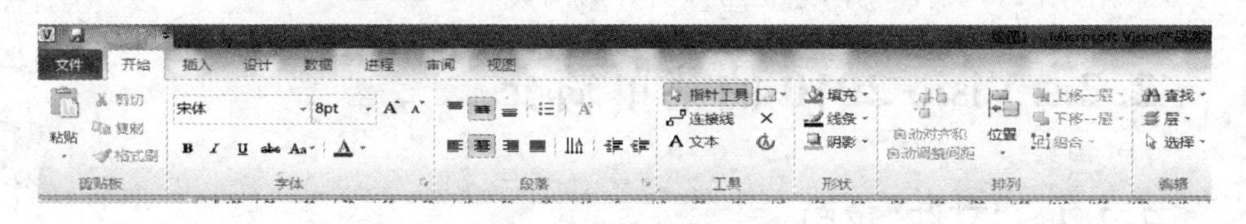

撤销，重复：在作图、文字录入或排版过程中，如果删除了不该删除的内容，或想取消前一步操作，可以利用“撤销”和“重复”命令。

剪切：Ctrl＋X，常用命令。把所选内容剪掉、以弃用或挪到其他位置。

复制：Ctrl＋C，常用命令。把所选内容复制，以备挪到其他位置。

粘贴：Ctrl＋V，常用命令。把剪切或复制的内容粘贴到相应位置。

选择性粘贴：点击后出现对话框，可以选择把剪切或复制的内容粘贴为图片、纯文本、Word 文档、超链接等格式。

粘贴为超链接：粘贴的同时可以设置超链接。

剪贴板：打开存在于剪贴板的内容，进行粘贴选择。

格式刷：可对格式进行复制。

字体：对字体、字号、颜色、字符间距、缩放、加粗、倾斜、下划线、删除线等进行设定。

段落:设定对齐、段落间距、页边距、制表符。

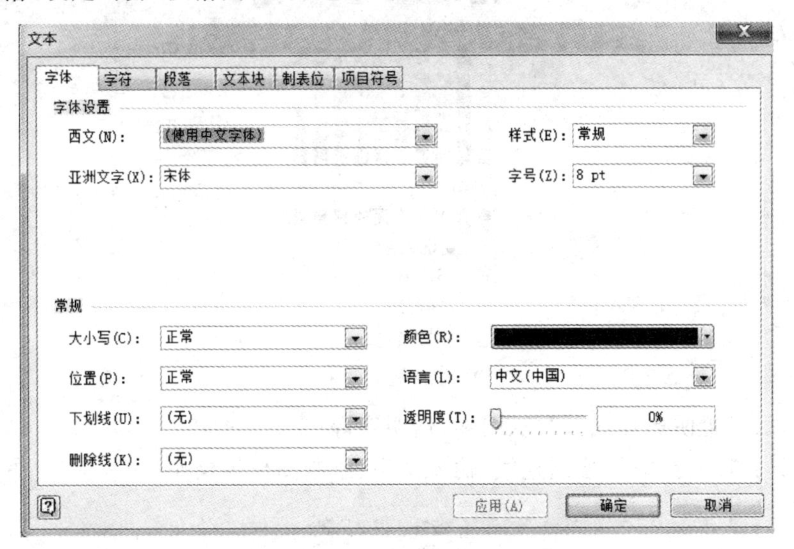

线条:设置线条粗细、虚实、颜色、箭头、线端、圆角等。

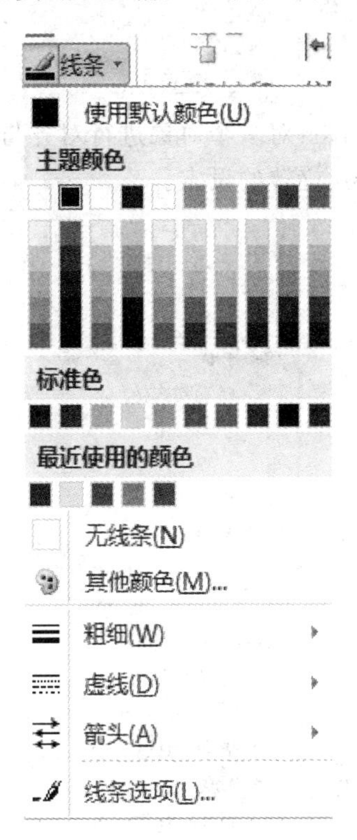

填充:设置填充颜色、图案、阴影、透明度等。

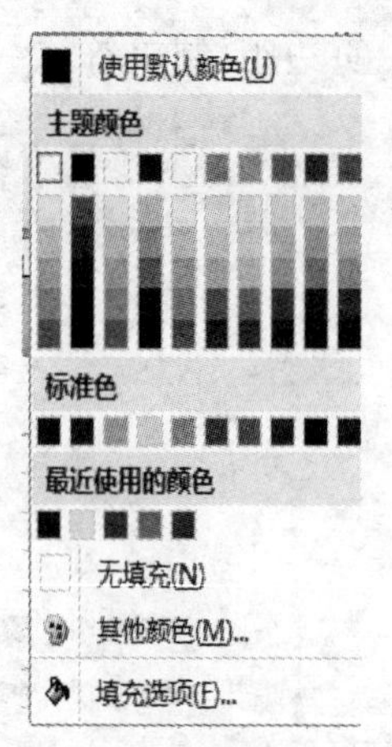

阴影:设置阴影样式、颜色、图案、透明度等。

工具:可进行选择、绘制连线、输入文字、绘制图形等操作。

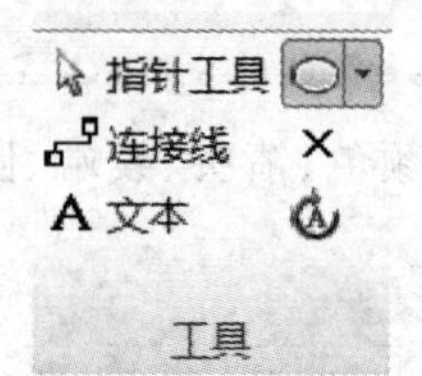

自动对齐和自动调整间距:对多个对象进行对齐与间距调整。

位置:可进行对齐、间距、旋转的设定。

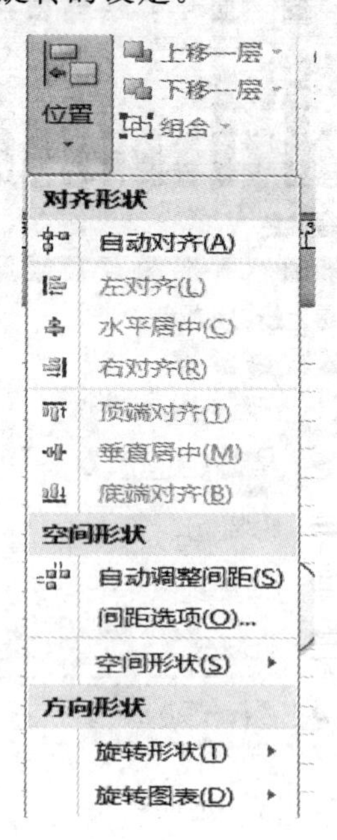

组合:对多个对象进行组合。

层次移动:将对象在不同层次间移动。

查找替换:点击后出现对话框,可设置查找及相应替换对象。

2.2.3 “插入”菜单

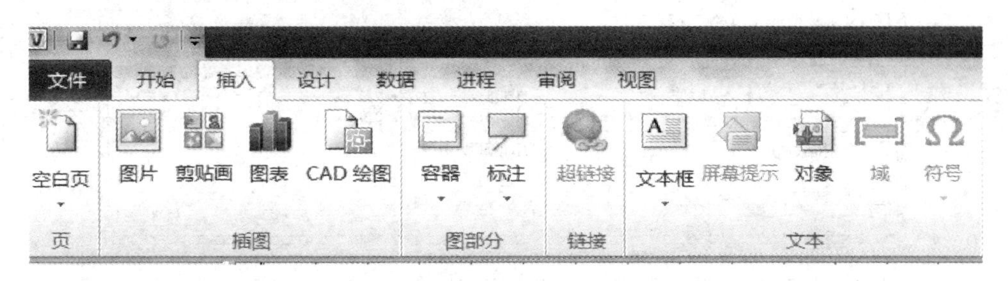

空白页:打开后出现对话框,插入新的一页。

图片:可以插入图片,图片来自剪辑库、扫描仪和数码相机等。

剪贴画:可以插入剪贴画。

图表:插入图表,打开后进入设计页面,对图表进行设计与优化。

CAD 绘图:支持 CAD 文件。

容器和标注:插入文本框及标注框,样式可选,内容自定。

超链接:可以设置超链接。

域:打开后出现对话框,插入相关字段,包括公式、日期时间、文档信息、几何图形等。

符号:打开后出现对话框,插入符号及特殊符号。

对象:打开后出现对话框,用于插入一系列本程序支持的对象,如 Excel 图表、PowerPoint 幻灯片、PDF 文档、音频视频剪辑等。

2.2.4 “设计”菜单

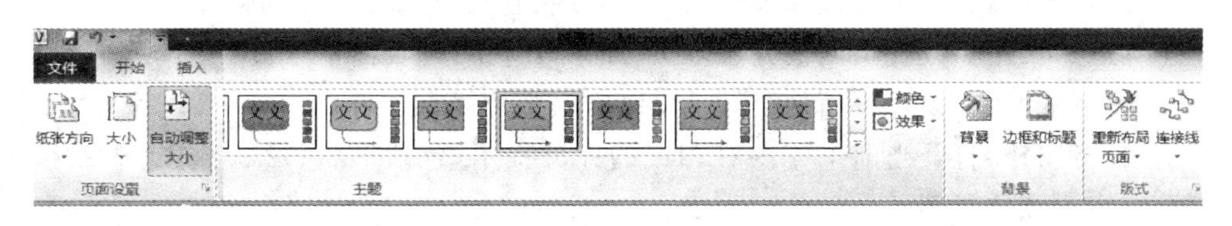

页面设置对话框如下。

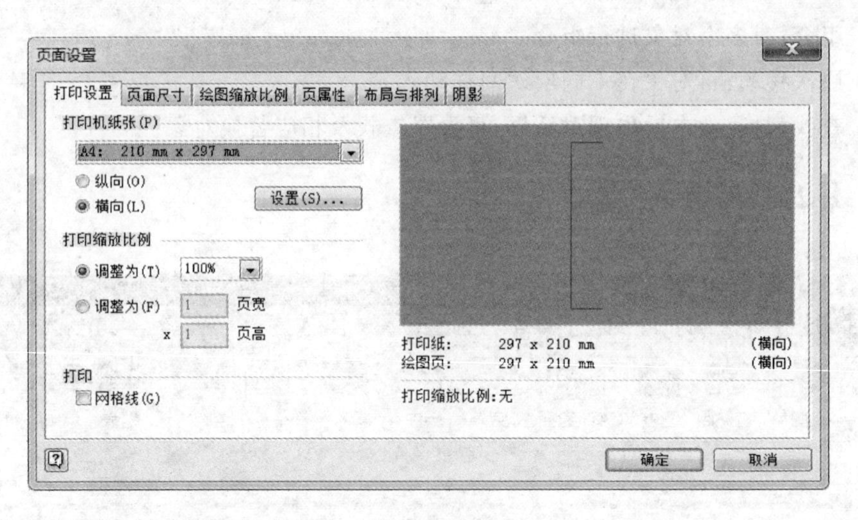

纸张方向:用于设置纸张横向或纵向排列。

缩放比例:打开当前窗口的缩略图,默认会在右侧上部显示。

大小:用于调整页面大小。

主题:包括前景页、背景页、样式、填充图案、线型、线端等内容的设置。

颜色效果:用于快速设置页面布局使用的颜色与填充效果。

背景边框标题:用于快速设置页面的背景、边框与标题。

2.2.5 “视图”菜单

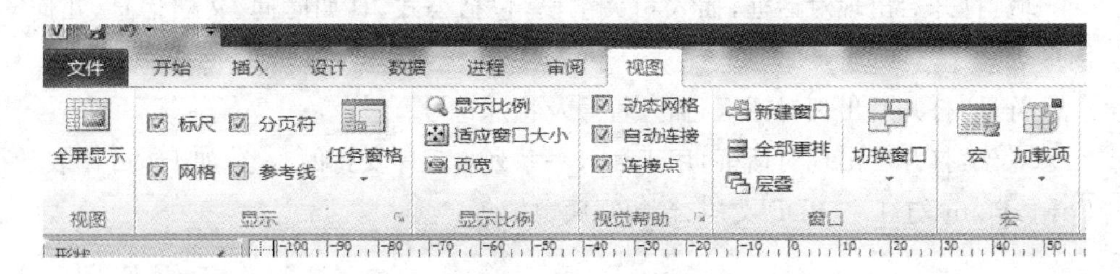

全屏显示:用于设置页面是否全屏显示。

标尺和网格:用于设置标尺和网格的间距、起点、精细程度。

分页符:用于设置页面被分成多页,如果没选中,则页面不分页。

参考线:用于设置页面是否显示横纵方格定位线。

任务窗格:打开当前工作内容相关的任务提示,包括形状、形状数据、平铺和缩放、大小和位置等。

显示比例:可以用于调整页面比例,最大放大 4 倍。也可以用于将页面迅速恢复到合适的窗口大小。

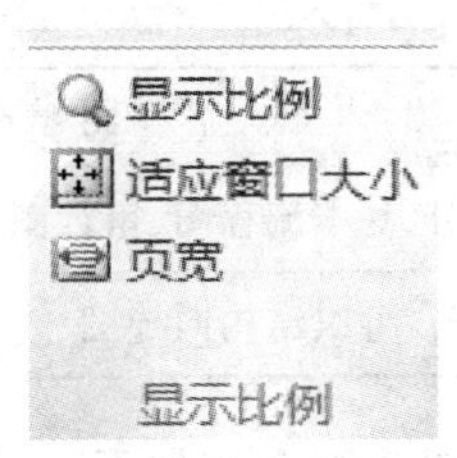

宏：可以录制、加载与编辑宏。

加载项：可以加载其他项目与方案。

2.3　Visio 2010 制图情况介绍

前面介绍了 Visio 2010 菜单各命令的功能，在使用 Visio 2010 时不仅要熟悉这些命令，还要会综合应用。Visio 2010 是一款功能很强大的软件，可绘制的图表类型很多，如表 2-1 所示。

表 2-1　Visio 2010 可绘制图表类型

名　　称	图表类型
Web 图表	网站总体设计图、网站图
工艺工程图	转换或迁移设计图、工艺流程图、化工流程图、管道和仪表设备图
电气工程图	电气和电信规划、电子电路图
地图	三维方向图、道路、地铁线路图、路标、交通标志、娱乐标志
机械工程图	流体动力图、部件和组件绘图
建筑设计图	平面布置图，家具、门窗隔间、水暖、植物等家居、办公室设施，旅行标志等
框图	基本框图、具有透视效果的框图
灵感触发图	灵感触发图、思维导图
流程图	工作流程图、跨职能流程图
软件	软件开发图、数据流模型图、企业应用图
数据库图表	数据库模型图、Express-G 图表、ORM 图表
图表和图形	营销图表、其他图表和图形
网络图	基本网络图、详细网络图、机架图
项目日程	日历、日程

续表

名　称	图表类型
业务进程图	业务进程图、基本流程图、审计图
组织结构图	组织结构图、组织结构向导图

各种绘图的简略表示及应用范围介绍如下。

1. 工艺流程图

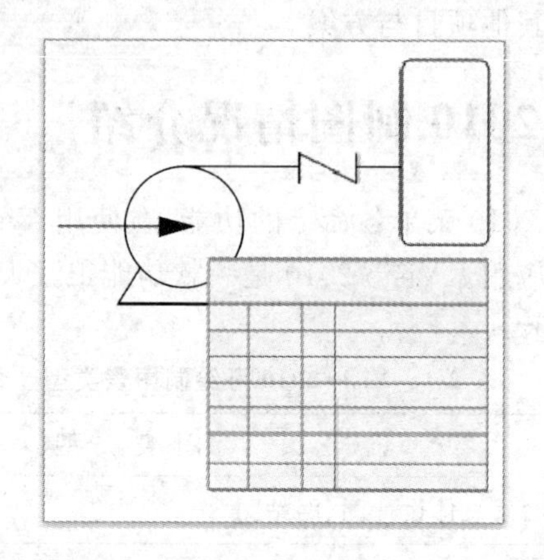

工艺工程师可以创建工艺流程图来显示化工厂的管道平面图。

车间操作员可以使用 P&ID(管道和仪表图)来记录现有设施(如锅炉系统)以及改变。

控制器操作员可以使用管道布置图来显示逻辑图与物理管道平面图之间的关系。

2. 机械工程图

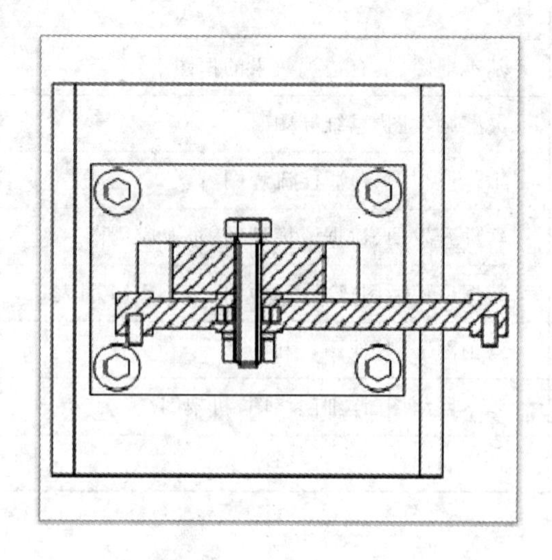

机械工程师可以用机械工程图来描述液压系统流体动力设备和阀门。
工程组可以分享设计概念，并对这些概念一一进行评论。
工程师可以将二维机械工程图与三维设计方法结合使用。

3. 电气工程图

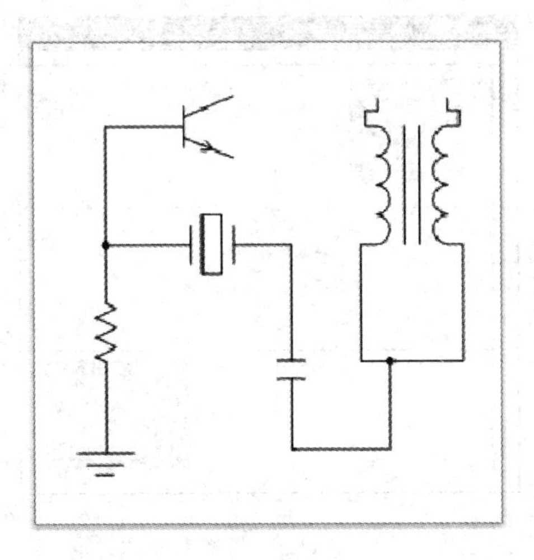

电气工程师可以创建设计图、示意图和布线图。
控制工程师可以使用电气工程图来设计复杂的工业控制组件和系统。
电信工程师可以使用电气工程图来分享组件和服务设计想法。

4. 流程图

会计可以使用流程图来说明财务管理、资金管理和财务库存过程。

招聘经理可以使用产品开发流程图来突出显示新雇员需要准备的重要决策。

保险公司可以使用流程图来记录风险评估流程。

5.跨职能流程图

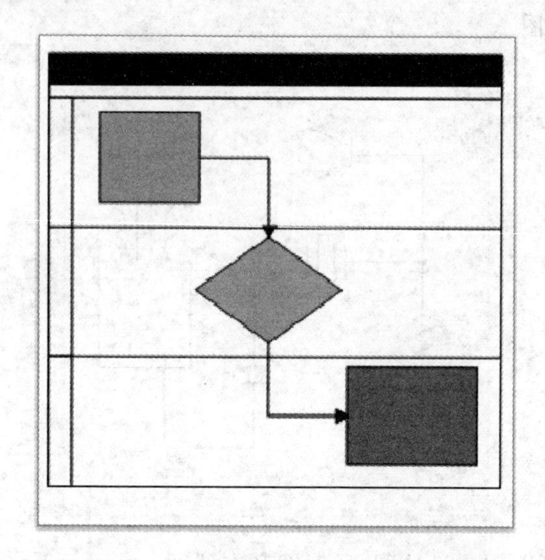

行政助理可以使用跨职能流程图向主管介绍进程并提出改进意见。

项目经理可以使用跨职能流程图来确定项目在整个组织中的定位。

6.组织结构图

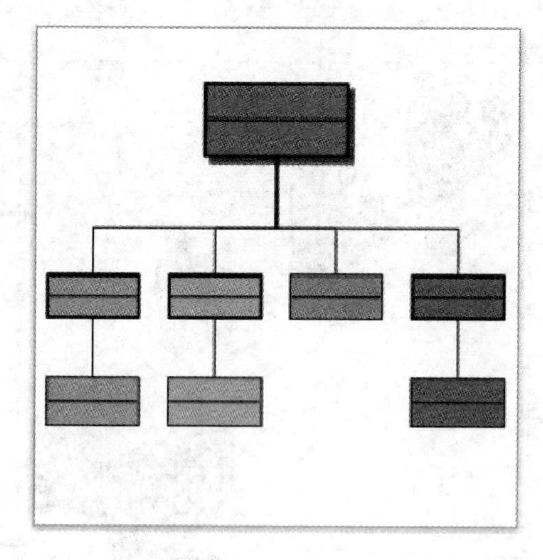

制订项目日程时，项目经理可以用组织结构图来显示小组的人员构成及任务分配情况。

管理人员可以使用组织结构图来形象地显示如何重组其部门或如何评估职

位安置需要。

人力资源专家可以创建组织结构图并将它们张贴在公司的网站上。

7. 框图

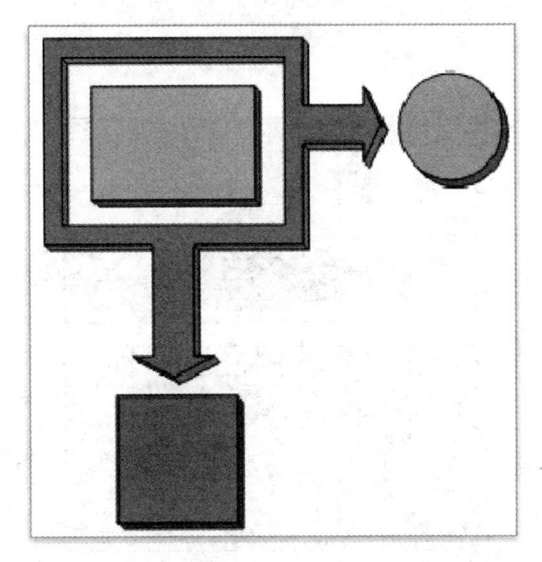

软件程序员可以使用框图来表达自己的想法和复杂的概念。

项目经理可以创建概念性框图来讲解各个项目任务是如何结合在一起的。

销售和市场营销专家可以在他们的演示文稿、提案和报告中插入框图。

8. 办公室布局图

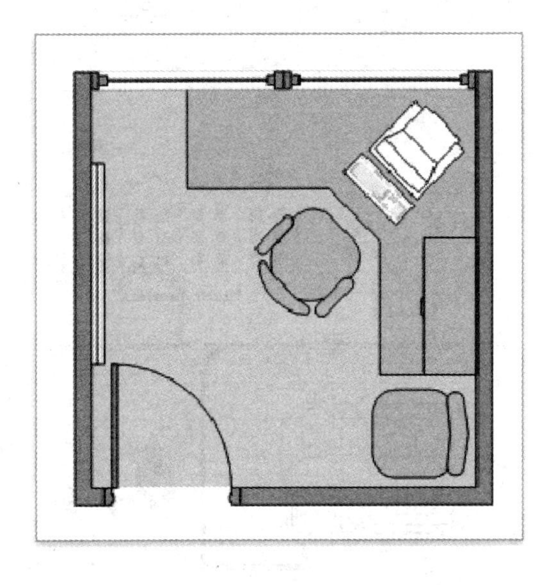

空间规划顾问可以使用办公室布局图向客户提出建议。

各运作部门可以使用办公室布局图来跟踪资产库存。

内部设计人员可以使用办公室布局图来确定最符合人类工程学要求的办公室布局。

9. 营销图表

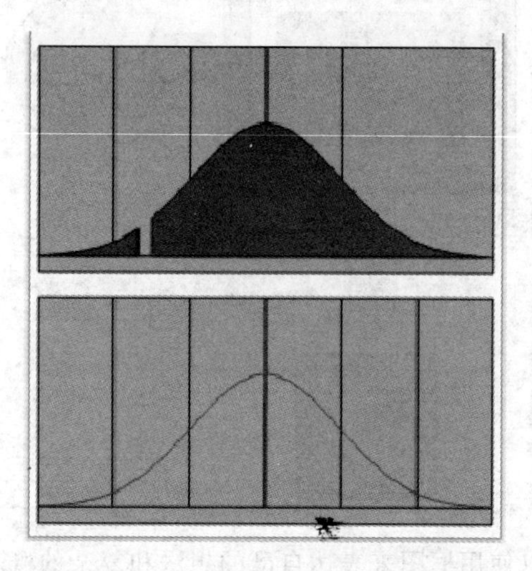

首席财务官(CFO)可以在年度报表中使用营销图表来说明公司的财务状况。

报刊专业人员可以使用营销图表(有时称为信息图)来讲解统计数据。

市场销售人员可以使用营销图表来显示数据,与文字结合,能更好地说明销售情况。

10. 方向图

交通部门的官员可以使用方向图来评估交通方案。

活动策划者可以使用方向图为雇员提供活动的方位。

销售经理可以使用方向图向客户提供贸易展销会的方位。

11. 日历

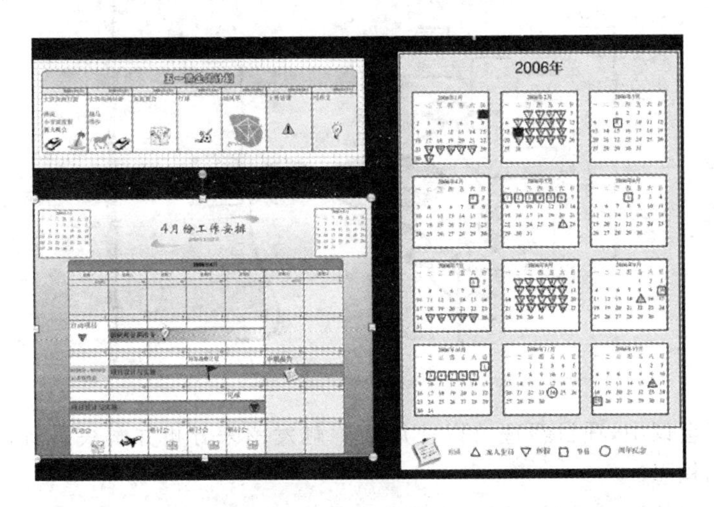

管理人员可以使用日历来跟踪雇员日程。

项目经理可以将日历并入项目管理文档,以便小组成员查看项目日程安排。

活动策划者可以使用日历来安排一年的活动日程并进行跟踪。

12. 时间线图

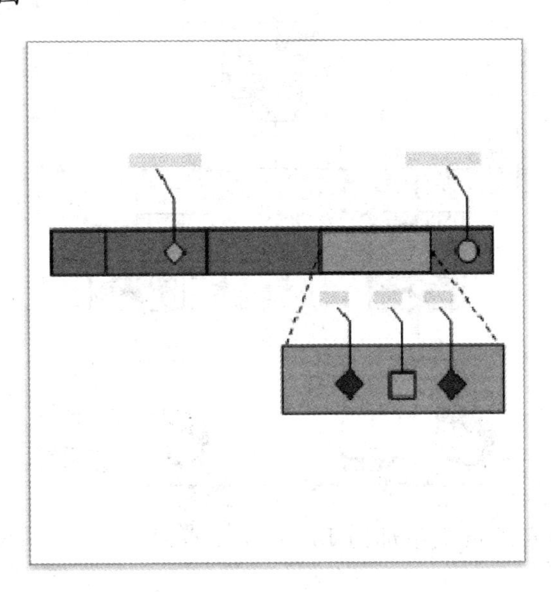

项目经理可以使用时间线图来表示项目持续的时间和里程碑。

主管可以使用时间线图来确保小组成员明白各自的最终期限。

文档管理专家可以使用时间线图来跟踪进程的完成日期。

13. 灵感触发图

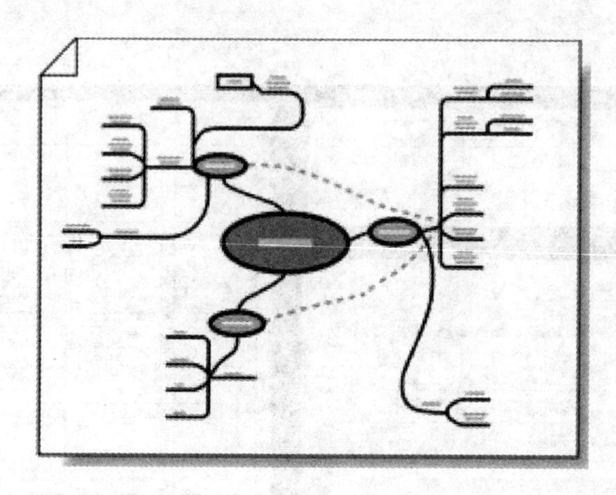

在小组会议中，项目经理可以使用灵感触发图来分析并解决进程问题，或确定新的产品构思。

作家可以使用灵感触发图来直观地表达构思。

项目组成员可以使用灵感触发图来生成活动项。

14. Web 图表

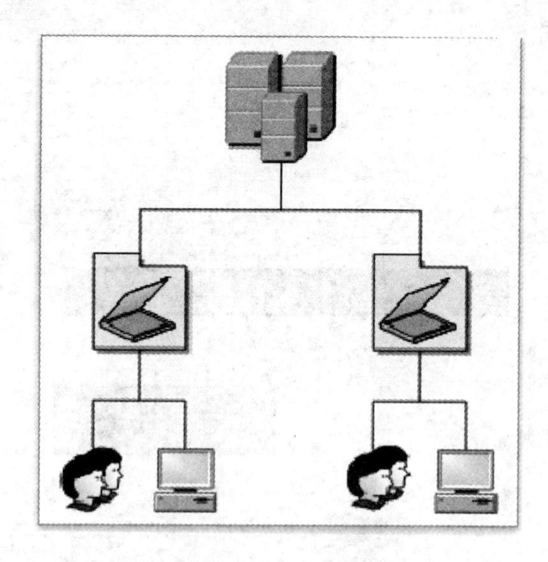

Intranet 站点管理员重组部门 Intranet 站点时，可以将 Web 图表用作直观工具。

Web 开发人员可以使用其站点图来编制文件、图片、数据和其他内容的清单。

Web 设计人员可以将 Web 图表并入公司开会时用的演示文稿。

15. 逻辑网络图

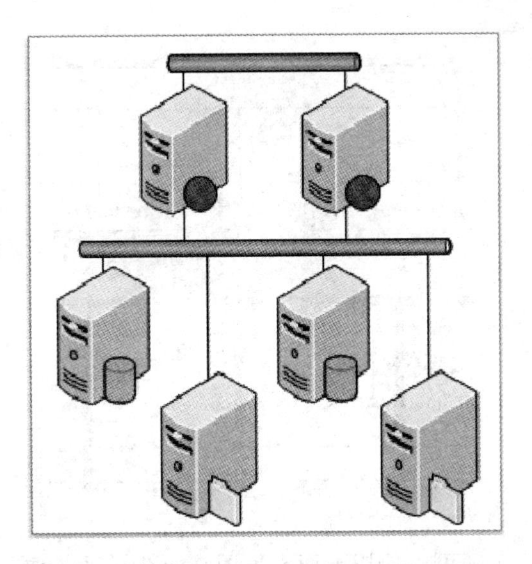

网络经理可以创建逻辑网络图来显示网络的高级视图。

IT 专业人员可以使用逻辑网络图来确定各地理位置之间的互连方式。

工程师可以使用逻辑网络图来标识网络通信中的障碍或堵塞情况。

16. 物理网络图

后勤经理可以将物理网络图并入灾难恢复计划和有关公司资产的文档中。

网络经理可以使用物理网络图来显示整个组织的产品分布情况。

雇员可以借助物理网络图查找打印机、复印机和其他设备。

17. 平面布置图

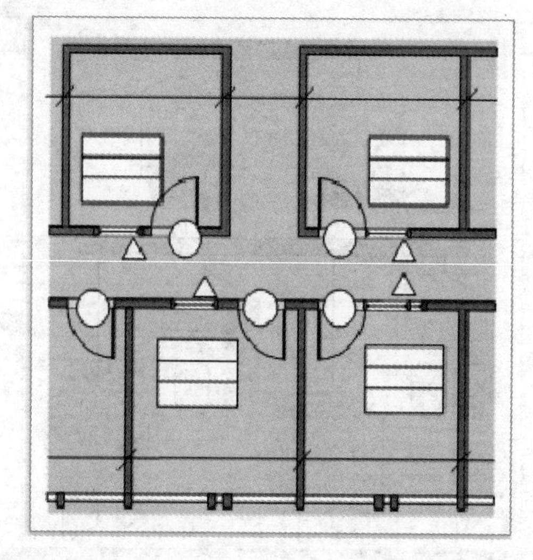

在交流会上，建筑师可以使用平面布置图来快速显示各种布局选项。
总承包商可以使用平面布置图来设定建筑物的最佳布线图。
后勤经理可以对提出的平面布置图进行批注，然后将其交回建筑师审阅。

18. 现场平面图

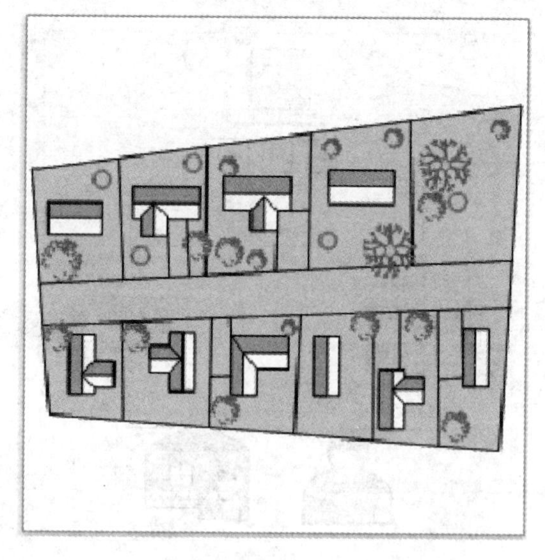

后勤经理可以使用现场平面图来设计停车场构造。
空间规划人员可以将现场平面图并入重布置提案中。

承包商和现场设计人员可以使用现场平面图来查看建筑物与其周边环境是否相配。

19. 软件开发图

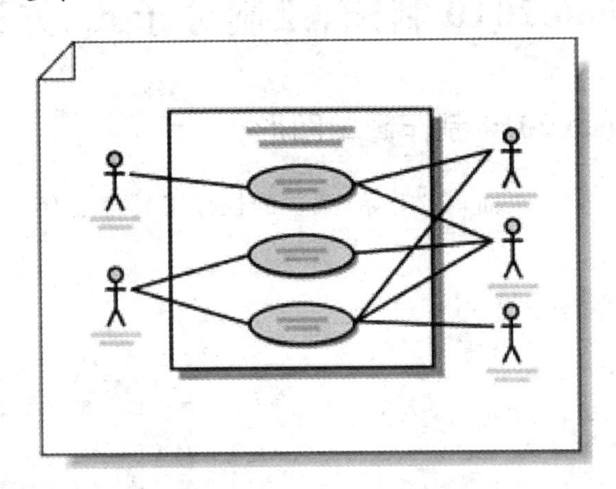

在开发过程中，软件工程师可以先创建代码结构图，然后再对其进行测试和修改。

用户界面设计人员可以使用软件开发图来创建对话框、菜单、工具栏和向导的原型。

可用性工程师可以使用软件开发图来测试用户与软件的交互情况。

20. 数据库模型图

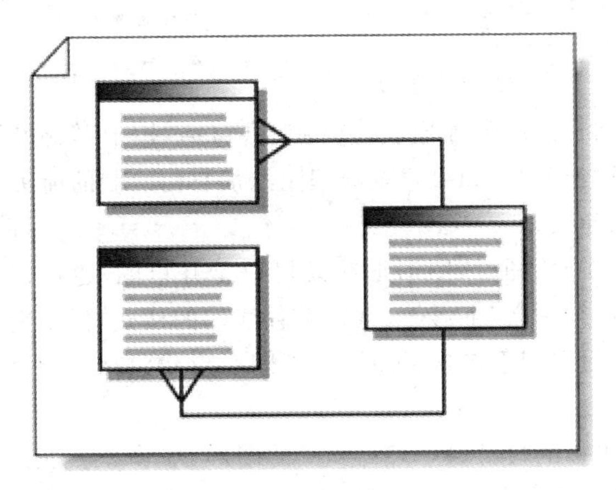

技术人员可以使用数据库模型图来查看数据库架构并排除其中存在的故障。

软件工程师在与同事交流讨论后可以设计并修改数据库模型图。

培训人员可以用数据库模型图来向学员讲述数据库结构。

从以上介绍中可以看到 Visio 2010 所能处理的图表类型很多，涉及许多办公专业用途。下面介绍如何用 Visio 2010 处理化学化工相关的工作，比如制作分子式、方程式，化学工艺绘图和办公、生活绘图。

2.4 Visio 2010 制图，绘制分子式、方程式

2.4.1 Visio 2010 制作简单图形

首先新建一个空白页面，在“开始”菜单的快捷工具栏上有一些常见工具。介绍如下。

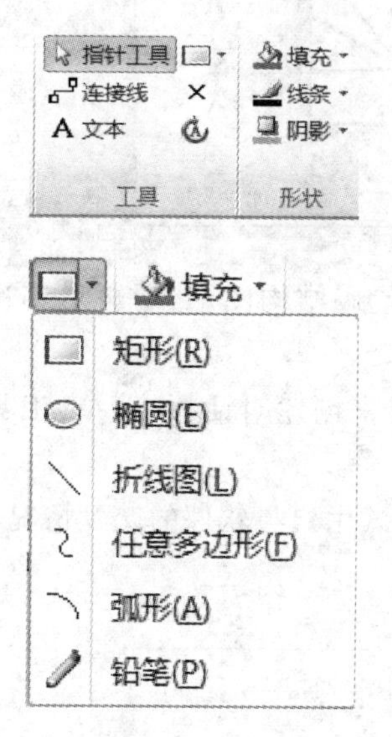

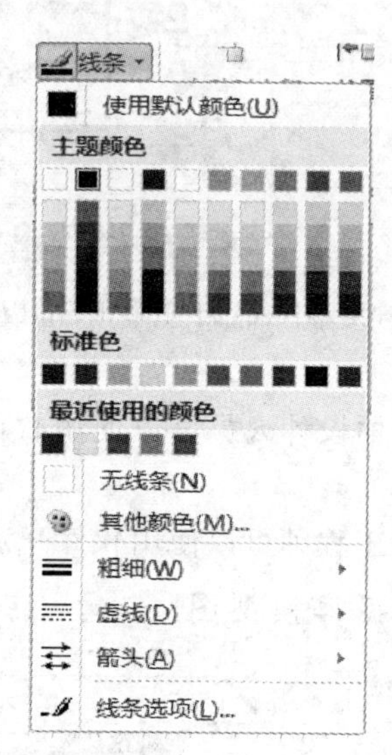

绘图工具可用来绘制各种形状，这些工具包括“矩形”“椭圆”“折线图”“任意多边形”“弧形”或“铅笔”。如果想要向框图添加自由绘制的箭头，可以使用“自由绘制”工具来绘制箭头。

使用 Visio 2010 绘图时，图形形状既可以是开口的，也可以是闭合的。开口形状包括线条、弧形或“之”字形等，可以设置线端的格式，但不能使用颜色或图案填充这些形状，因为它们不包含封闭区域。闭合形状包括矩形、圆形等，可以填充颜色和图案。

下面通过制作一个“丘比特一箭穿心”的图形，来学习绘图工具的用法。

新建一个页面，首先点击“开始”菜单的快捷工具栏上的“绘图工具”。

选择“任意多边形”：画一个左半心形，注意在鼠标不点击其他任何地方的情况下，画完右半心形（如果鼠标点击了其他地方，则被认为是两个图形，将无法填充颜色），封口之后，封闭图形内部是没有网格的，在没选择填充颜色前，封闭图形内部默认为白色。

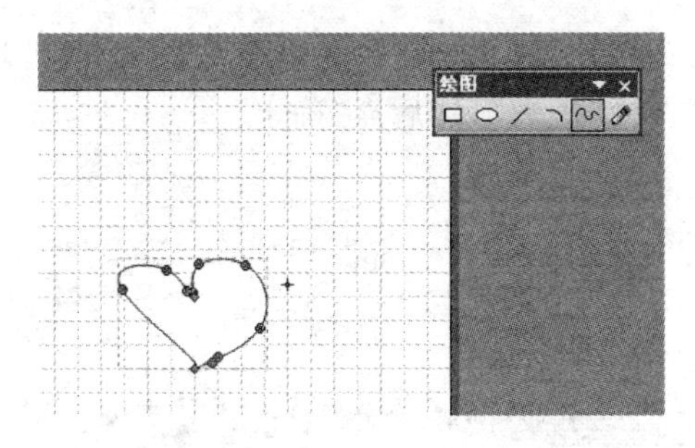

选中此图，图片周围出现绿色的圆形小点，可以将鼠标放在这些小点上来拖动图形，将图形修改为想要的形状。

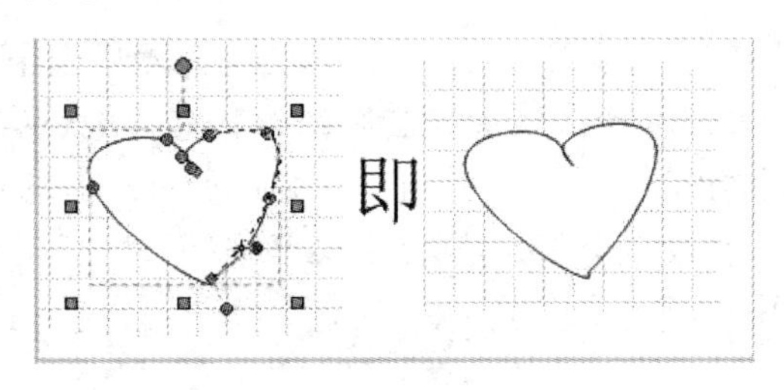

接着选择直线，画两根斜线，然后画上箭尾。

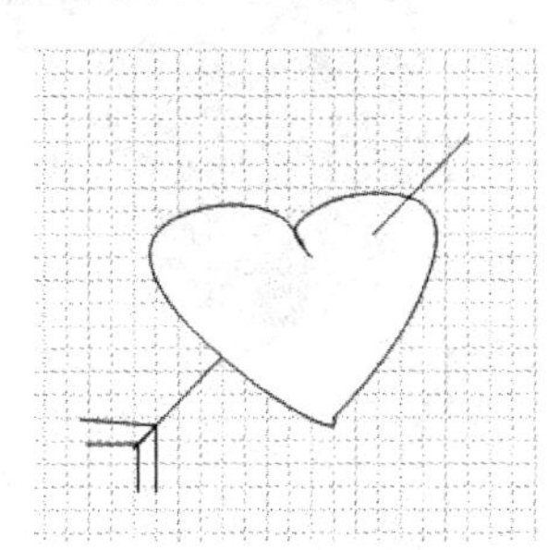

将鼠标移到"形状"工具栏上，选择"线条"—"箭头"，找到如下所示方向的箭头。

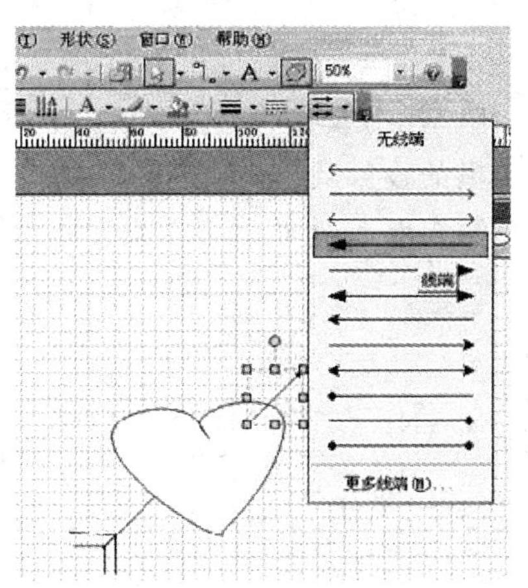

如果发现这个箭头很小，可选择“线条选项”工具，在出现的对话框中选“箭头”，其中“始端大小”选择“极大”，然后点“确定”。

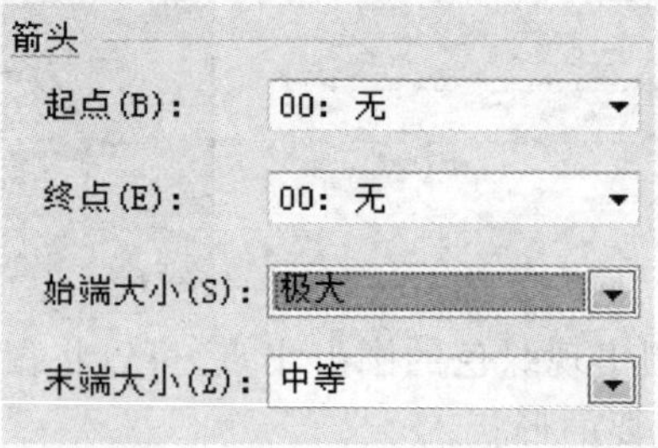

箭头
起点(B)：
00：无
终点(E)：
00：无
始端大小(S)：
极大
末端大小(Z)：
中等

最后选择“形状”工具栏上填充工具，选择红色。然后选中心形，按下 Ctrl 键同时移动心形，将它复制一份。如果将绘制的形状都选中，点击“排列”中的“组合”命令，该图形即被组合成一个整体，再移动时，所有绘制的线条将以一个整体移动。如果想移动或修改某个部分，则点击菜单“取消组合”命令，组合将被打开，各线条可以单独选中。

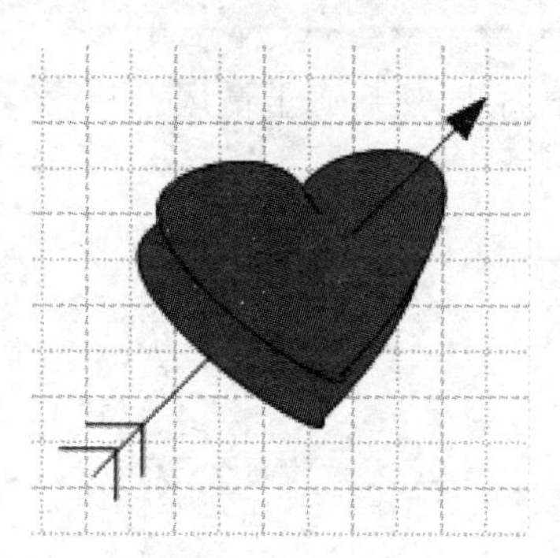

2.4.2 Visio 2010 绘制分子式

简单的无机分子以及元素符号，我们可以直接在 Word 中编辑，但复杂的分子、某些有机物的结构式，用 Word 就很难编辑出来。下面介绍用 Visio 2010 制作分子式。（当然，有机化学里的投影式、电子结构式、结构异构式以及它们参加的反应用 Visio 2010 也很难制作出来，后面会介绍更专业的软件。）

指示剂刚果红的分子式如下：

NH2
N=N
N=N
NH2
SO3Na
SO3Na

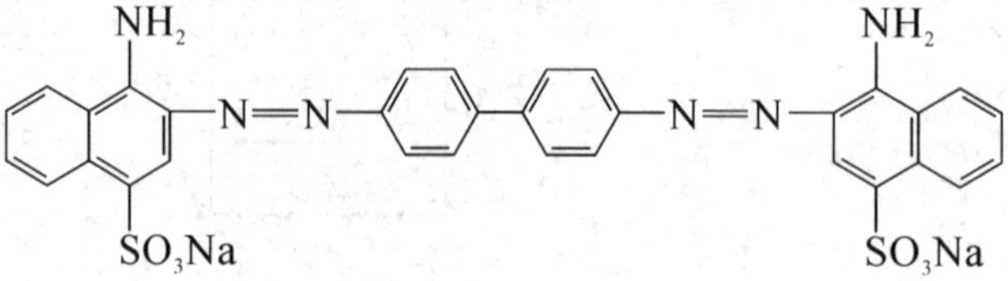

刚果红分子是一个镜像对称的分子。书写过程如下。

(1)首先新建一个页面,打开“工具”,点击“直线”工具,制作一个苯环。

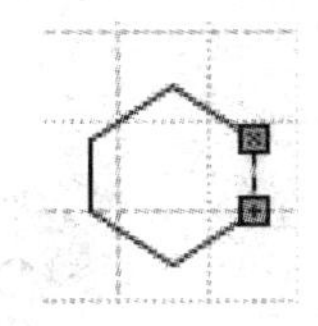

(2)苯环用传统的结构式,继续画出环内的双键。

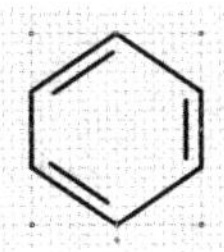

(3)全选这个苯环,复制一个,将其中一个水平翻转。

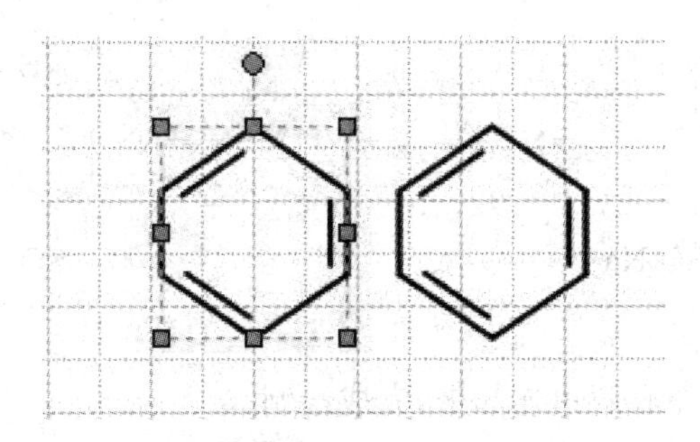

(4)将两个苯环连接,调整内部的双键。

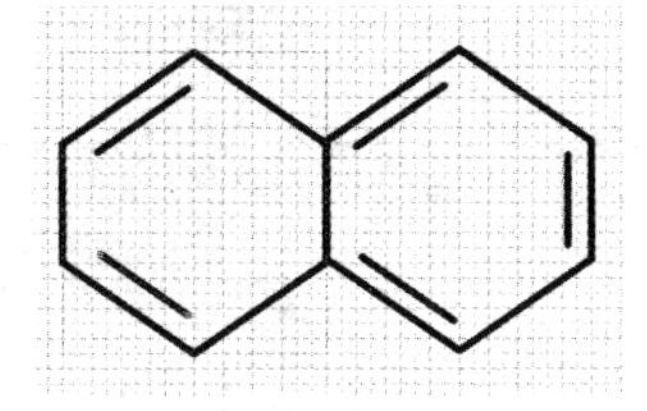

(5)使用文字工具写入$—NH_2$、$—SO_3Na$、$—N=N—$,按下 Ctrl 键,拖动苯环复制一份。

(6)调整好相应的位置,左边制作完成。将其全选,复制一份。

(7)打开“开始”菜单，选择“位置”—“方向形状”—“旋转形状”，将右边复制的图形水平翻转，调整环上取代基的位置。

(8)复制单键将左右两边连起来，完成绘制。

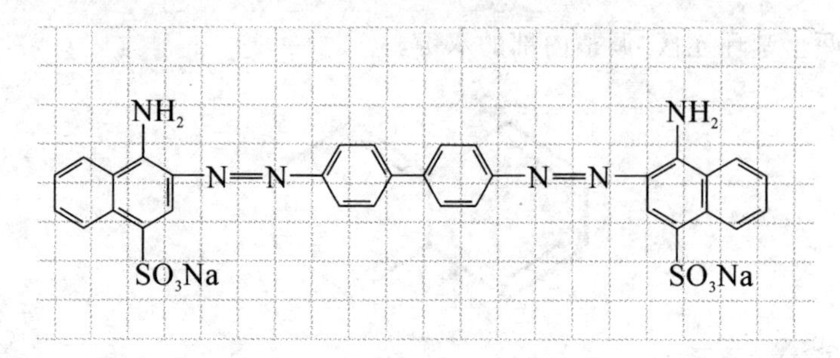

2.4.3 Visio 2010 绘制方程式

现有反应方程式如下：

$$NaCl+NH_3+CO_2+H_2O = NaHCO_3\downarrow+NH_4Cl$$

上述反应方程式并不复杂，可以在 Word 编辑，只是要注意下标、等号和箭头。

但如果是对硝基苯甲酸与五氯化磷生成对硝基苯甲酰氯、三氯氧磷、氯化氢气体：

$$O_2N-C_6H_4-\overset{\overset{\Large O}{\|}}{C}OH + PCl_5 \xrightarrow{\triangle} O_2N-C_6H_4-\overset{\overset{\Large O}{\|}}{C}Cl + POCl_3 + HCl\uparrow$$

对硝基苯甲酸　　　　　　　　对硝基苯甲酰氯

这类较为复杂的反应方程式在 Word 中就不好编辑，可以学习用 Visio 2010 制作。

(1)首先新建一个页面，打开“绘图工具”制作苯环。

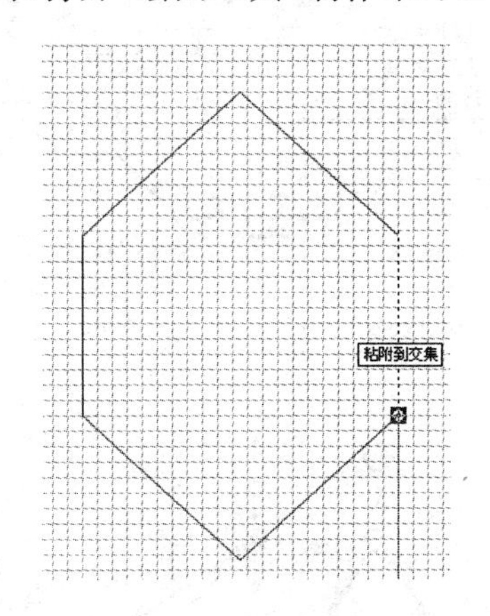

(2)画苯环内部双键时可放大视图比例，视图比例越大，线条平行、长短的绘制就越容易控制。

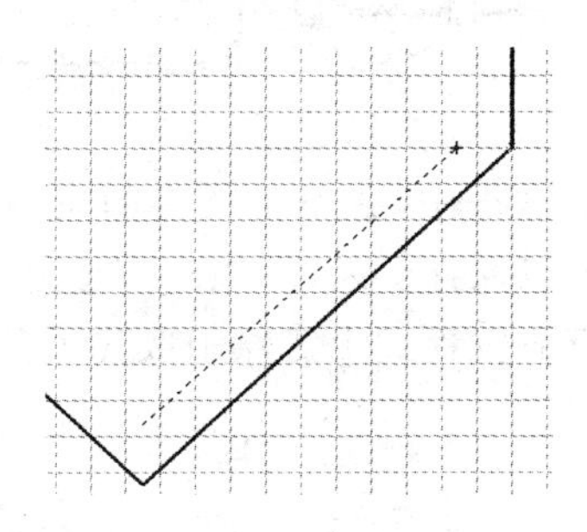

(3)画完苯环后，画一直线作为单键，选择文字工具写好原子及原子团，对于下标，直接选中数字，设定其字号较小即可。

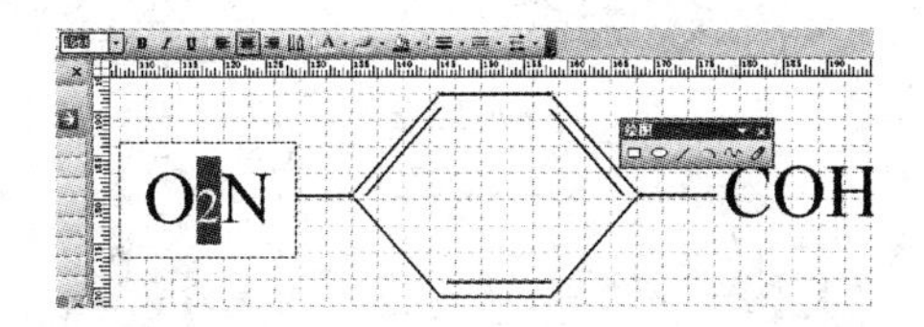

(4)绘制羰基的双键时，我们选择已画好的单键，复制距离适中、平行的两根，选择“位置”—“旋转”把它变为直立。(当然，也可以另外画两根竖线，不另画是为

了让一个方程式里所有的同类线条的长短、粗细都一样，所以直接复制后使用变换工具是很好的方法。）

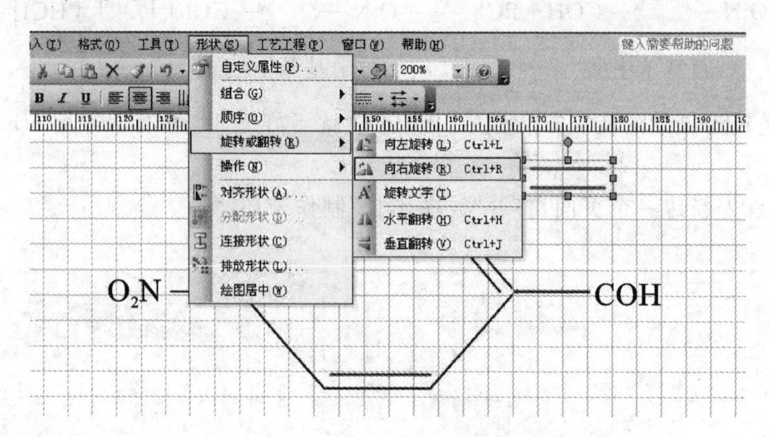

(5)加热符号需要画一个等边三角形，将它组合，拉动到合适的大小。

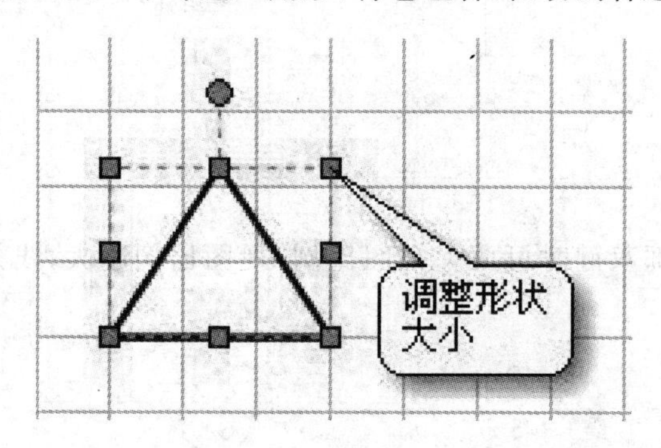

在用 Visio 2010 作图的过程中，并不是所有的东西都要一一画出，有些常用的形状、符号一经画出，就可以保存下来，再用时直接复制过来。例如刚才的加热符号就可以复制再用。本反应方程式中氯原子取代了羟基，可以复制对硝基苯甲酸分子略加改变。

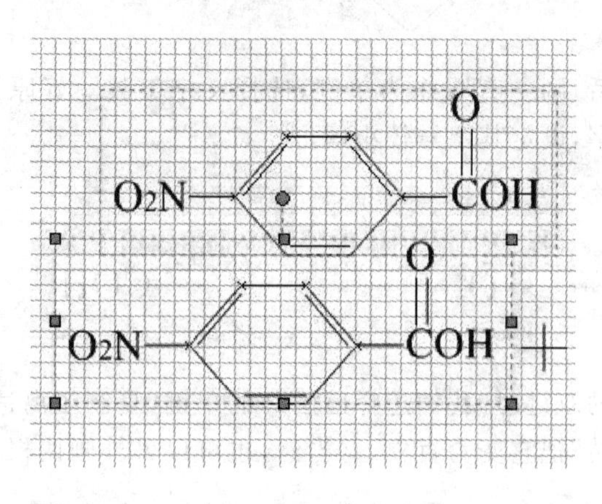

(6)写完之后,加上中文注释。

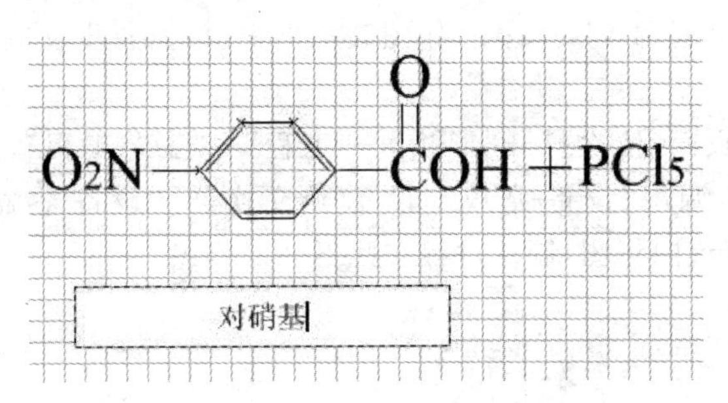

(7)最后,检查整体效果,可在较小的缩放比例下观看各图形的大小及线条的长短等是否合适,及时进行调整。调整时可以把缩放比例调大,比例越大越有利于细微的调整。

$$O_2N-C_6H_4-\overset{\overset{\displaystyle O}{\|}}{C}OH+PCl_5 \xrightarrow{\triangle} O_2N-C_6H_4-\overset{\overset{\displaystyle O}{\|}}{C}Cl+POCl_3+HCl\uparrow$$

对硝基苯甲酸　　　　　　　　对硝基苯甲酰氯

2.5　Visio 2010 制图

Visio 2010 制作复杂分子式和反应方程式只是其应用的一小部分,熟练掌握 Visio 2010,可以做一些简单的化学专业排版。当然,Visio 2010 功能是非常强大的,本节我们只简要介绍用 Visio 2010 制图。

2.5.1　用 Visio 2010 制作化工工艺流程图

纯碱是一种重要的化工原料,工业上生产纯碱常用氨碱法,此法是 19 世纪中叶比利时人索尔维提出的,一直沿用至今,称为索尔维制碱法。基本过程是向含有氨气的 NaCl 水溶液中通入 CO_2,沉淀析出 $NaHCO_3$,然后加热 $NaHCO_3$,使之分解为 Na_2CO_3。CO_2 通过煅烧石灰石制得,生成的 CaO 水合之后得到石灰乳,石灰乳与分离 $NaHCO_3$ 后的溶液反应,释放出的氨气可以循环使用,副产品 $CaCl_2$ 精制后可用作干燥剂。

所涉及反应如下:

$$NaCl+NH_3+CO_2+H_2O = NaHCO_3\downarrow+NH_4Cl$$

$$2NaHCO_3 \overset{\triangle}{=} Na_2CO_3+H_2O\uparrow+CO_2\uparrow$$

$$CaCO_3 \overset{\triangle}{=} CaO+CO_2\uparrow$$

$$CaO+H_2O = Ca(OH)_2$$

$$Ca(OH)_2 + 2NH_4Cl \xlongequal{} CaCl_2 + 2NH_3 \uparrow + 2H_2O$$

将这一工业过程用 Visio 2010 作图表示出来，根据各步反应以及工业实际情况我们设计如下。

先新建一个页面，依次打开“形状”—“工程”—“工艺工程”，页面左侧出现工艺工程的各图例，调用“设备-常规”“设备-热交换器”“设备-容器”。选取相关图例，根据工程反应流向作图，制作过程在此不一一详述。

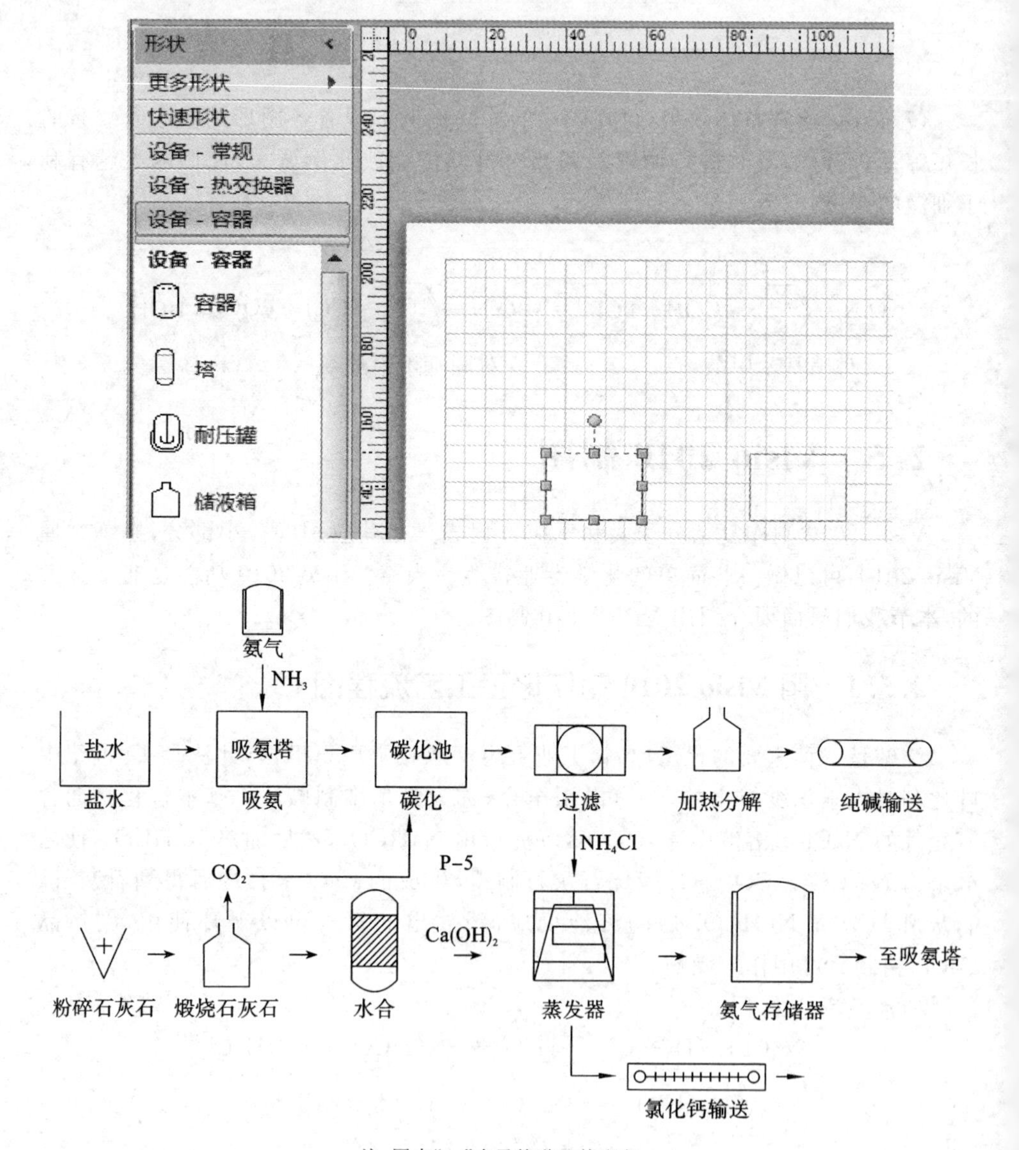

注：图中“→”表示管道及其流向。

2.5.2　用 Visio 2010 绘制网络结构图

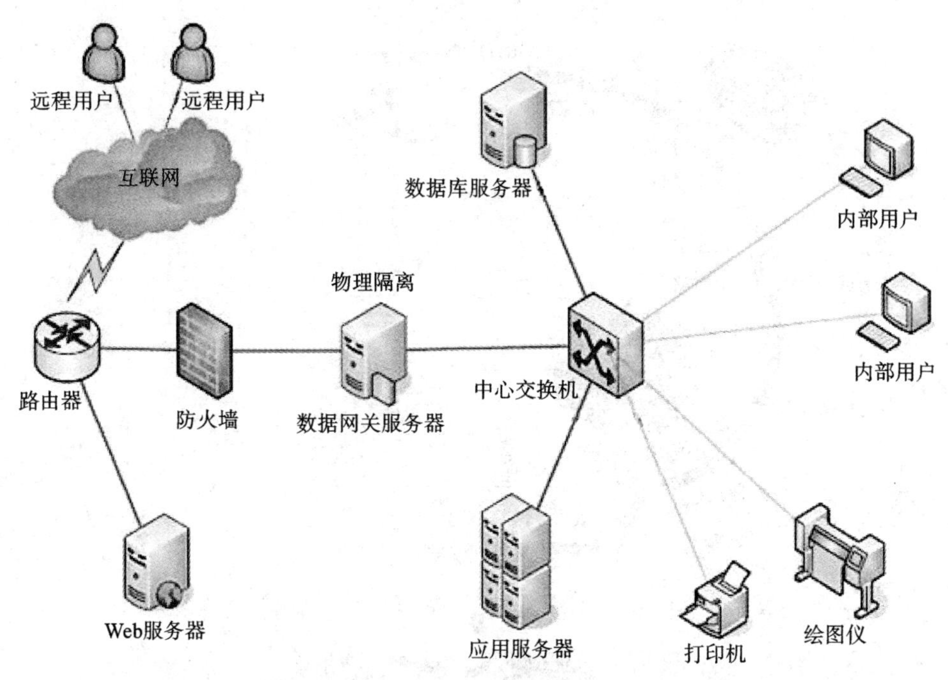

网络结构图是宏观描述某个单位或区域网络设备连接布局情况的简图。依次打开“形状”—“服务器、计算机和显示器”“网络符号”“网络和外设”“网络位置”等形状，按网络连接的情况进行图标的排列，完成图案的绘制。

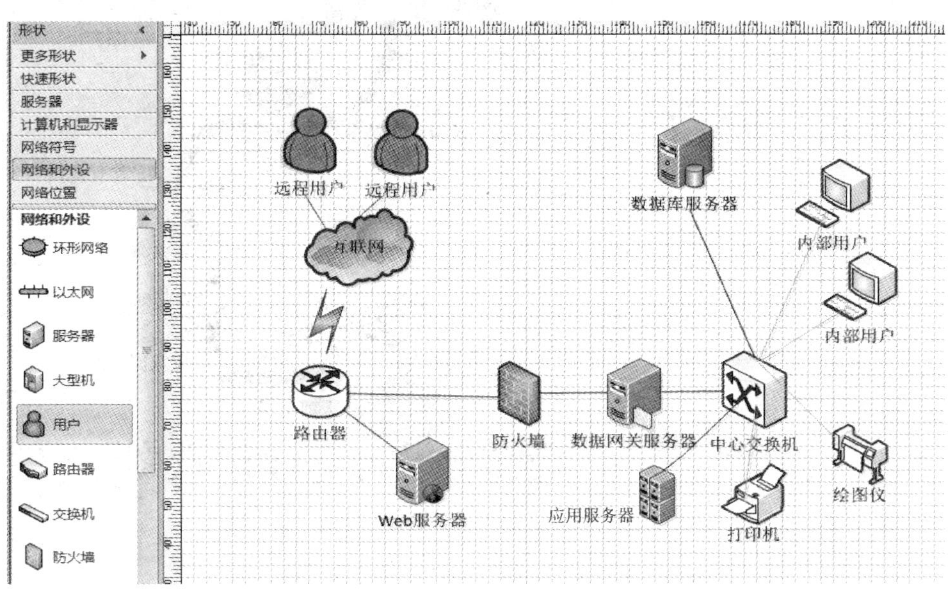

2.5.3 用 Visio 2010 绘制交通示意图

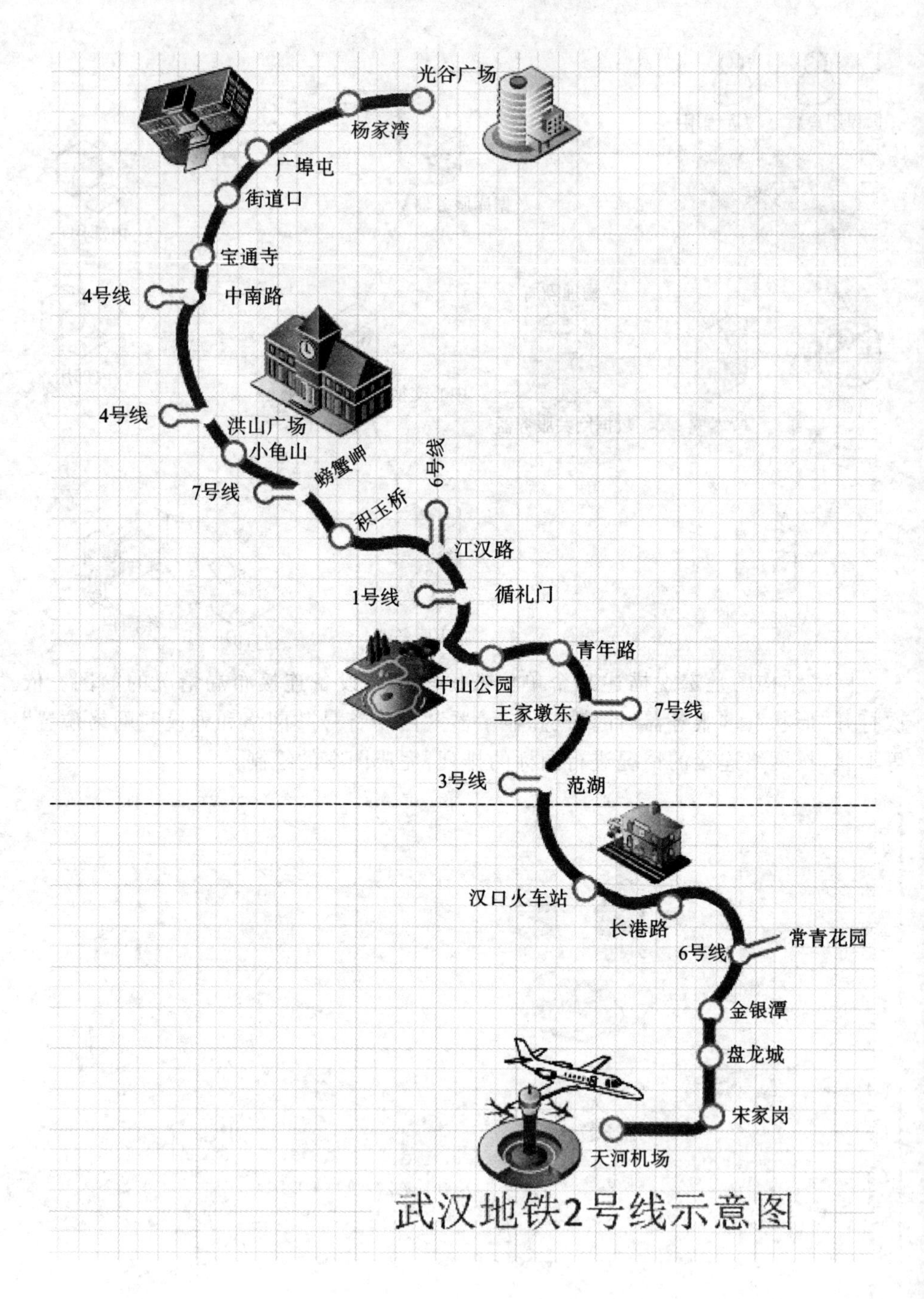

打开“形状”—“地图和平面布置图”—“地图”，将“道路形状”“地铁形状”“交通形状”和“路标形状”依次点开，在页面上使用各种图标绘制武汉地铁 2 号线的示意图。

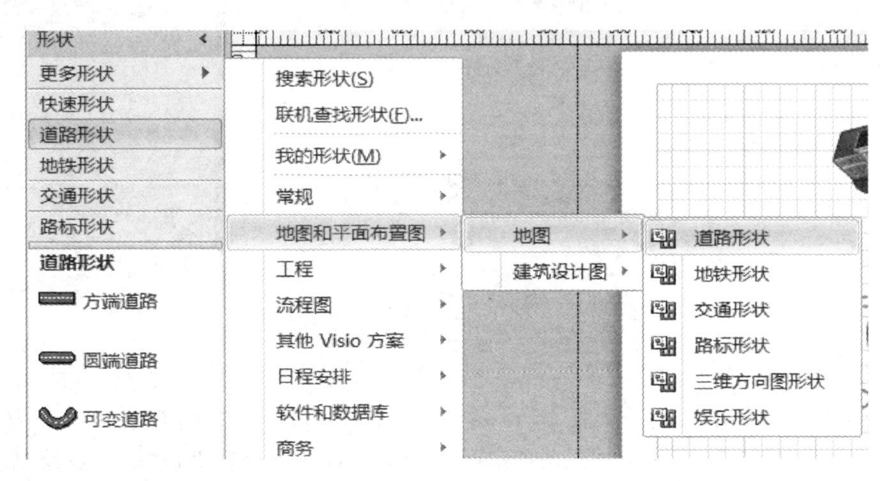

2.5.4　用 Visio 2010 绘制办公室布局图

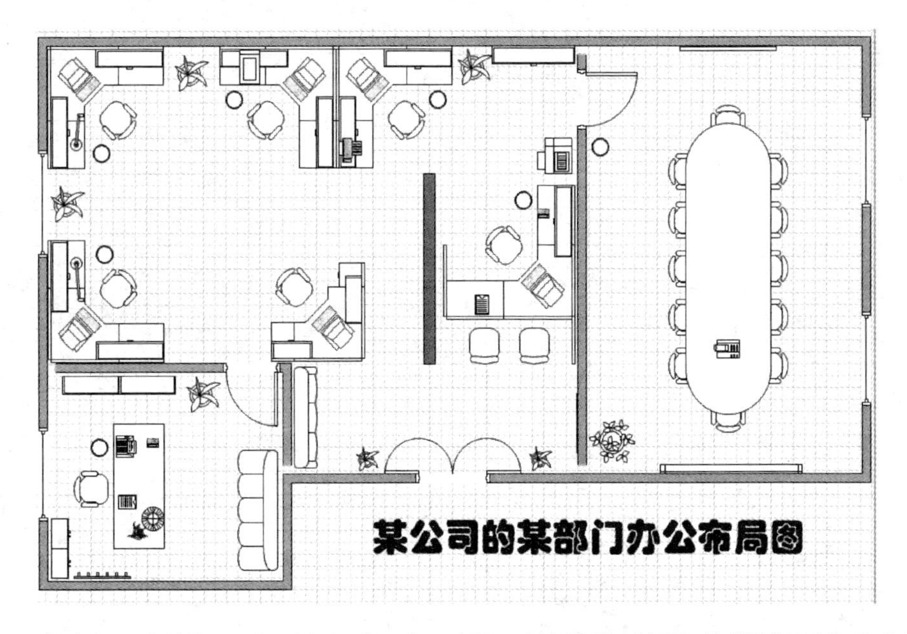

依次打开“形状”—“地图和平面布置图”—“建筑设计图”，将“隔间”“办公室附属设施”“办公室设备”“办公室家具”“墙壁和门窗”等形状调用，再打开“设计”菜单，点开“页面设置”，纸张大小设为 A4 横向，缩放比例为公制 1∶50，即 2 cm 表示 1 m。

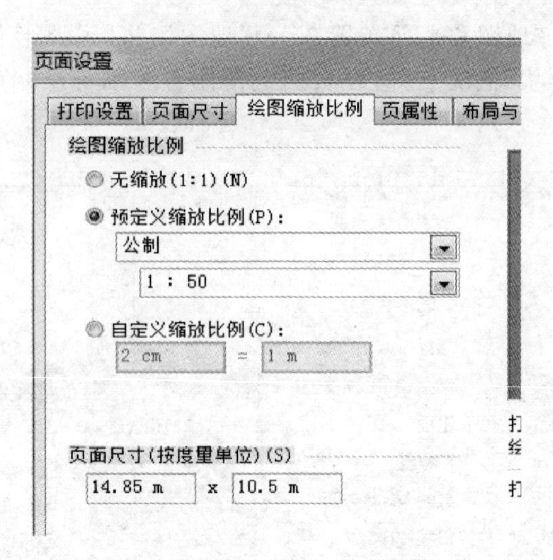

在空白页面中绘制一个长 15 m、宽 9 m 的“L”形房间，右侧墙壁少 2 m，在墙壁上添加门窗，室内添加隔板，在各房间添加工作台及办公辅助设施，完成绘制。

第 3 章　化学绘图软件 ChemBioDraw

ChemBioOffice 是由 CambridgeSoft 软件公司开发的综合性科学应用软件包,它为广大从事化学、生物及相近研究领域的科研人员处理专业问题提供了便捷。使用 ChemBioOffice 可以方便地进行化学生物结构绘图、立体分子模型创建及仿真、支持将化合物名称转为结构图,也支持为已知结构的化合物提供命名。ChemBioOffice 是一组功能完善的软件,它能够满足采集、存储、检索和共享,能提供包括化合物、反应方程式、材料及相关属性在内的各种信息,同时有助于高效地跟踪研究工作,深入了解研究成果,关联化学结构及相关生物活性,能更加专业且高效地生成科学报告。本书以 ChemBioOffice Ultra 2014 为例,它主要包括 ChemBioDraw、ChemBio3D、ChemBioFinder 等一系列完整的软件。

(1)ChemBioDraw Ultra 14.0:化学结构绘图。

(2)ChemBio3D Ultra 14.0:分子模型及仿真。

(3)ChemBioFinder Pro 14.0:化学信息搜寻整合系统。

ChemBioDraw

它是目前国内外最流行、最受欢迎的化学绘图软件。由于它内嵌了许多国际权威期刊的文件格式,所以它是国际化学界出版物、稿件、报告、CAI 等领域绘制结构图的标准格式。ChemBioDraw 软件功能十分强大,可编辑、绘制与化学有关的图形,例如,建立和编辑各类分子式、反应方程式、结构式、立体图形、对称图形、轨道等,并能对图形进行编辑、翻转、旋转、缩放、存储、复制、粘贴等多种操作。用它绘制的图形可以直接复制粘贴到 Word 软件中使用。最新版本的软件还可以生成分子模型,建立和管理化学信息库,增加了光谱化学工具等功能。此外还加入了 E-Notebook Ultra 8.0,BioAssay Pro 8.0,量化软件 MOPAC、Gaussian 和 GAMESS 的界面,ChemSAR Server Excel,ClogP,CombiChem/Excel 等,ChemBioOffice Pro 还包含全套 ChemInfo 数据库,有 ChemACX 和 ChemACX-SC,Merck 索引和 ChemMSDX。

ChemBio3D

提供工作站级的 3D 分子轮廓图及分子轨道特性分析,并和数种量子化学软件结合在一起。由于 Chem3D 提供完整的界面及功能,已成为分子仿真分析最佳的前端开发环境。

ChemBioFinder

化学信息搜寻整合系统，可以建立化学数据库、储存及搜索，搭配ChemBioDraw、Chem3D使用，也可以使用现成的化学数据库。ChemFinder是一个智能型的快速化学搜寻引擎，所提供的ChemInfo是目前世界上较丰富的数据库之一，包含ChemACX、ChemINDEX、ChemRXN、ChemMSDX，并不断有新的数据库加入。ChemFinder可以从本机或网上搜寻Word、Excel、Powerpoint、ChemBioDraw、ISIS等格式的分子结构文件。还可以与Excel结合，可连结的关连式数据库包括Oracle及Access，输入的格式包括ChemBioDraw、MDL ISIS等。

本书主要介绍ChemBioDraw的使用，ChemBioFinder在化学文献检索中会涉及，ChemBio3D不做介绍。

3.1 ChemBioOffice 2014的安装

将ChemBioOffice 2014的安装程序打开，找到“Install”文件，双击，安装程序启动，如下所示。ChemBioOffice 2014是英文版，所以安装界面也是全英文界面。

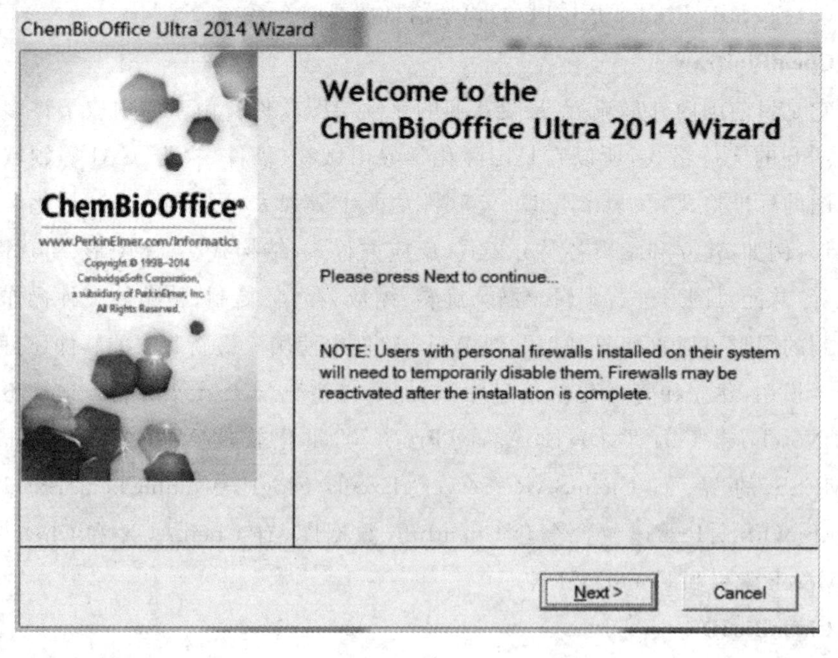

阅读完软件官方通告，一步步完成安装。

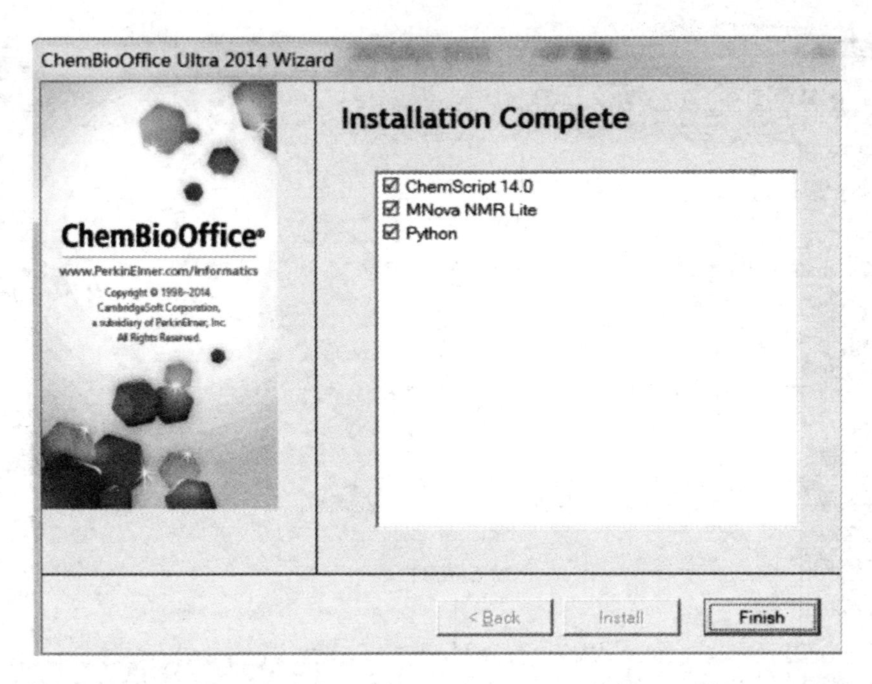

输入软件出版方提供的序列号及注册码。未注册版只有 15 天的试用期。

3.2　ChemBioDraw 的使用

3.2.1　ChemBioDraw 工具条简介

ChemBioOffice 安装结束后桌面上会生成快捷方式，也可以从“开始”菜单打开它。

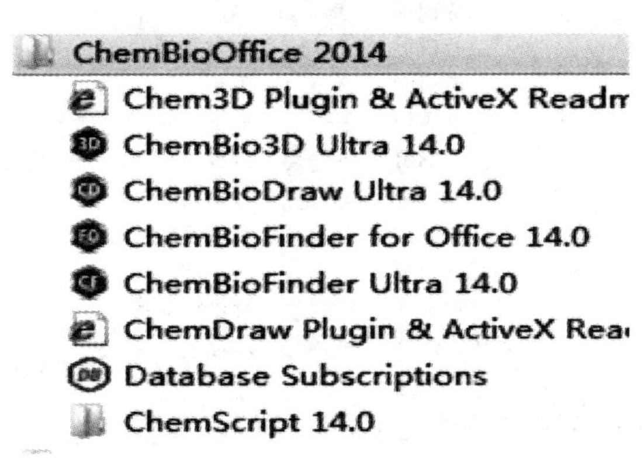

打开 ChemBioDraw，可显示它的英文界面。

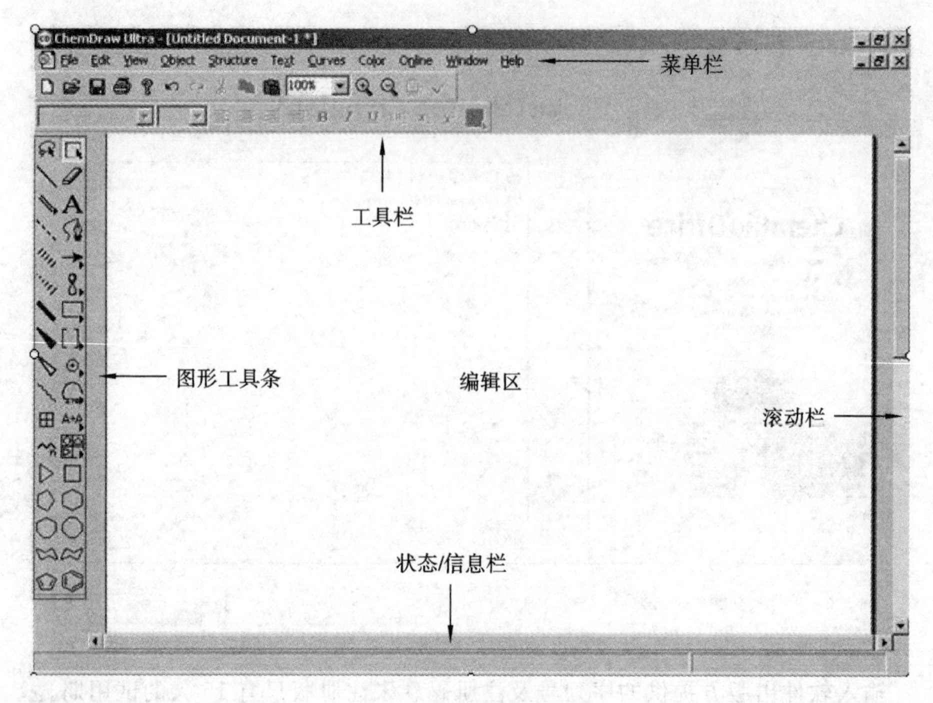

图形工具条里有很多常用工具，详细介绍如下：

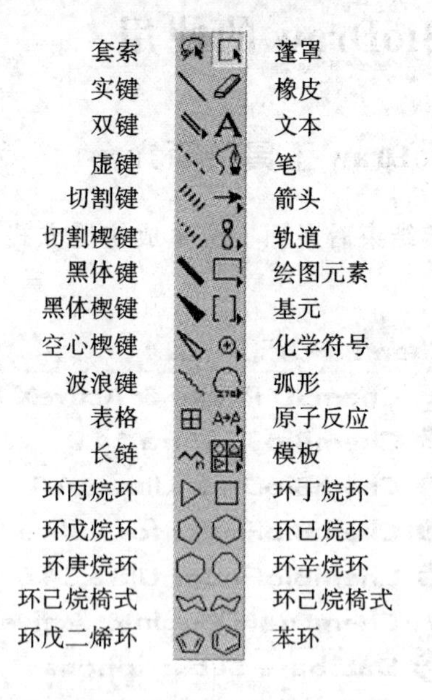

工具条中凡是带▶则有次级选项，如下所示。

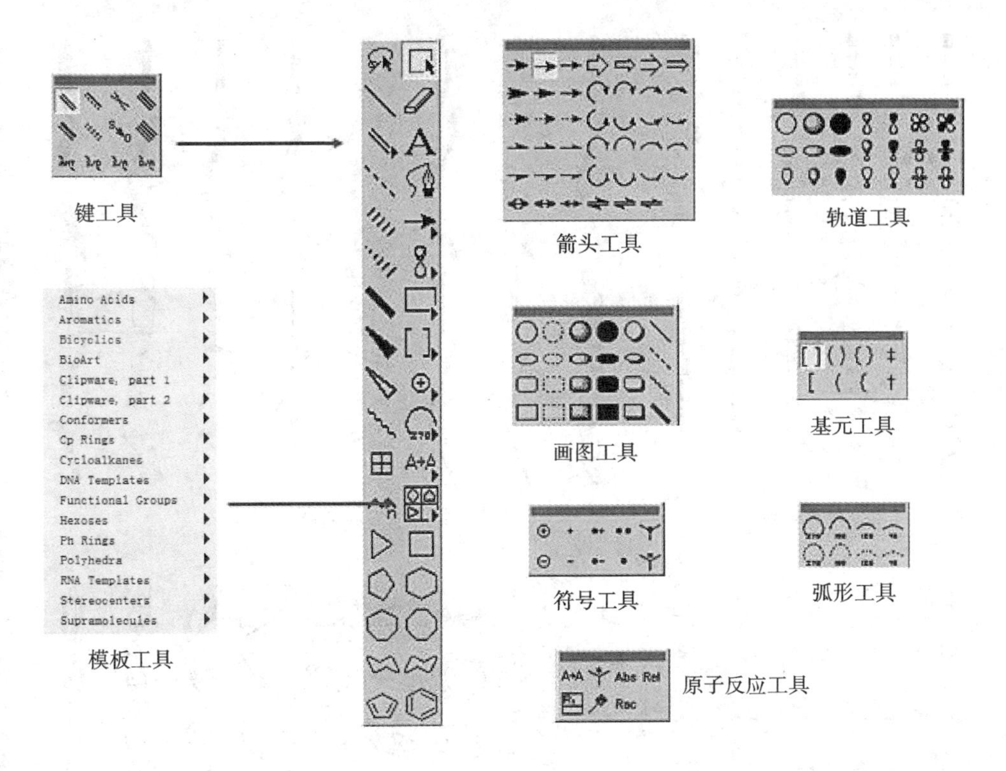

其中模板工具中有大量常见有机物及有机实验仪器。相比早期的版本，2014版增加了一些生物、医学的模板。

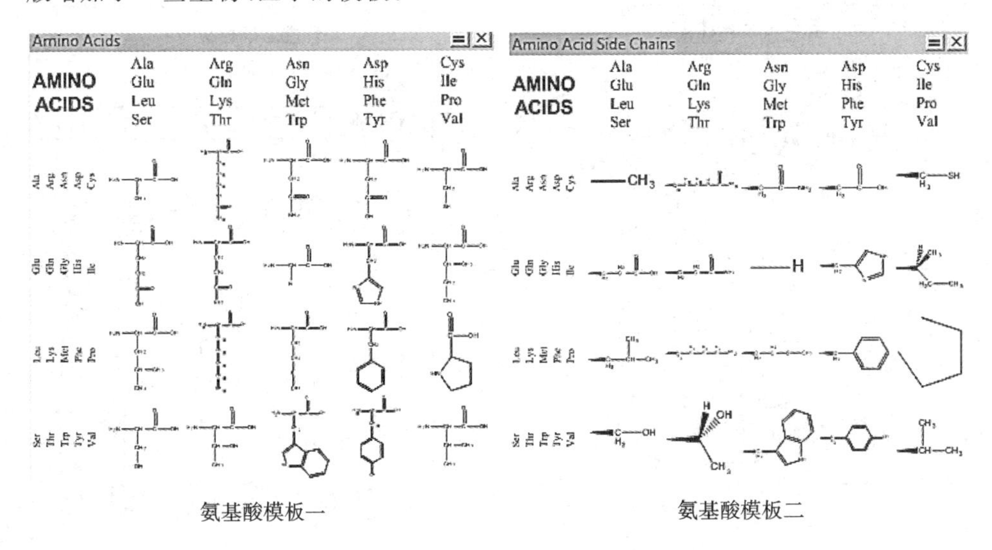

氨基酸模板一　　　　氨基酸模板二

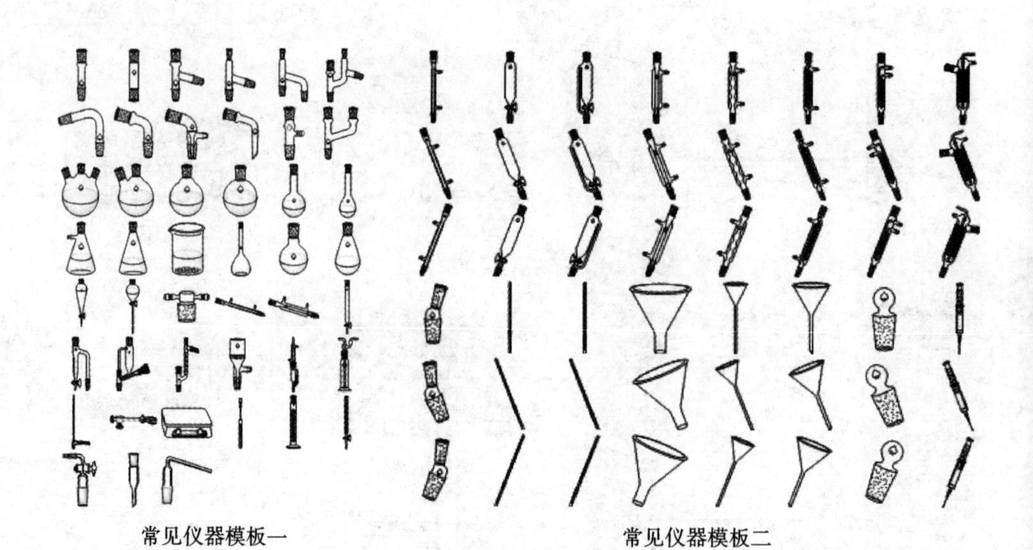

常见仪器模板一　　常见仪器模板二

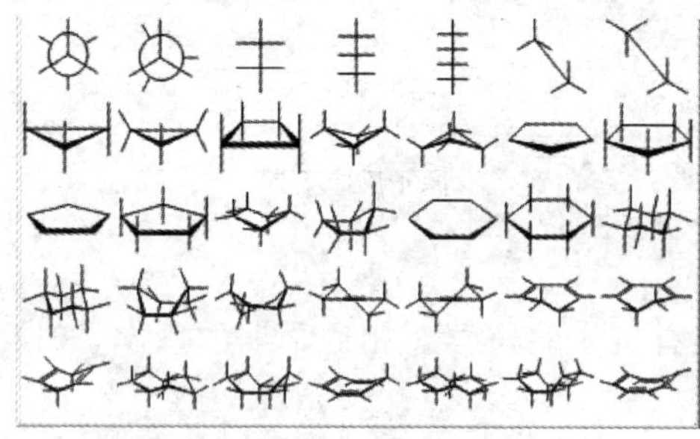

环己烷异构体模板

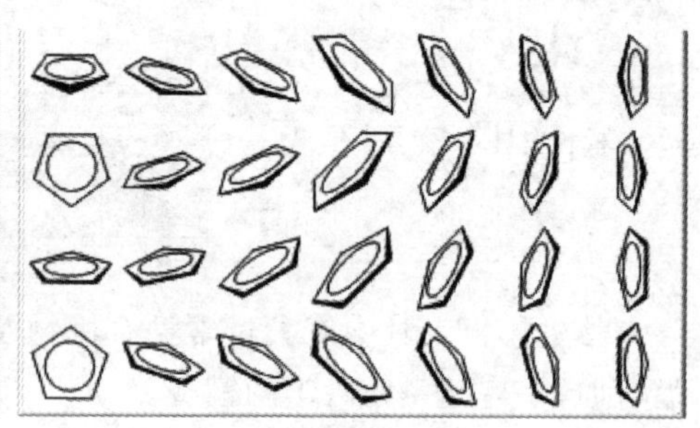

环戊二烯模板

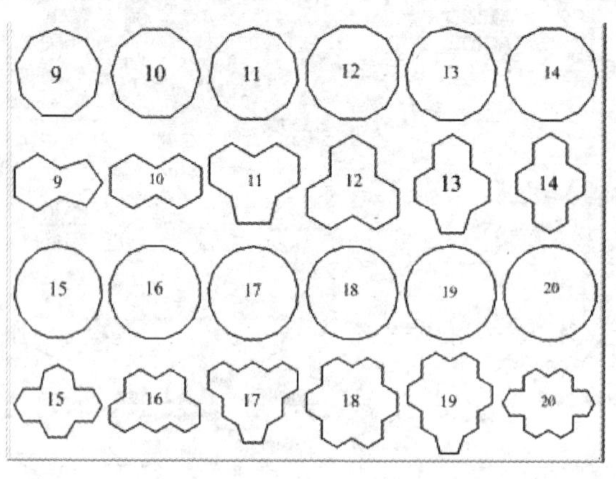

多环模板

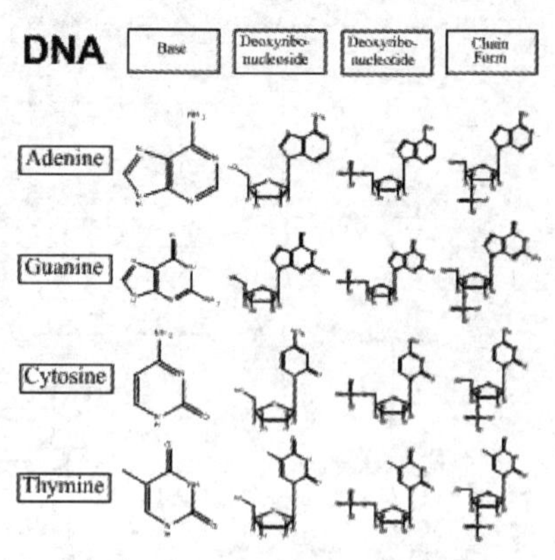

DNA模板

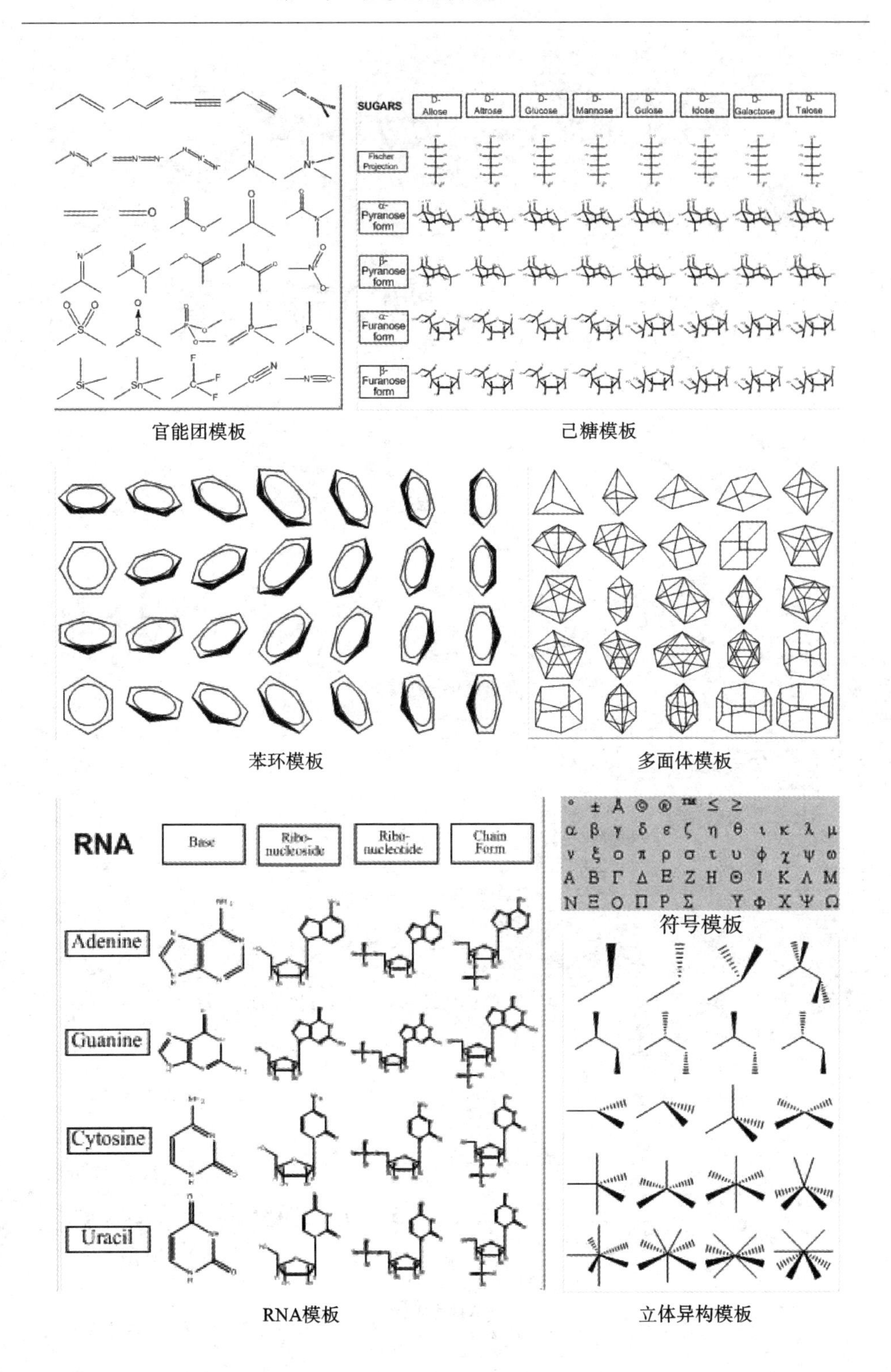

官能团模板　　己糖模板

苯环模板　　多面体模板

RNA模板　　符号模板　　立体异构模板

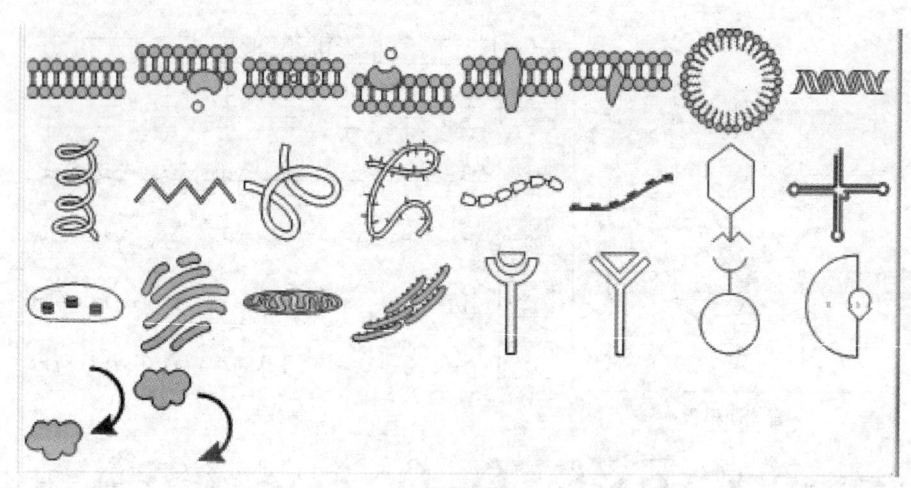

生物绘图模板

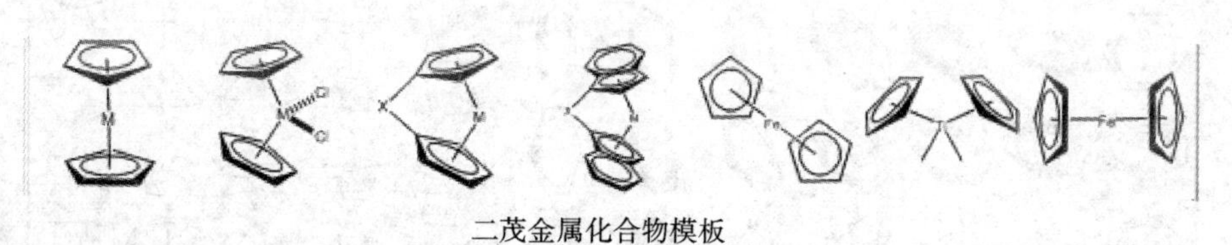

二茂金属化合物模板

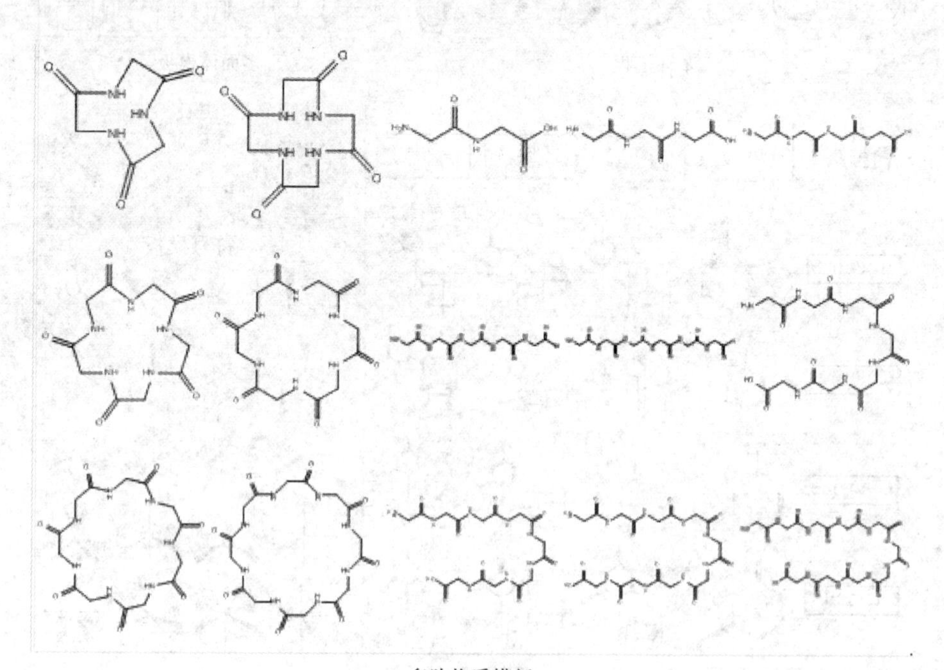

多肽物质模板

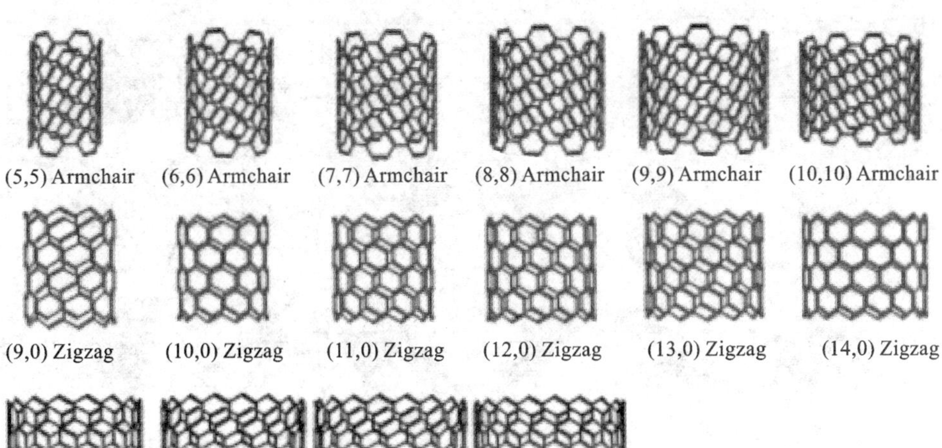

纳米管模板

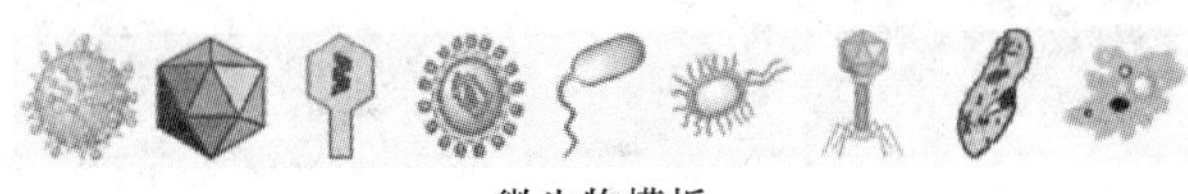

微生物模板

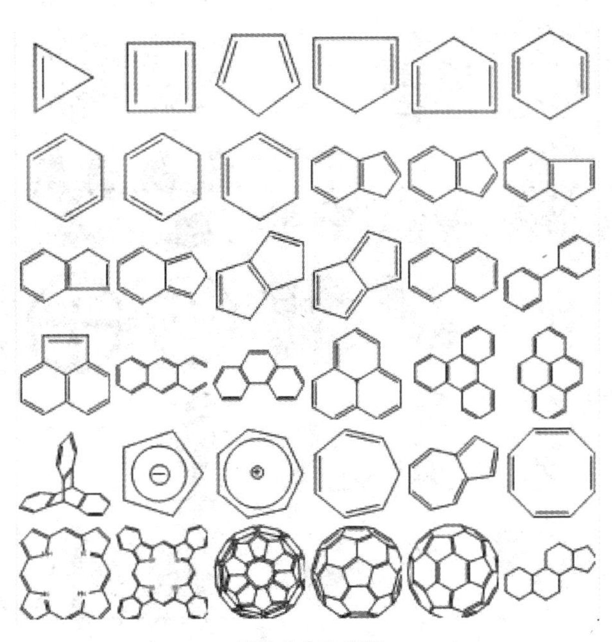

芳香化合物模板

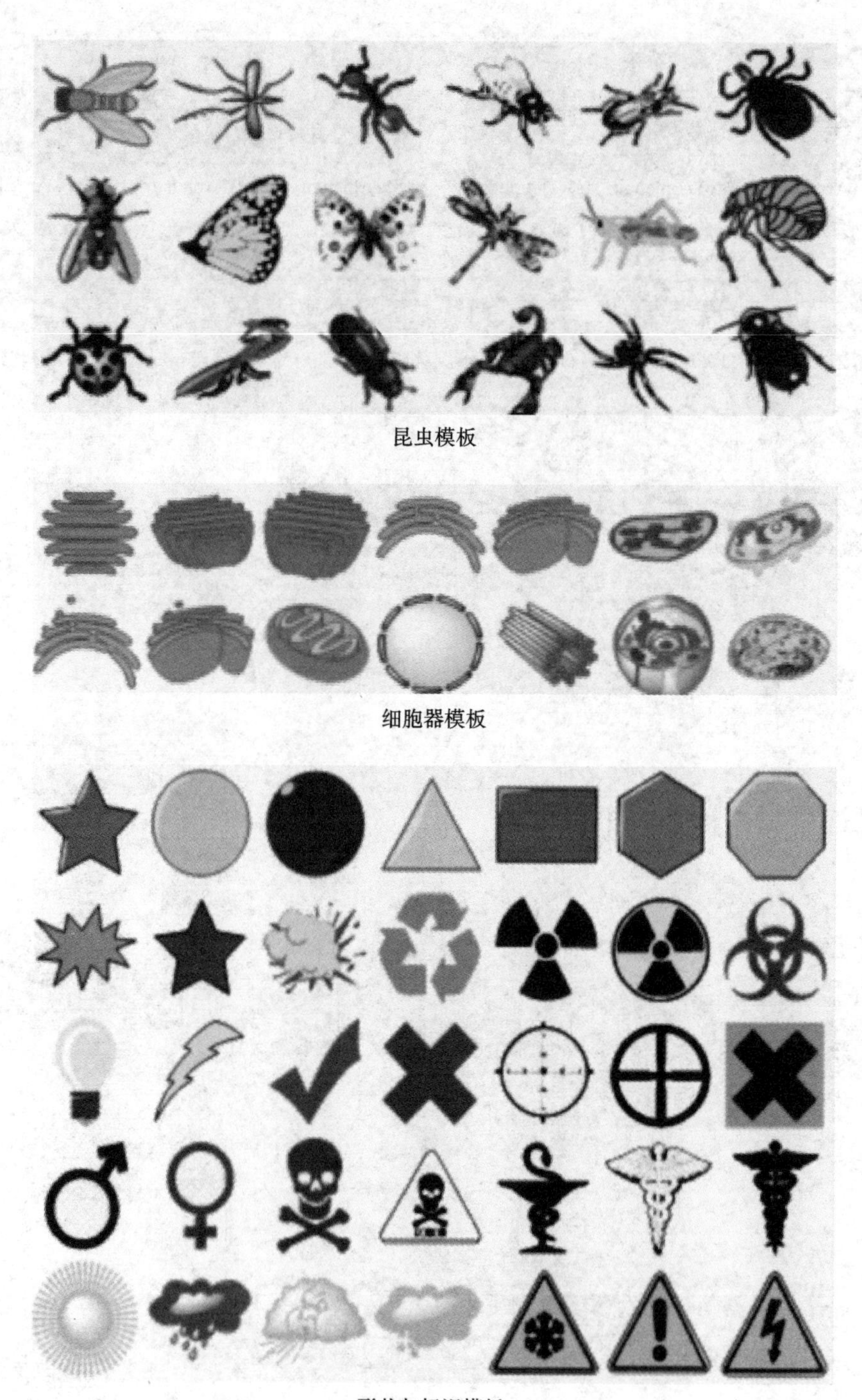

昆虫模板

细胞器模板

形状与标识模板

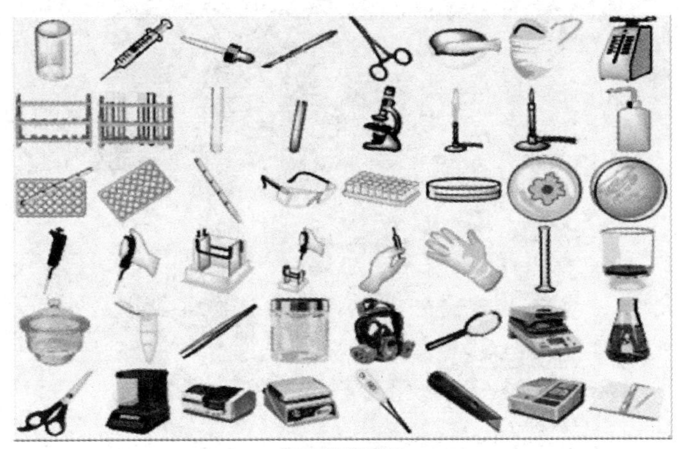

生物仪器模板

动物模板

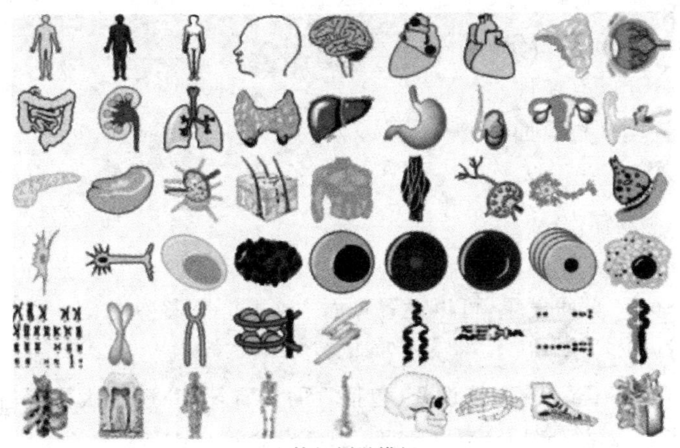

人体解剖学模板

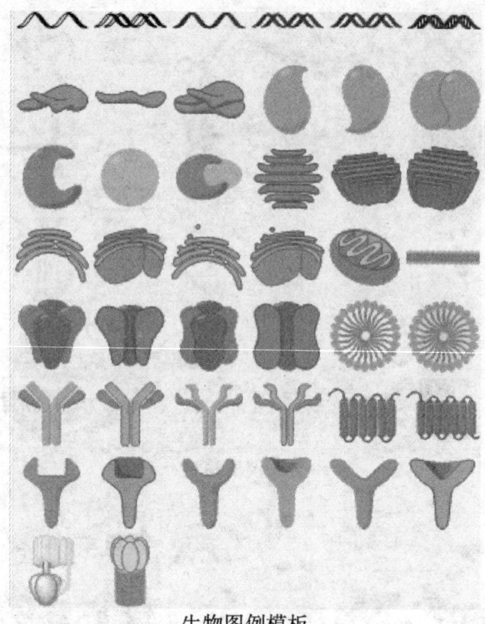

生物图例模板

3.2.2 ChemBioDraw 各菜单简介

ChemBioDraw 的菜单共有 11 个项目：File（文件）、Edit（编辑）、View（视图）、Object（对象）、Structure（结构）、Text（文本）、Curves（曲线）、Color（颜色）、Search（搜索）、Window（窗口）、Help（帮助）。

下面，简要介绍一下包含的命令。

File 菜单

New Document　新建一个文档

Open　打开已有文件

Close　关闭文档页面

Save　保存

Save As　另存为

Revert　恢复

Page Setup　页面设置，可以设置页面大小、边距，横纵方向

Print　打印

Document Settings　文档设置（包括页面设置，另外还有版面设置、页眉页脚设置、绘图设置、文本设置及字体、字号、颜色设置等）

Apply Document Settings from Template　从模板中应用文档设置

Preferences　参数

List Nicknames　罗列俗名(提供了很多俗名,可以从这里找到相应的分子式)

Exit ChemBioDraw　退出程序

Edit 菜单

Undo　撤销

Redo　重复

Cut、Copy、Paste　剪切、复制、粘贴

Clear　清除

Select All　全选

Repeat List Nicknames　重复列表

Copy As　复制为

Paste Special　粘贴为特殊格式

Get 3D Model　获取立体模型

Insert Graphic　插入图表

Insert Object　插入对象

View 菜单

Show Crosshair　显示网格

Show Rulers　显示标尺

Show Main toolbar　显示主要工具

Show General Toolbar　显示常用工具条

Show Style Toolbar　显示格式工具条

Show Object Toolbar　显示对象工具条

Show Analysis Window　显示结构分析窗口

Show Chemical Properties Window　显示化学性质窗口

Show Info Window　显示信息窗口

Show Periodic Table Window　显示元素周期表

Show Character Map Window　显示字符映射表

Other Toolbars　其他工具条(包括重键、箭头、颜色等,也包括前述十余条模板工具)

Show Chemical Warnings　显示化学警告(有错时用红色方框提示)

Actual Size　实际尺寸

Magnify　放大当前窗口

Reduce　缩小当前窗口

Object 菜单

Object Settings　对象设置

Apply Object Settings from　从其他地方应用对象设置

Fixed Lengths　合适的长度

Fixed Angles　合适的角度

Show Stereochemistry　显示立体化学

Center on Page　居中

Align　对齐(提供的有上、下、左、右对齐方式)

Distribute　分布(按垂直和水平分布)

Add Frame　加上框架

Group　组合

Ungroup　解除组合

Join　连接

Bring to Front　将对象提到前层

Send to Back　将对象带到后层

Flatten　变平

Flip Horizontal　水平翻转

Flip Vertical　垂直翻转

Rotate　旋转

Scale　测定键长

Structure 菜单

Atom Properties　原子属性设置

Bond Properties　化学键属性设置

Bracket Properties　括号属性设置

Check Structure　检查结构

Clean up Structure　调整结构

Expand Label　展开标记

Conreact Label　缩小标记

Add Multi-center Attachment　增加多中心连接点

Add Variable Attachment　增加可变的连接点

Add 3D Property　增加 3D 性质,有次级选项

Map Reaction Atoms　绘制反应原子图

Clear Reaction Map　清除反应原子图

Predict 1H-NMR Shifts　预测 H 谱

Predict 13C-NMR Shifts　预测 13C 谱

Define Nickname　自定义俗名

Convert Name to Structure　把名字变成结构

Convert Structure to Name　把结构变成名字

Text 菜单

Font　字体设定

Style　格式设定(包括加粗、倾斜、下划线、上下标等)

Size　字号设定

Flush Left　原子或基团左对齐

Centered　原子或基团居中

Flush Right　原子或基团右对齐

Automatic　自动原子标记

Line Spacing　行距

Curves 菜单

Plain　实线

Dashed　虚线

Bold　粗线

Doubled　双线

Arrow to Start　始端有箭头

Arrow to End　末端有箭头

Half Arrow at Start　始端有半箭头

Half Arrow at End　末端有半箭头

Closed　闭合

Filled　填充

Shaded　阴影

另外,"Color"表示提供颜色,"Online"表示在线服务,"Window"是窗口情况,"Help"是帮助信息,包含命令不一一详述。

3.2.3　用 ChemBioDraw 绘制分子式

绘制阿莫西林结构式如下:

阿莫西林

打开 ChemBioDraw 程序，单击“File”菜单，建立一个空白文档，或选择“New Document”的快捷工具，建立后要对文档进行设置，也可以选择已设定好的文档，点击“Open Special”，次级菜单中有很多已设定好参数的特殊文档，比如 ACS-1996，是美国化学学会杂志采用的格式，文章有固定要求的键长、间距和字体等。

新建一个 ACS-1996 文档，在工具栏中选择苯环工具，在窗口单击，先绘制出一个苯环。

选取单键工具在苯环两侧各连接一个单键。

继续添加单键及楔形单键的虚键和粗黑键，添加右侧的双键及单键。

使用文字输入工具将这部分的取代基添加。

在 NH 的右侧添加虚的楔形键，点击四元环，把鼠标放到楔形键的末尾，出现蓝色的小方框时按住鼠标，拖动出现的四元环到正确的方位，松开鼠标。

在四元环右侧添加一个五元环，以及两个取代甲基。

把四元环和五元环上的各种化学键补齐。

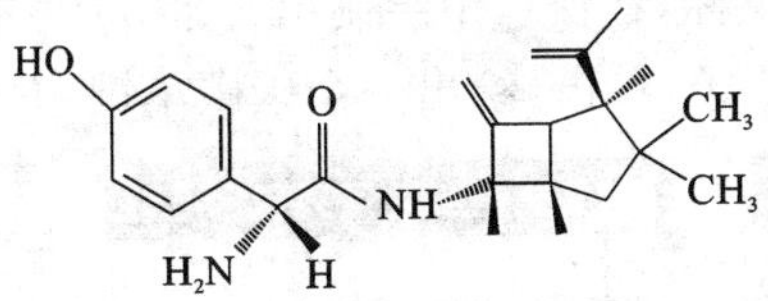

选择文本工具，在对应位置单击，在出现的文本框内输入相应的原子或原子团，完成阿莫西林结构式的绘制。

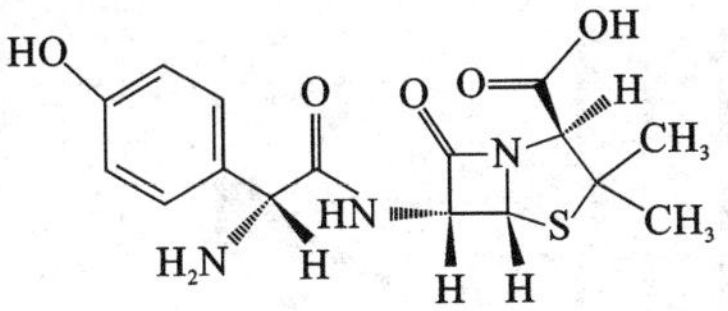

阿莫西林

3.2.4 用 ChemBioDraw 绘制反应方程式

绘制如下反应方程式：

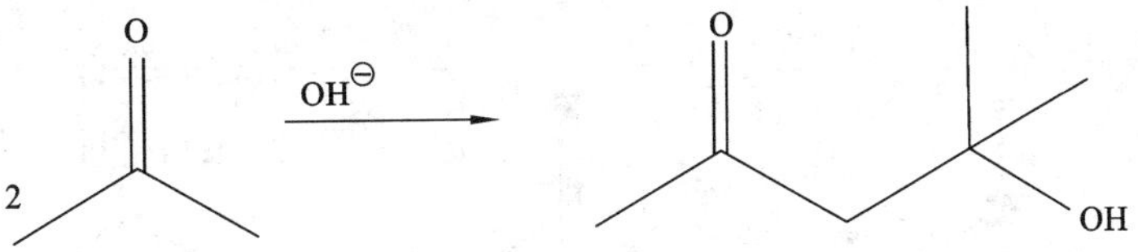

2-丙酮

4-羟基-4-甲基-2-戊酮

新建一个文档，在 Tools 菜单中选择。

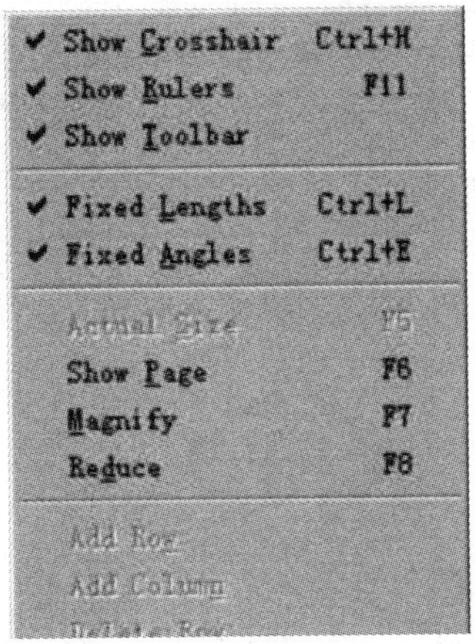

Show Crosshair Ctrl+H
Show Rulers F11
Show Toolbar
Fixed Lengths Ctrl+L
Fixed Angles Ctrl+E
Actual Size F5
Show Page F6
Magnify F7
Reduce F8
Add Row
Add Column
Delete Row

选取实心键工具，鼠标指针变成"＋"，绘制一个30°角的键。用鼠标在文档中适当的地方单击并拖动，观察"ChemBioDraw"窗口左下角的指示器上数据变化，当角度变为 30°时，释放鼠标，在窗口中绘制出一个 30°角的单键。

将鼠标指向右边碳原子，单击，绘出一个碳碳单键，并形成 120°的键角。

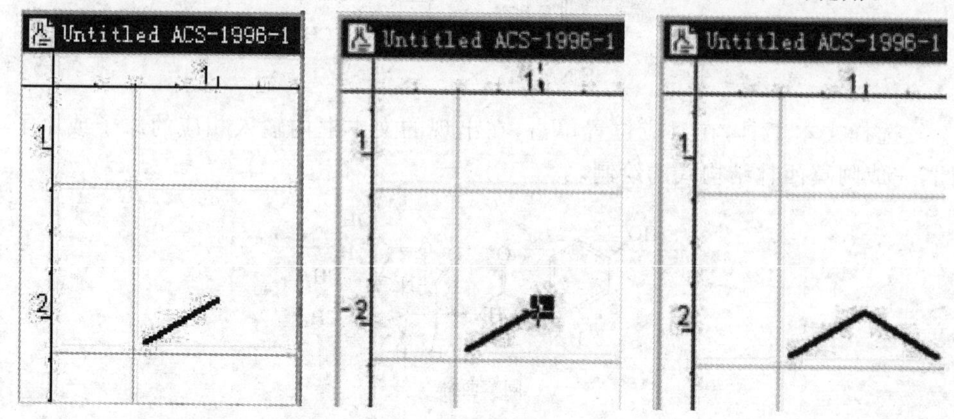

在中间的碳原子上增加一个化学键，将单键变成双键，将双键变成羰基。用文本工具在双键链端单击，在出现的文本框内输入“O”，回车得丙酮分子。

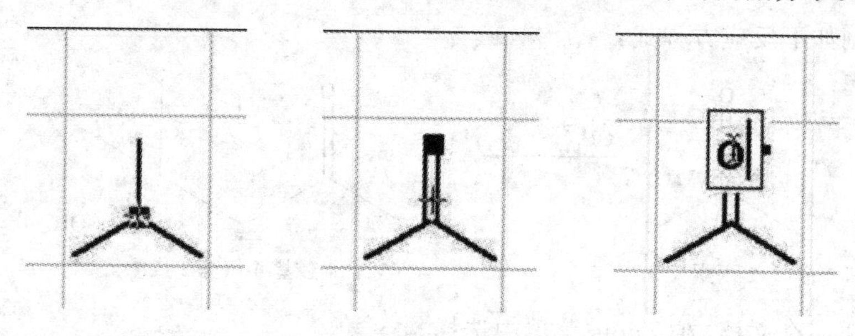

选取工具将丙酮分子全部选定。

复制丙酮分子：按住 Ctrl 键，用鼠标拖动选定区域，此时鼠标变成手状，并且中间有一个十字“＋”标记。将复制的分子拖动到适当区域，释放鼠标，取消选定，丙酮分子即被复制。

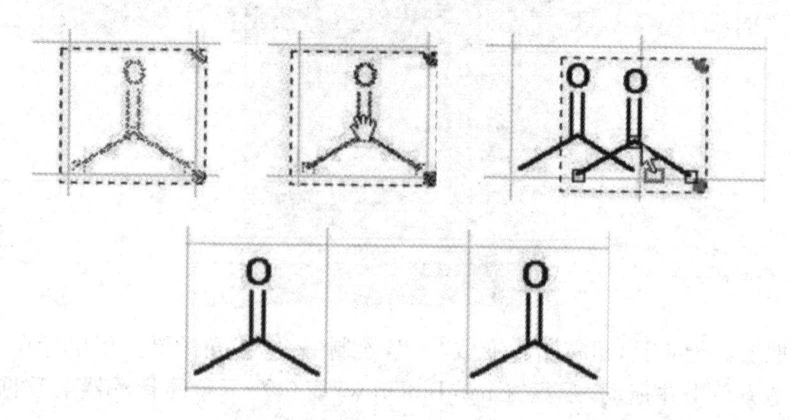

选择实心键工具，在图示位置单击，增加一个单键。

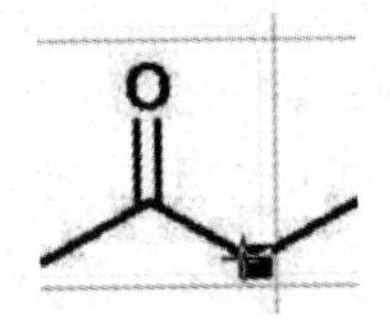

同样增加几个单键。

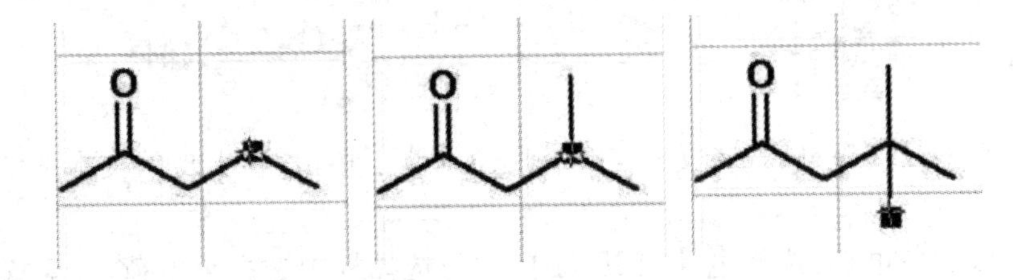

重新排列键位：按住 Shift 键，拖动图示键重新排列。

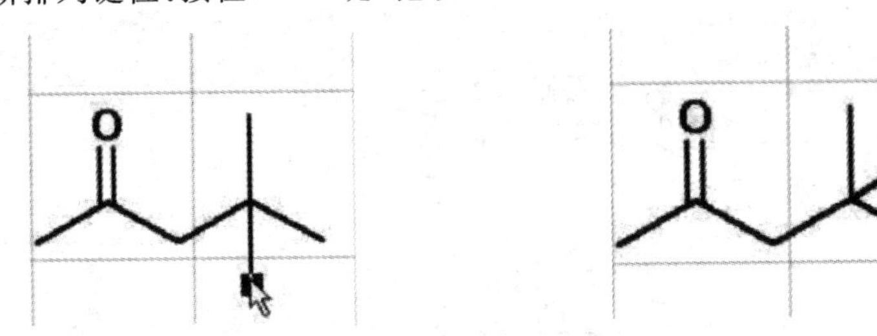

在图示位置加上羟基(—OH)。

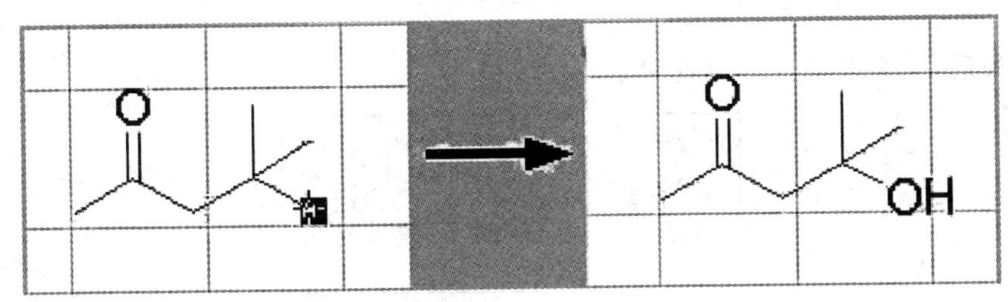

经过上述步骤后，文档中就有两个分子结构。

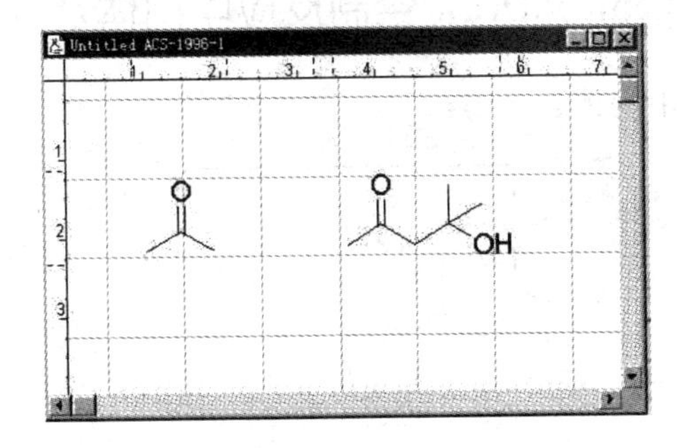

此外，还可以对分子结构进行检查和调整，检查分子结构用"Structure"菜单中的"Check Structure"和"Clean Up Structure"命令。

(1)加上箭头：单击工具栏中的箭头工具，在出现的选择框中选取想要的箭头，单击鼠标选定，在两个分子之间从左至右拖动鼠标，当箭头到达适当长度时，释放鼠标，箭头绘制如下。

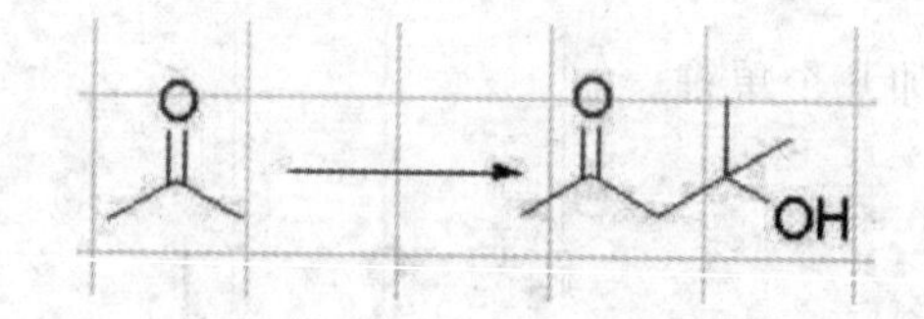

(2)填写反应条件：选择文本工具在所绘箭头上单击，在出现的文本框中输入"OH"。

(3)添加负电荷：选择电荷工具，在打开的选择框中选择负电荷，在氢氧根右上角单击，出现负电荷，负电荷与氢氧根自动组合成为基团。

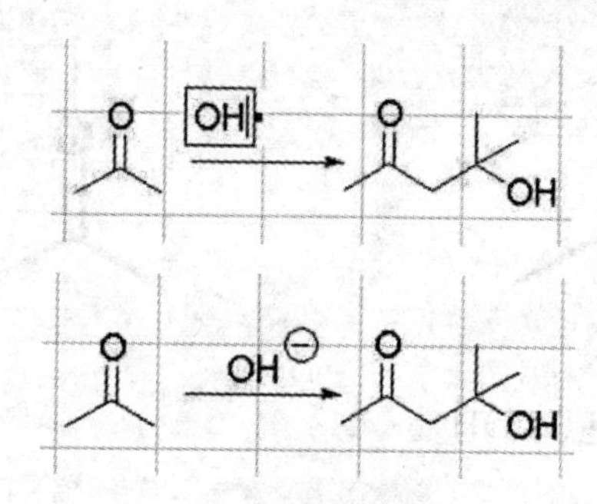

最后，配平并输入反应物和生成物名称。

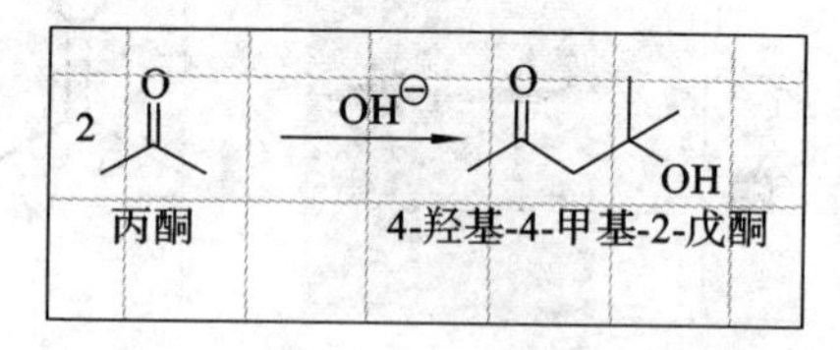

3.2.5 用 ChemBioDraw 绘制反应中间体及反应位能图

例如，绘制如下中间体：

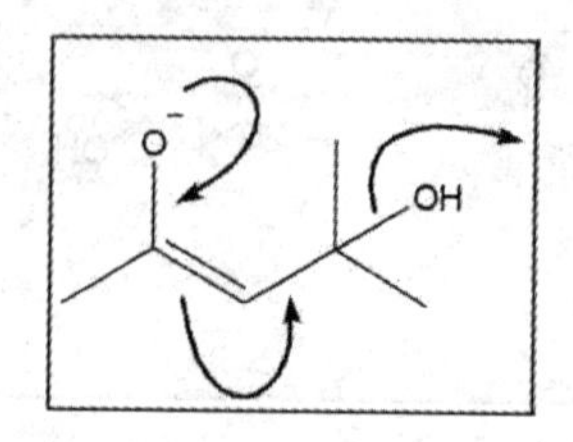

(1)首先,选择环己烷模型绘制一个环己烷。

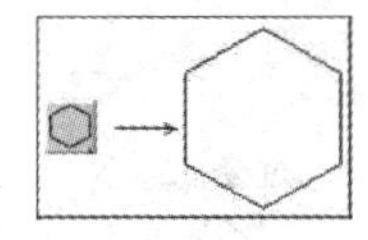

(2)选择橡皮,擦去环己烷的一部分。

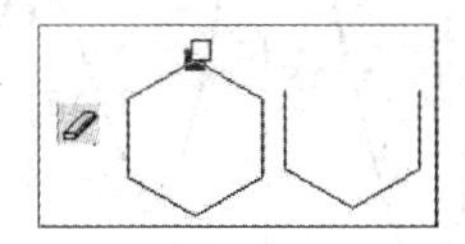

(3)选择单键在相应位置单击,生成单键。

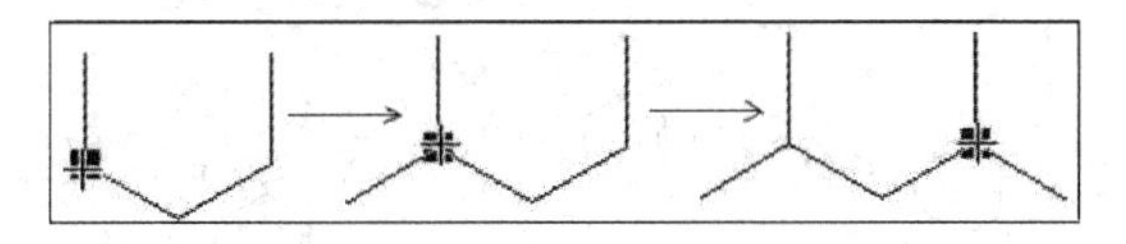

(4)单击单键中央,生成双键。

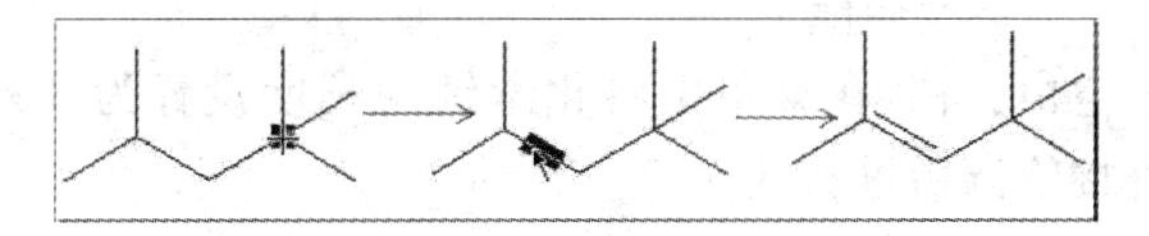

(5)选用文字工具,将光标挪到相应位置,当它变成"+",并且底部出现蓝色底纹时,单击,出现文本框,输入符号,这里的负电荷用"-"表示,它可以自动识别。

(6)选择"钢笔"工具,再打开"Curves"菜单,选用"Full Arrow at End"工具,拖动鼠标完成曲线的绘制,表示电子转移的过程。

或者直接在工具模板中选择弧形箭头,标识电子的转移过程。另两个箭头用同样的方法画出。

使用画笔工具还可以绘制反应的化学位能变化，如苯环在亲电取代过程中位能的变化，是较为复杂的曲线。

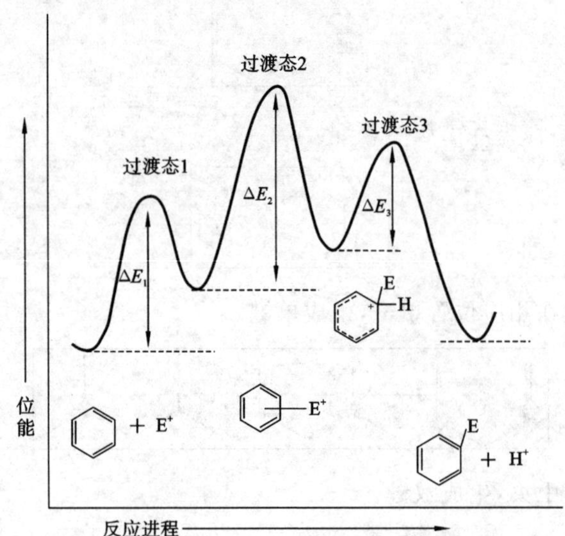

(1)新建一个空白文档，在菜单中将化学键的长度设置为 8 mm，用单键进行坐标轴的搭建，直接绘制后进行放大。

(2)选择画笔工具从左侧某点单击，到图形的每个波峰、波谷的位置各单击一次，其他地方不要点击鼠标。

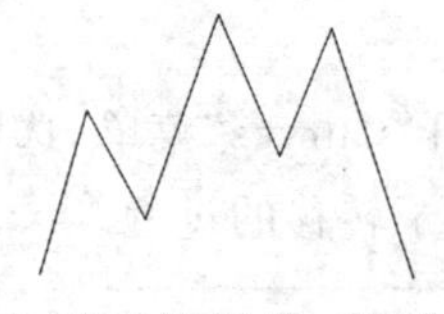

(3)再次选择画笔工具，选中所画的折线，折线上每个起点与终点处都会出现一个灰色的小方块，把鼠标移到方块上，鼠标将变成一只小手的形状，此时拖动鼠标，线端将出现一条虚线，虚线的左、中、右各自有一个灰色方块，用鼠标拖动方块，折线的弧度会发生改变。

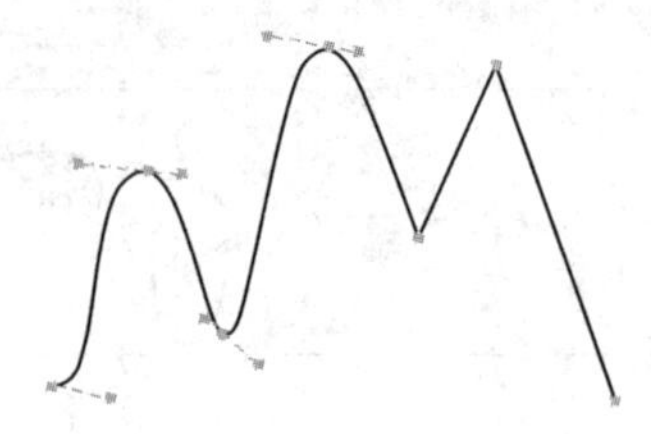

(4)调整所有位置的弧度,选择箭头,加上横、纵坐标的名称,添加上文字。添加苯环以及正电荷,用双向箭头标注出每个波谷到波峰需要的能量。

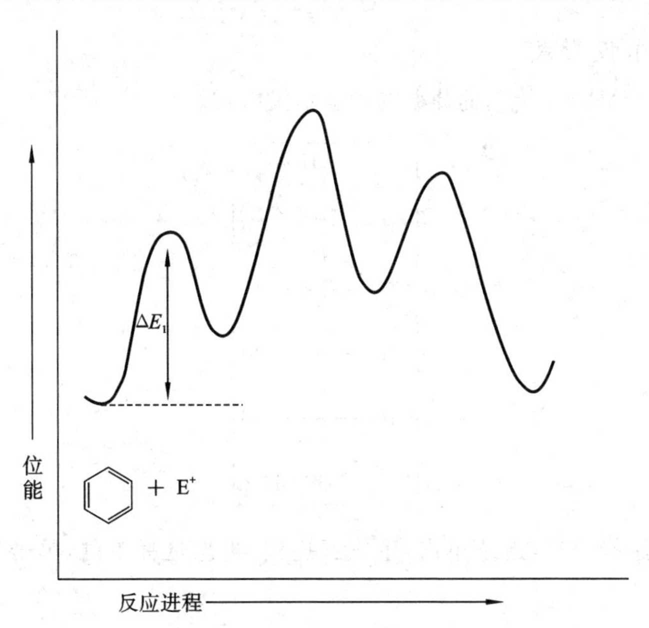

(5)在相应位置添加文字、电荷、虚线,完成作图。苯环内部虚线只需使用虚线工具单击即可。

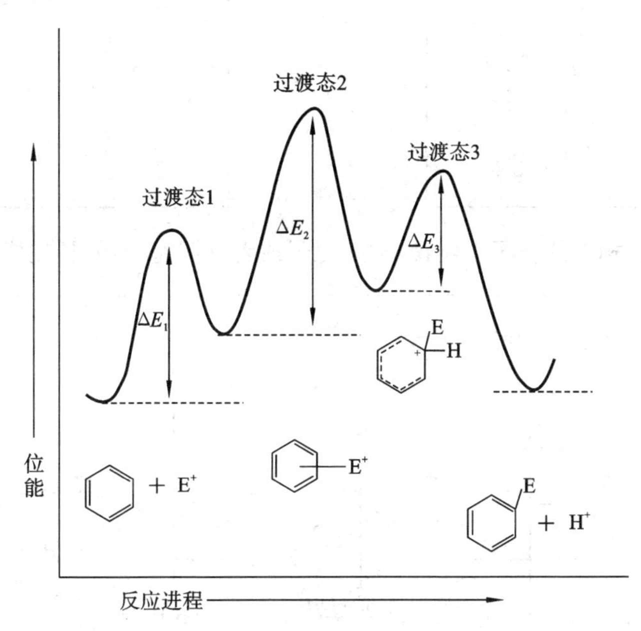

3.2.6 用 ChemBioDraw 绘制特殊结构式

1. 费歇尔投影式

用 ChemBioDraw 绘制葡萄糖的费歇尔投影式。

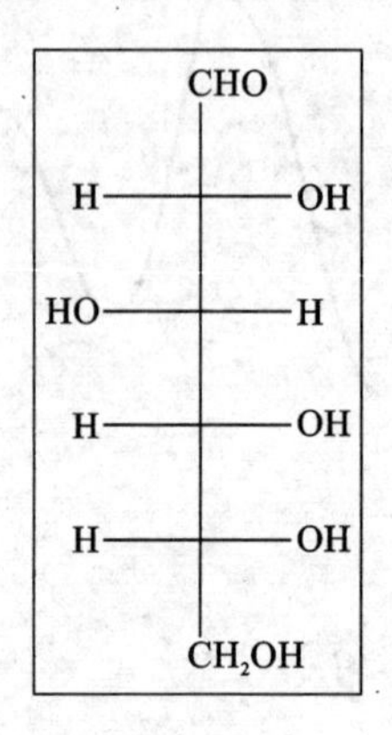

(1)首先选择单键,连续单击,生成五连键,再次选择单键,单击生成水平键,如下所示。

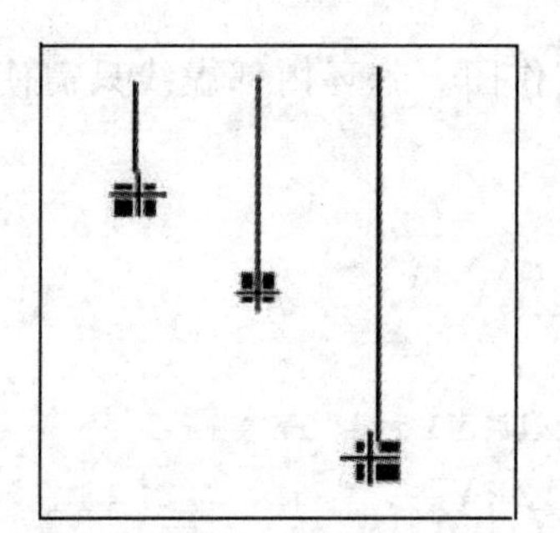

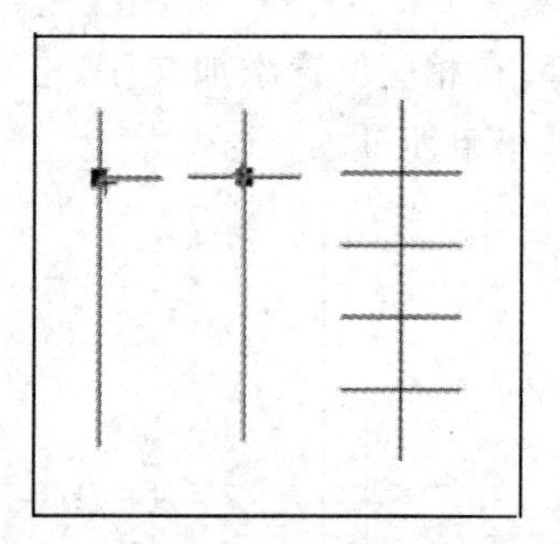

(2)然后在相应的原子上定位,输入原子或者基团符号,制作完毕。

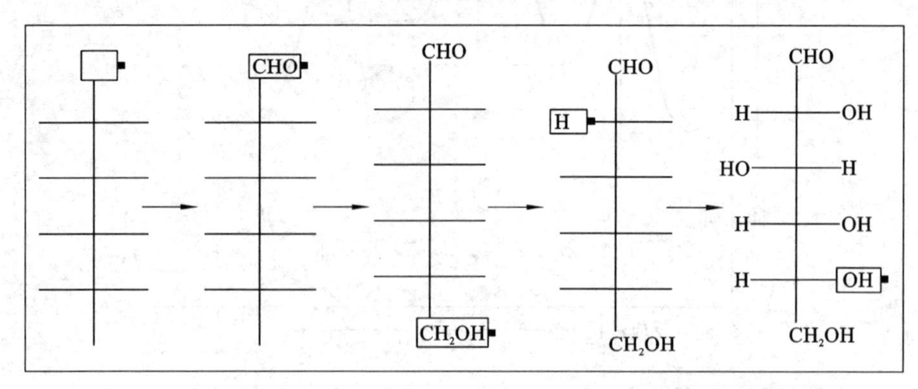

2. 纽曼投影式

绘制如下纽曼投影式。

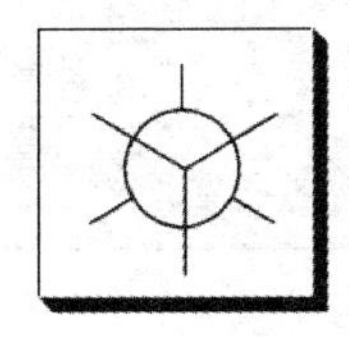

(1)选择单键工具,连击生成三个角度相等的单键。

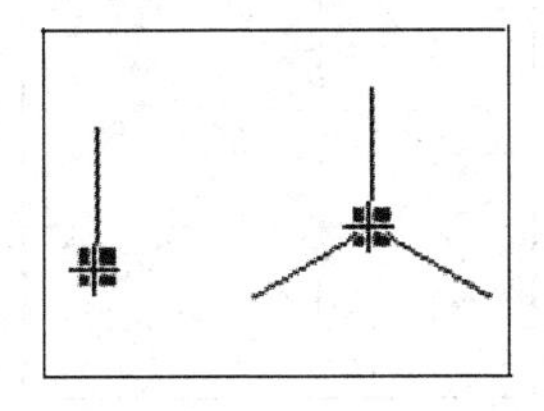

(2)按下 Ctrl 键,移动复制一份。

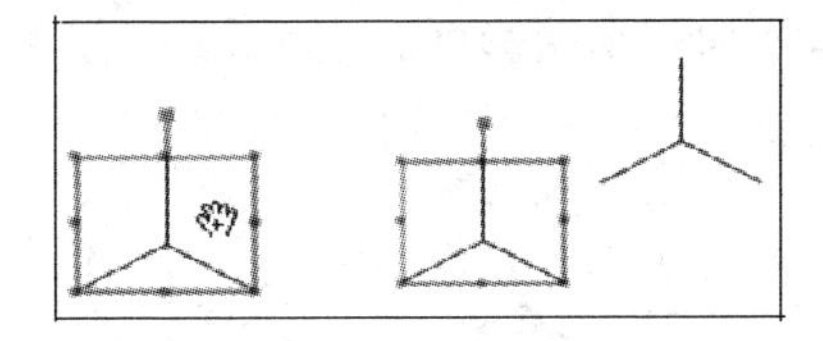

(3)用单键将其连接。

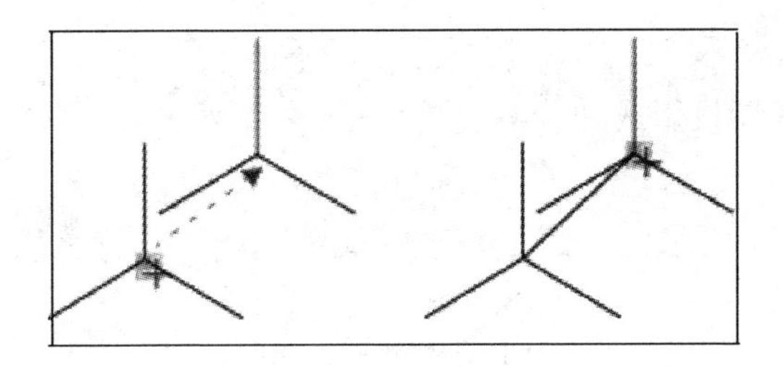

(4)选择轨道工具,定位中心原子,按下鼠标键,建立轨道。

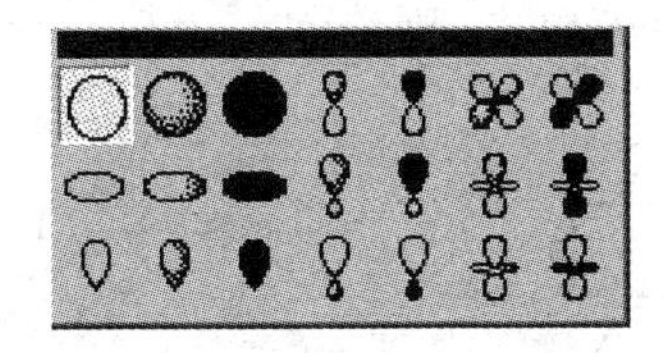

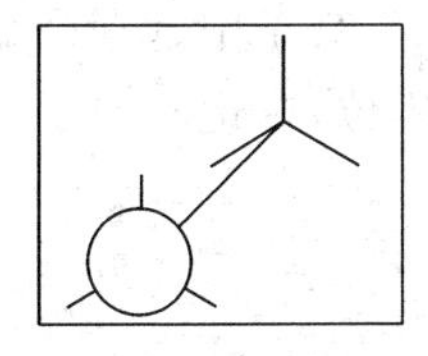

(5)选择另一半结构,双击旋转柄(在虚框的右上角黑色部分),在弹出的对话框的角度设置中输入“180”。

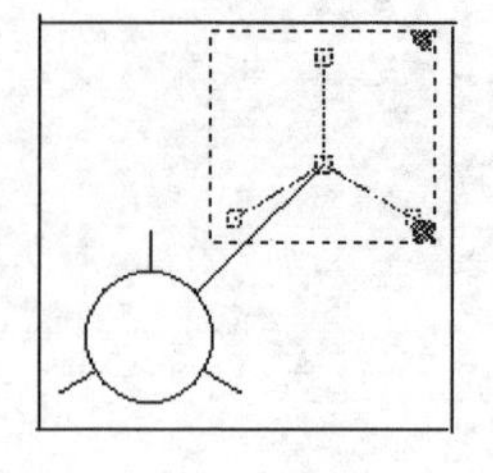

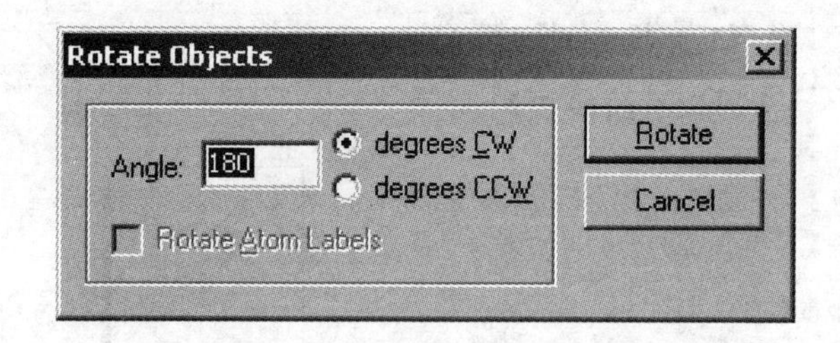

则此结构将旋转 180°角。

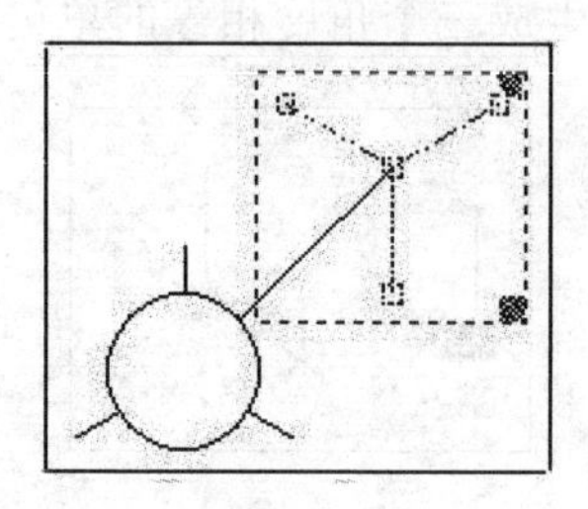

(6)在选定此结构的情况下,从“Object”菜单选择“Bring to Front”命令,然后将后面的结构移至前面,添加一个阴影框。

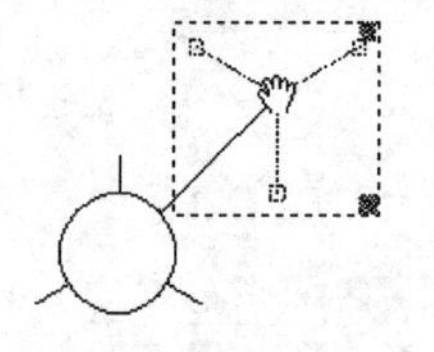

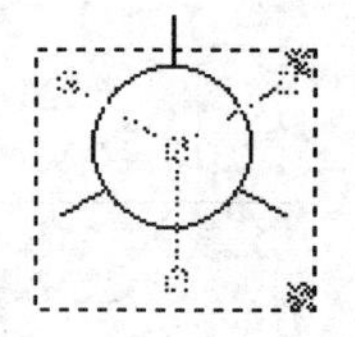

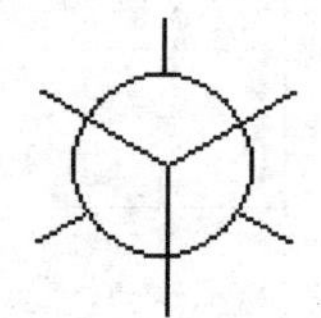

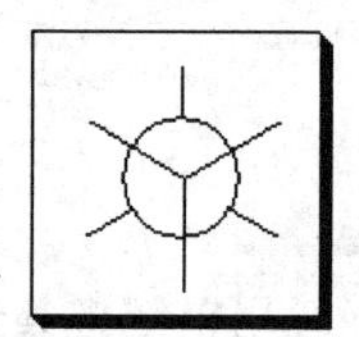

3. 哈沃斯投影式

绘制如下哈沃斯投影式。

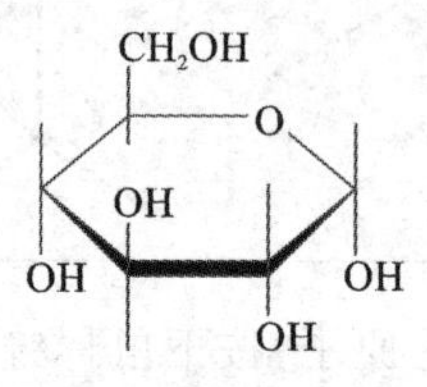

(1)在工具条中选择环己烷,在文档空白处单击,则绘制一个环己烷,再在相应位置上定位,标记氧原子。

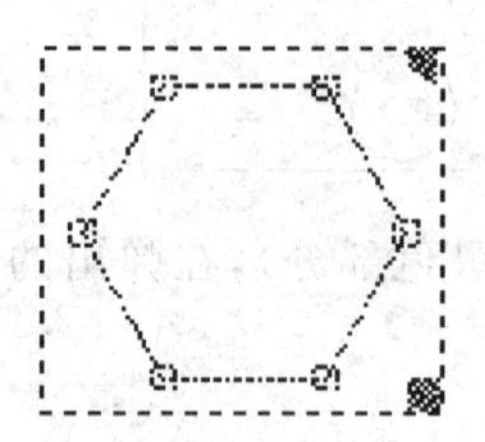

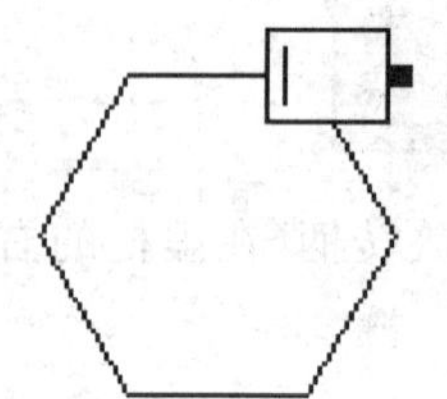

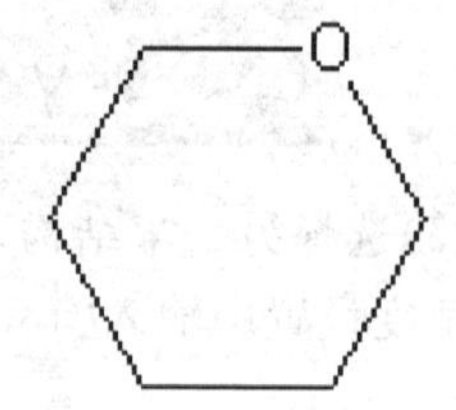

(2)分别添加垂直键。

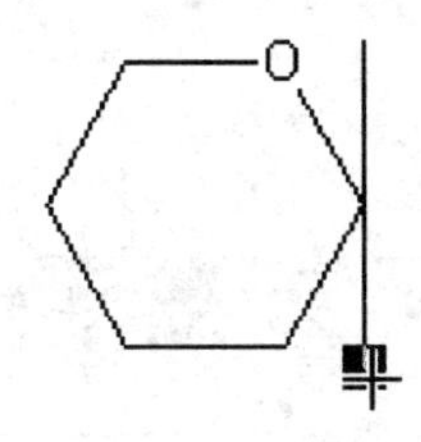

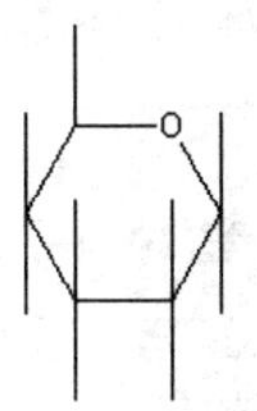

(3)选择套索工具,在阴影右下角按住"Shift"键,向上移动,垂直压缩50%。

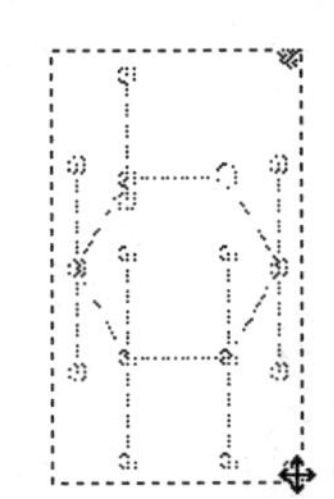

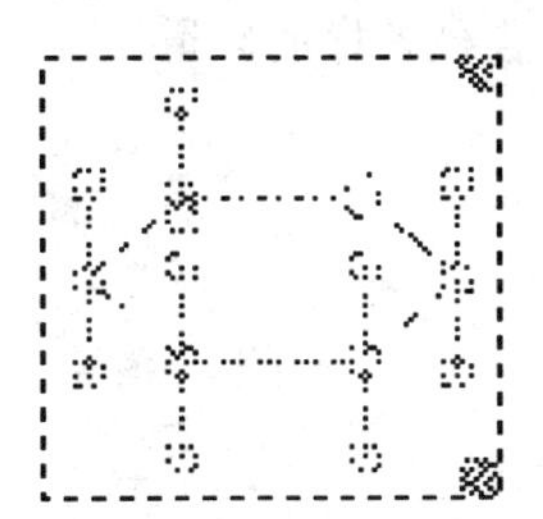

(4)在相应位置输入原子或原子团。

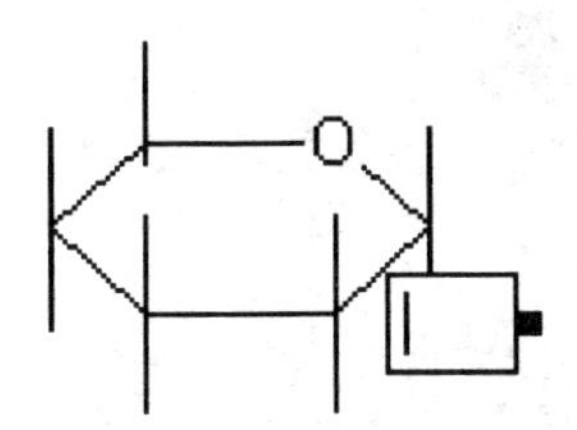

(5)选择楔形键和粗黑键,在要改变的键上单击,更改其形状,得到所要求的结构。

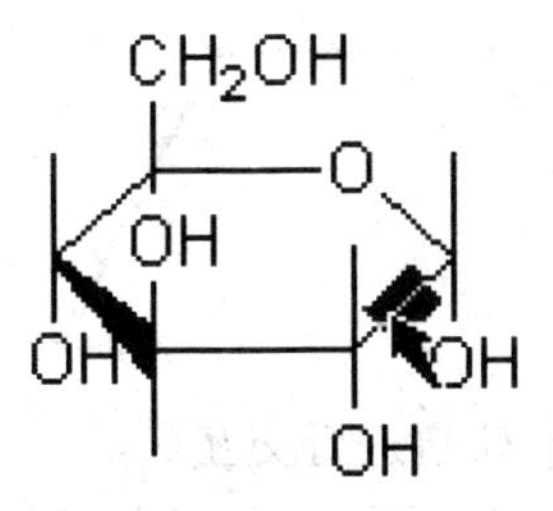

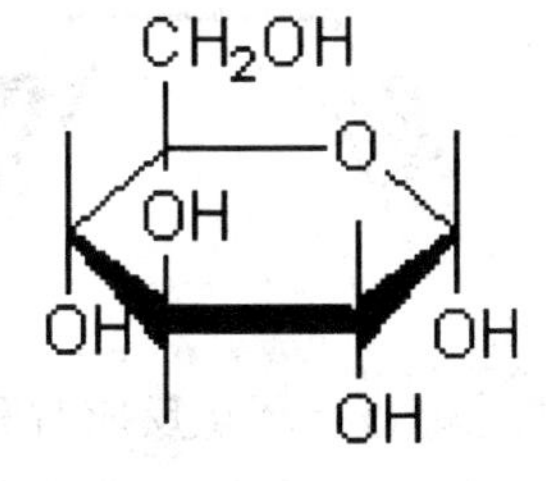

4. 绘制电子轨道

以顺丁二烯分子的电环化反应时电子轨道变化为例。

(1)选择工具栏中的电子轨道工具,单击工具右下角的三角符号,可将它拖出来以方便使用,如下所示。

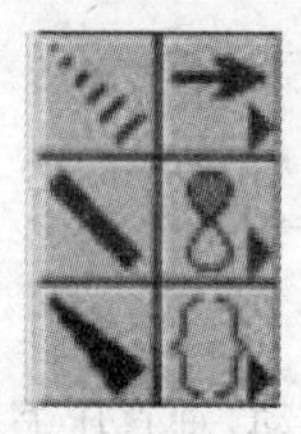

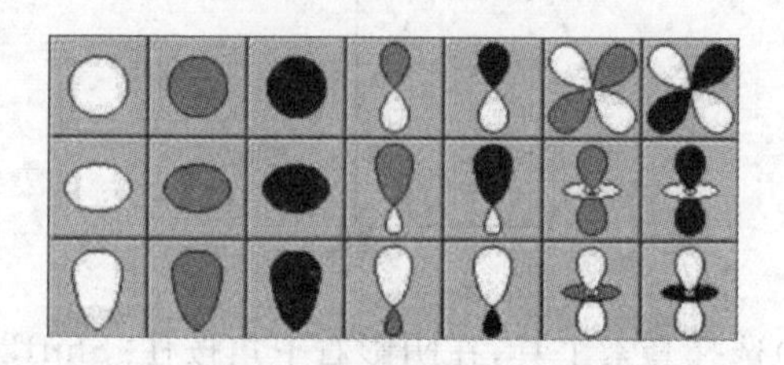

呈现出各种各样的轨道样式。

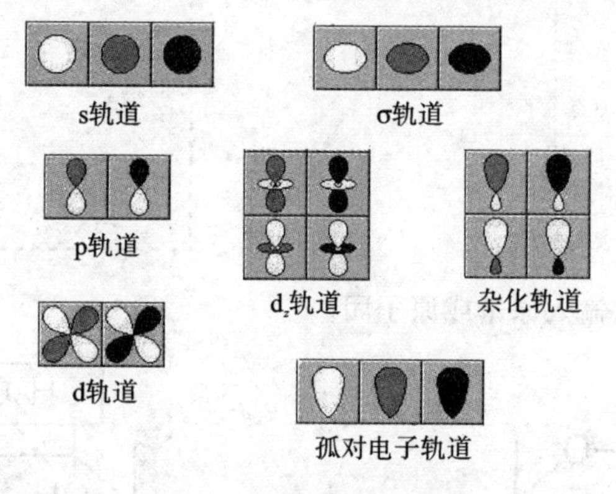

(2)用键形工具绘制顺丁二烯分子骨架如下。

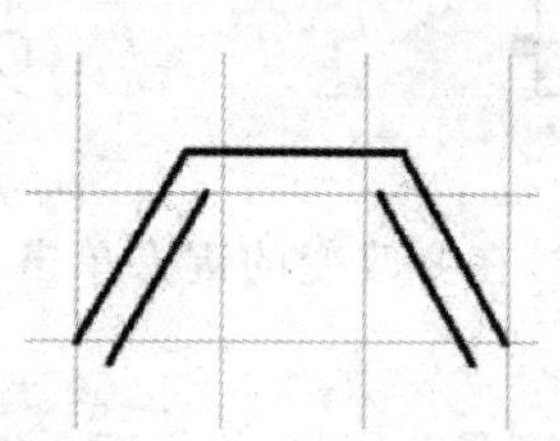

(3)选择橡皮工具,将双键擦除。

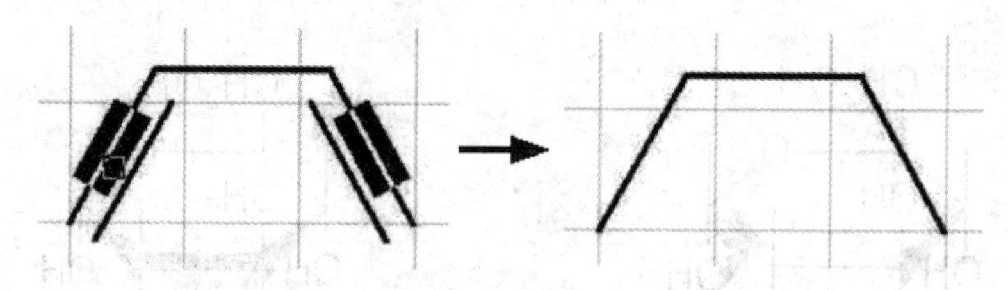

顺丁二烯进行环化反应时利用共轭 π 键上的 p 轨道进行交互成环。

(4)选择 p 电子轨道,在第一个(按从左到右为序,下同)C 原子处从下到上拖动鼠标,绘制第一个 p 电子轨道。

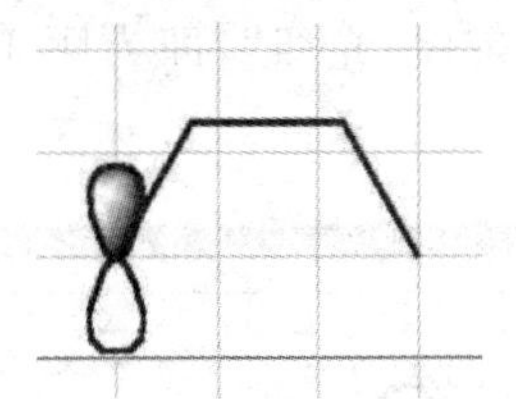

(5)在第二个 C 原子处从上到下拖动鼠标，绘制第二个 p 电子轨道。

(6)第三个 C 原子的 p 轨道和第二个 C 原子相同、第四个 C 原子的 p 电子轨道和第一个 C 原子相同，绘制顺丁二烯的 π 键分子轨道。

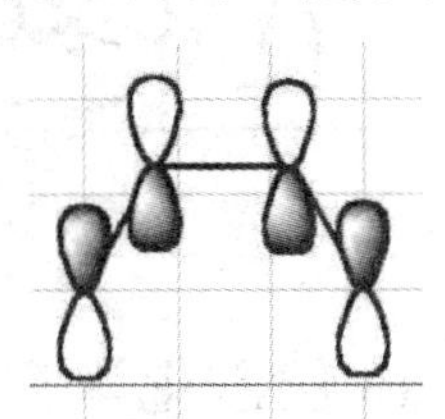

(7)光照作用下，顺丁二烯的分子轨道发生对旋，对称性匹配而形成环丁烯。将第四个 C 原子用鼠标选中，按住“Shift”键，向左拖动，当角度变为 240°时，释放鼠标。

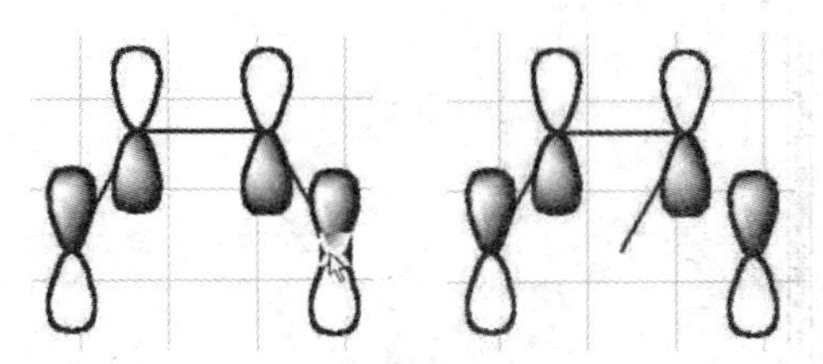

(8)然后选中第四个 C 原子的电子轨道，移动至其 C 原子上，在“Tools”菜单中选择“Rotate”命令，输入旋转角度数“－90”，点击“Rotate”按钮实现旋转。

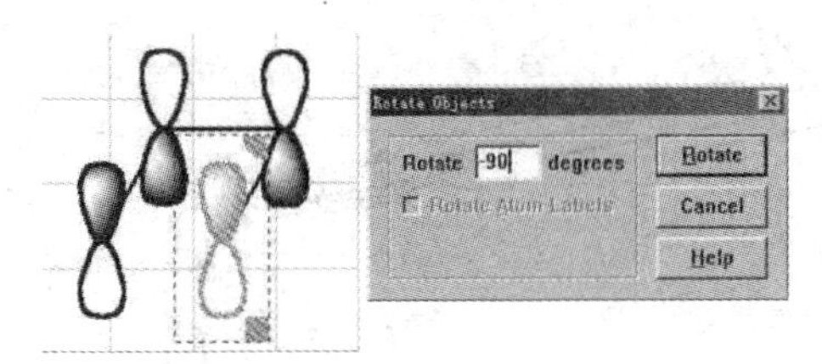

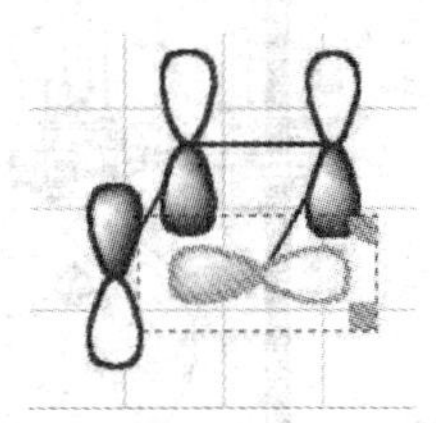

(9)同样，选择第一个 C 原子，实行旋转，输入旋转角度数“90”，单击“Rotate”。

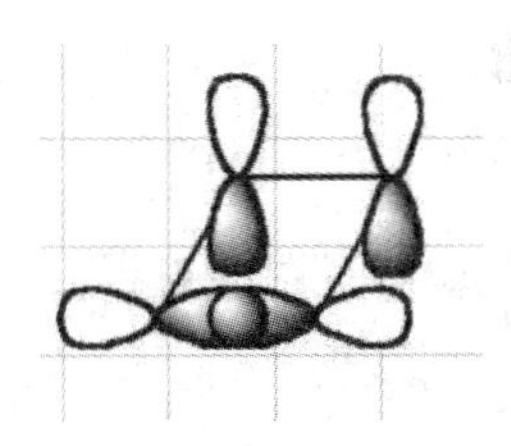

(10)加上箭头,书写反应条件"光照",即为顺丁二烯发生电环化反应的电子轨道示意图。

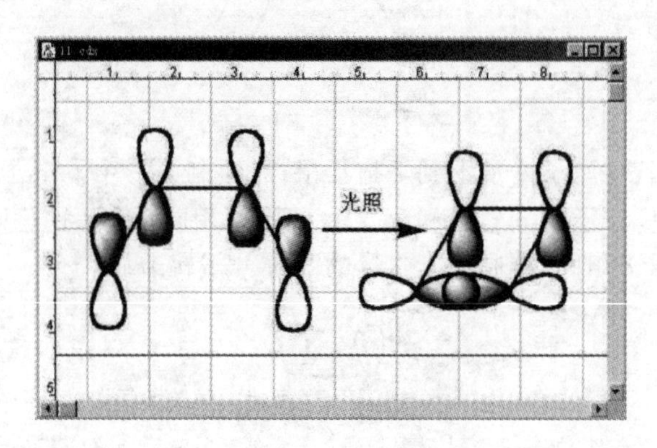

3.2.7 用 ChemBioDraw 绘制化学实验装置图

ChemBioDraw 提供了实验仪器矢量图模板,利用它可以绘制化学反应装置图。如蒸馏操作的装置图。

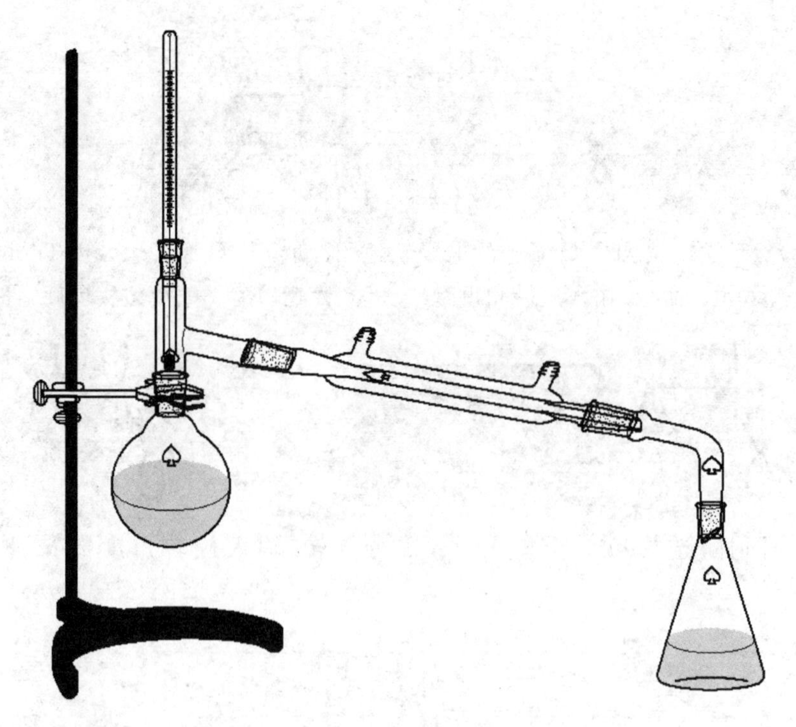

(1)打开软件提供的两个反应装置图的模板。

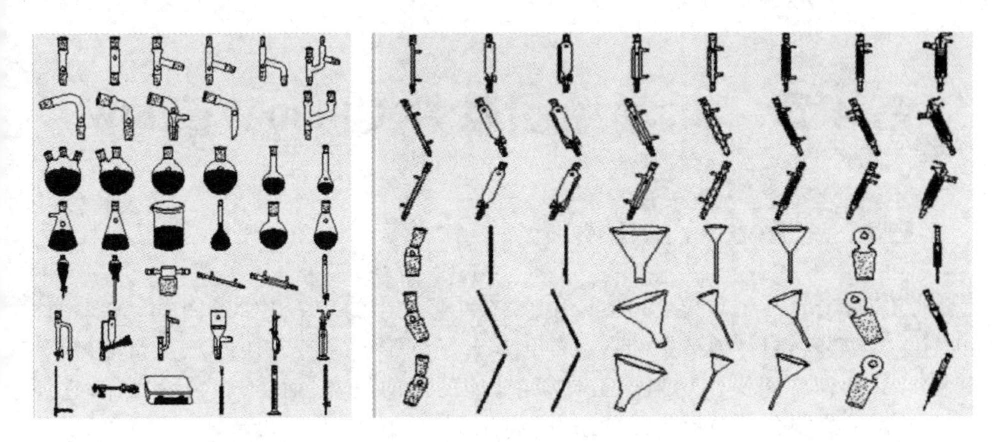

(2)选择“模板一”中的烧瓶，在软件窗口空白处单击一次，则出现烧瓶，选中图形，在它的虚形选择框的右下角拖动鼠标，对其进行放大、缩小或旋转。如果按住“Shift”键同时拖动，会把图形拉长或压扁。

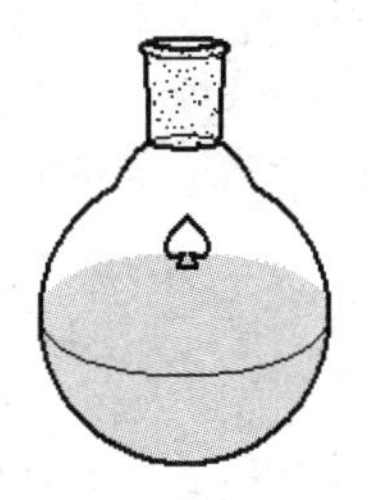

(3)在圆底烧瓶支口处添加蒸馏头，蒸馏头右侧添加冷凝管。

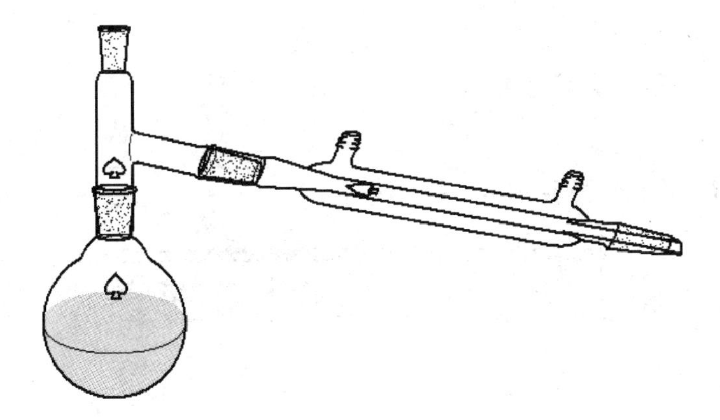

(4)继续添加尾接管和接收器，蒸馏头上口接温度计。搭建铁架台，用夹子夹住圆底烧瓶，整个蒸馏装置基本搭建完成。

第 4 章　化学绘图软件 ChemWindow

4.1　ChemWindow 软件介绍

ChemWindow(CW)是 Softshell 于 1989 年推出的一款化学绘图软件，该软件的主要功能是绘制各种结构和形状的化学分子图形。它有方便的工具箱，绘制分子图形的各种常用操作均列于工具箱中，如图形的组合、翻转、旋转等操作；它还提供了大量绘制分子图形所需的组件，如化学键、电荷、分子母环、分子轨道、形状等；它内置有多个模板，模板中存储了大量常用的杂环、稠环及常见小分子以便直接使用，免去了绘制的麻烦；它还有丰富的图形显示功能，对图形不同部分可用不同的颜色进行显示；它的数据库有五万多张 13C NMR(碳 13 核磁共振)的谱图，可以根据化合物的结构预测 13C NMR 化学位移，还能预测红外图谱、质谱等，也能读入标准格式的 NMR(核磁共振)图、IR(红外光谱)图、Raman、UV 及色谱图；可与 Word、PowerPoint 等软件联用，完成结构标准的化学科技论文及美观专业的幻灯片，为化学工作者带来极大便利。

ChemWindow 6.0 的功能包括三大部分：①绘制化学结构、化学反应式和化学实验装置。②光谱曲线处理：可直接调入色谱图、光谱图、NMR 图、质谱图等曲线进行处理、标注，并以使用者的意愿和要求的格式输出其图谱或转入其他应用软件中，如 Microsoft Word、PowerPoint 等，便于出版或报告。③光谱解释工具：描述与解释红外光谱、质谱和核磁共振(NMR)谱与化学结构的相互关联。

4.2　ChemWindow 软件的使用

4.2.1　ChemWindow 的工具栏

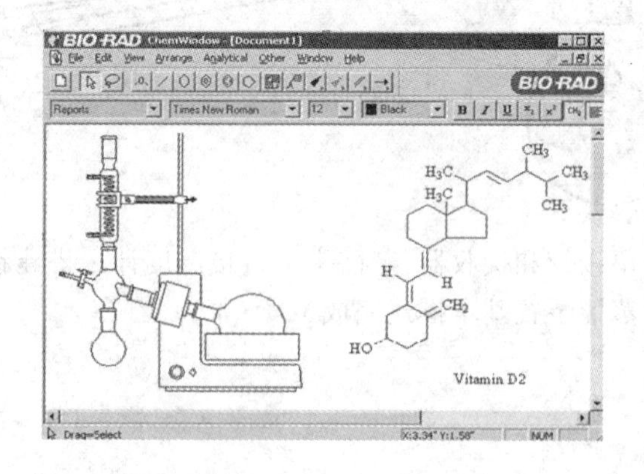

ChemWindow 工具栏提供了很多工具按钮，可以通过 View 菜单，设置是否显示工具栏，鼠标单击右下角带有红三角的工具按钮可以出现更多工具，在工作区单击鼠标右键，可以直接打开选择工具栏。

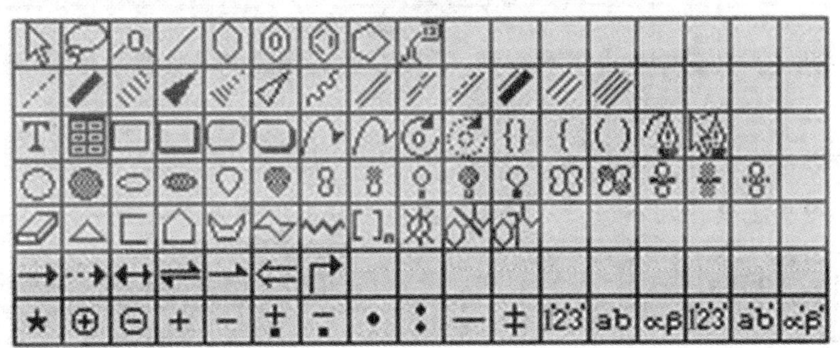

(1)命令工具栏(Commands)：提供保存、打印、编辑及一些图形关系操作按钮。

(2)图形工具栏(Graphic Tools)：提供文字、表格、箭头和自由绘图工具等按钮。

(3)常用工具栏(Standard Tools)：提供选择、套索、化学标记、键、环、模板以及可选择工具按钮。

(4)格式工条(Style Bar)：提供分子结构样式、字体、字号、颜色及其他格式按钮。

(5)自定义工具栏(Custom Palette)：提供可选择工具按钮。

(6)轨道工具栏(Orbital Tools)：提供各种轨道图形按钮。

(7)化学键工具栏(Bond Tools):提供各种化学键按钮。

(8)符号工具栏(Symbol Tools):提供电荷、自由基和其他符号标记按钮。

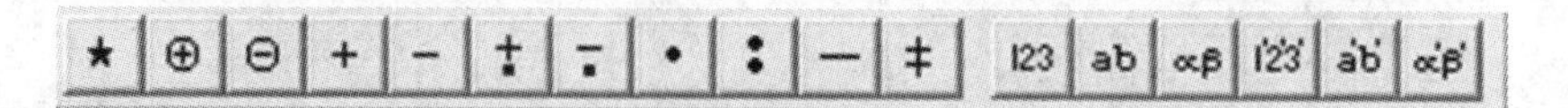

(9)模板工具栏(Template Tools):提供一些模板按钮。

(10)其他工具栏(Other Tools):提供板擦、环、长链等工具按钮。

(11)缩放工具条(Zoom Bar):提供缩放工具按钮。

(12)反应工具栏(Reaction Tools):提供反应箭头工具按钮。

(13)图形格式条(Graphics Style Bar):提供图形样式按钮。

4.2.2 ChemWindow 化学键的绘制

与键有关的工具如下:

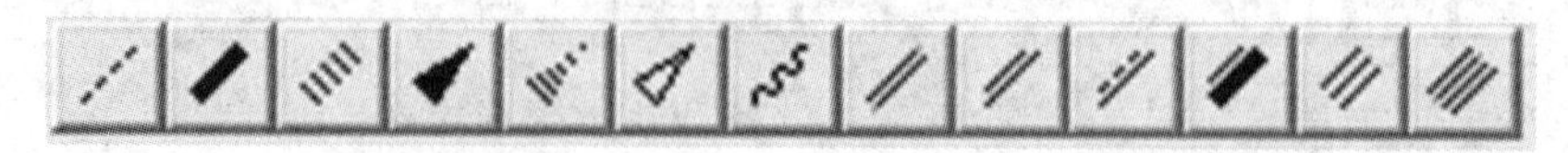

单键的绘制。单击鼠标左键,新产生的键将出现在能量最低的方向,单独的键将出现在水平方向。采用拉伸的方式产生键,同时按住“Shift”键则产生任意长度的键，按住“Ctrl”键则可至任意方向。键端可以用周期表或用键盘快捷输入，软件会自动给出基团上的氢原子个数，多次按键则给出不同氢原子数的基团。点击鼠标左键可以在各种键型之间互换，如单键变双、三键，多次单击则重复出现键数变化。按住“Alt”键单击则产生短线双键，鼠标移到键中央，产生黑块后按住鼠标左键左右/上下拖动，可改变键的状态。单击楔形键中央可以改变键的方向。

用鼠标左键单击双键中央则其转换为短双键；单击短双键可以改变短双键的位置；鼠标移到键中央，按住鼠标左键左右拖动，可改变双键的宽度；上下拖动改变短键的长短。

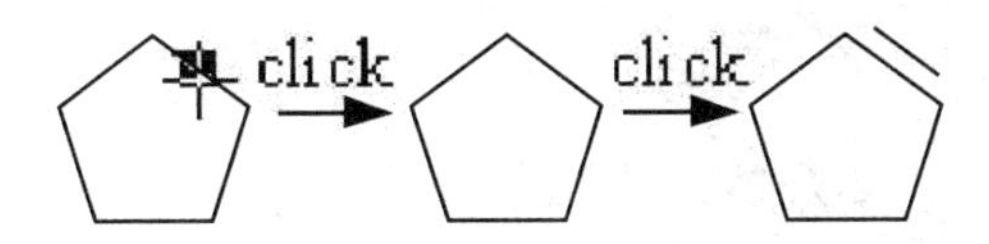

按住鼠标左键拖动折线键可以产生长链多键，右方数字代表键的个数，松开鼠标则确定。同时按“Shift”键为任意键长；按“Ctrl”键为任意方向；按“Alt”键为不饱和双键长链。

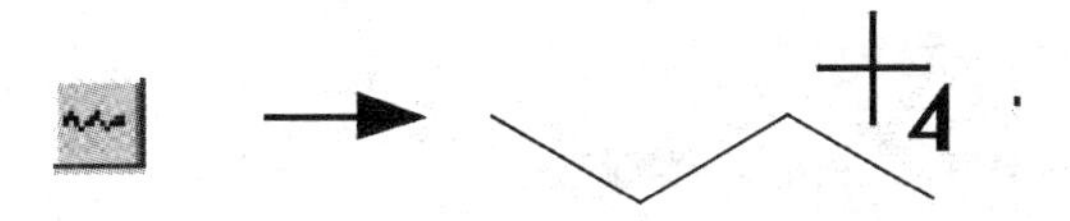

4.2.3　ChemWindow 环的绘制

该工具模板提供了画常见环的工具。只画一个环时单击鼠标左键，水平方向上产生一个环；按住鼠标拖动可翻转，至所需方向松开鼠标即可得到所需方向的环。按“Shift”键为不同键长；按“Alt”键可加不饱和环。单击某原子，将原子与新画环以单键连接；按住某原子拖动，至所需方向松开鼠标即得到与原子直接连接的环。

4.2.4　ChemWindow 箭头或圆弧的绘制

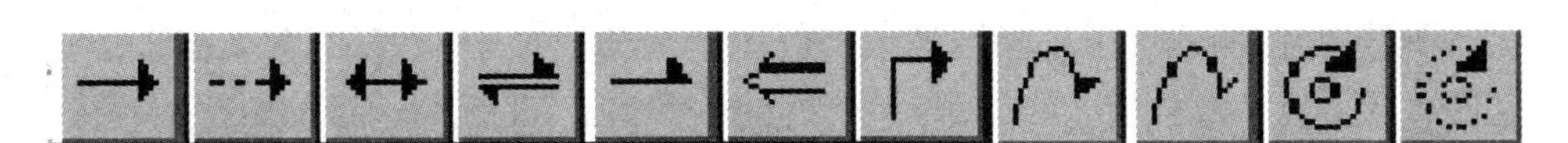

找到箭头工具条，选择箭头，单击产生水平箭头，拖动，可以产生各方向的箭头；如拖回原点，可改变箭头类型，对双线箭头，按住箭头中央黑块拖动，可改变箭

头宽度，单击箭头中央，可以改变箭头种类、方向等。按“Shift”键，拖动鼠标可以改变箭头长度，拖动鼠标可产生 90°箭头，单击端点可改变箭头类型、拖动端点可改变两端的长度和方向，按“Shift”键，拖动箭头的各端点可改变箭头形状，其操作与弯箭头类似。

还可绘制化学反应机理及电子转移的箭头。通过拖动鼠标画出弯箭头，拖动鼠标时，通过原点可以使弯箭头翻转，弯箭头有两个方框，可以通过调整方框的位置改变曲线的形状，也可以拖动箭头的首尾改变箭头的形状，单击箭头两端可以改变箭头的类型，按“Shift”键，在箭头点和 2 个侧翼点拖动鼠标可改变箭头的形状。

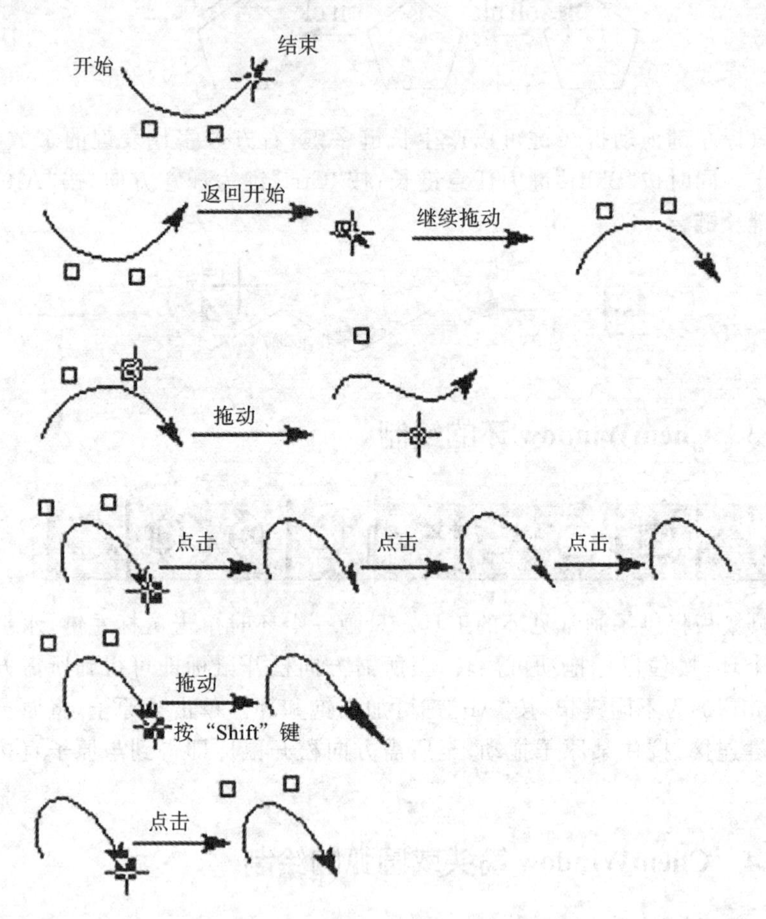

要绘制圆或圆弧，用鼠标选择该工具条最后的图形绘制工具，在文档中用拖动的方式可以产生相应大小的圆，如按“Shift”键，则产生椭圆。移动圆/椭圆可用拖动其圆心的方式完成，在画好的圆或椭圆内拖动鼠标，则产生相应的弧箭头；拖动弧的两端，可改变弧长；单击弧箭头，可改变箭头的样式；按“Shift”键拖动箭头

的两翼，可改变箭头的大小及样式。

4.2.5　ChemWindow 化学符号及轨道工具的使用

单击要添加化学符号的位置，输入原子或基团的名称。以取代基形式插入（按“Shift”键可以改变键长），直接在空位输入分子式。如 H_2SO_4，可以单击键中部使其变为双键或三键，按住“Alt”键后单击可以加为短双键，再次单击可以改变短键的位置、改变键级。

软件提供有轨道工具，如果要绘制相关图形，可以打开该工具条。

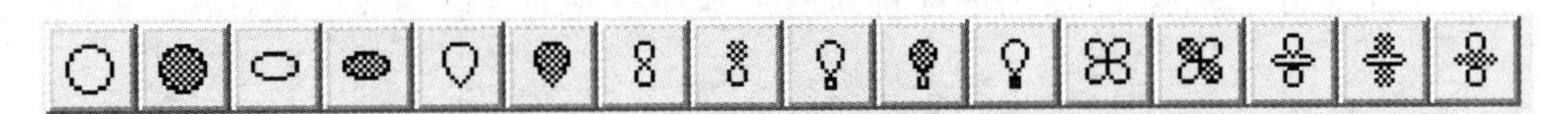

选择某一工具，起始拖动画轨道符号，按“Shift”键可改变大小，按“Ctrl”键可改变方向，使用“Arrange”中的前后变换命令可改变对象的前后位置。

4.2.6　ChemWindow 画线工具的使用

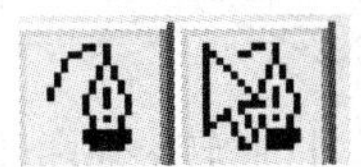

选择画线工具，单击产生一个点，移动光标至下一位置，单击产生一条线段，单击工具图标结束；按“Shift”键可限定线段为水平、垂直或 45°斜线。继续单击可以连续画折线，再次单击工具图标结束折线；如最后单击起始点则形成封闭图形，其内部可以填充。单击一点，移至第二点拖到第三点，拖动至合适位置，松开鼠标产生曲线，再次单击工具图标结束。

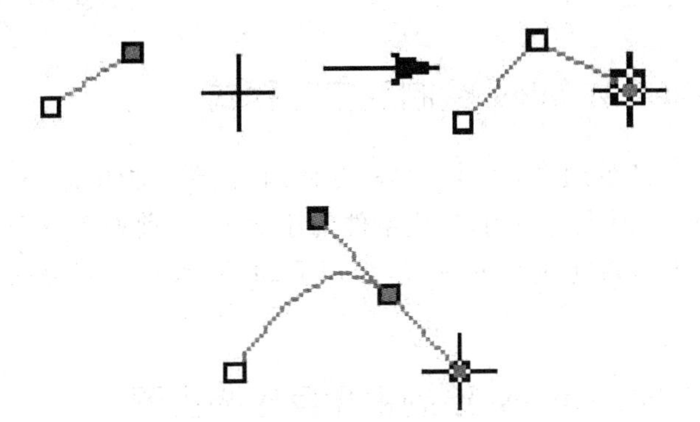

4.2.7　ChemWindow 绘制结构式

例如，绘制刚果红结构式：

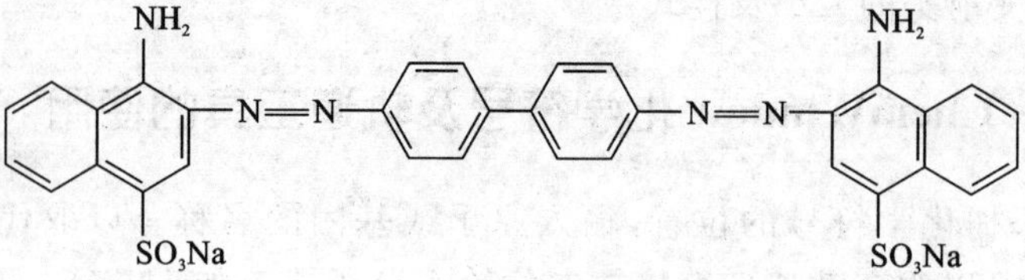

刚果红结构式

(1)找到标准工具条,选择苯环,到空白文件窗口中点击,绘制一个苯环,使用选择箭头,选中苯环,按住"Shift"键,将苯环压扁,再次选中压扁的苯环,按住"Ctrl"键,复制一个苯环,使用单键将前一个苯环右侧的双键变成单键,组合图形。

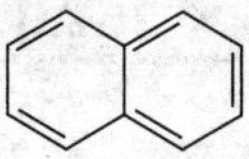

(2)在左侧绘制单键,键的末端书写N原子,接着绘制双键、N原子、单键,再在其他区域绘制一个苯环,旋转30°角,压扁,与单键连接。

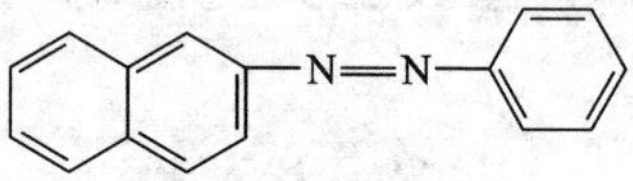

(3)将图形组合,复制一份,水平翻转,将两部分相连,画上相连的化学单键,加上取代基团,刚果红分子结构式即完成。

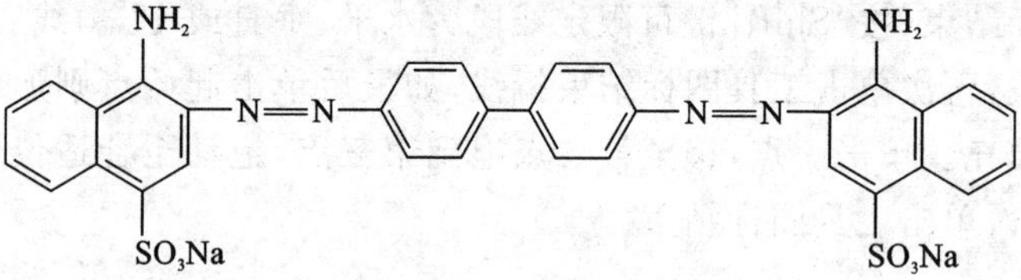

4.2.8 ChemWindow 绘制反应方程式

方程式是分子式的组合,各种工具联合使用,包括模板中的小分子、单双键的绘制,橡皮的擦除及箭头的使用,反应条件的添加等,在前面工具条的介绍中都有说明,软件的使用是熟能生巧的过程,多用多动手,水平就能提高。在此就不再举例。

4.2.9 ChemWindow 绘制化学反应装置图

LabGlass 模板中提供化学实验室的玻璃仪器的图形,打开模板可以选择相应的工具,以便组合需要的化学实验装置图。

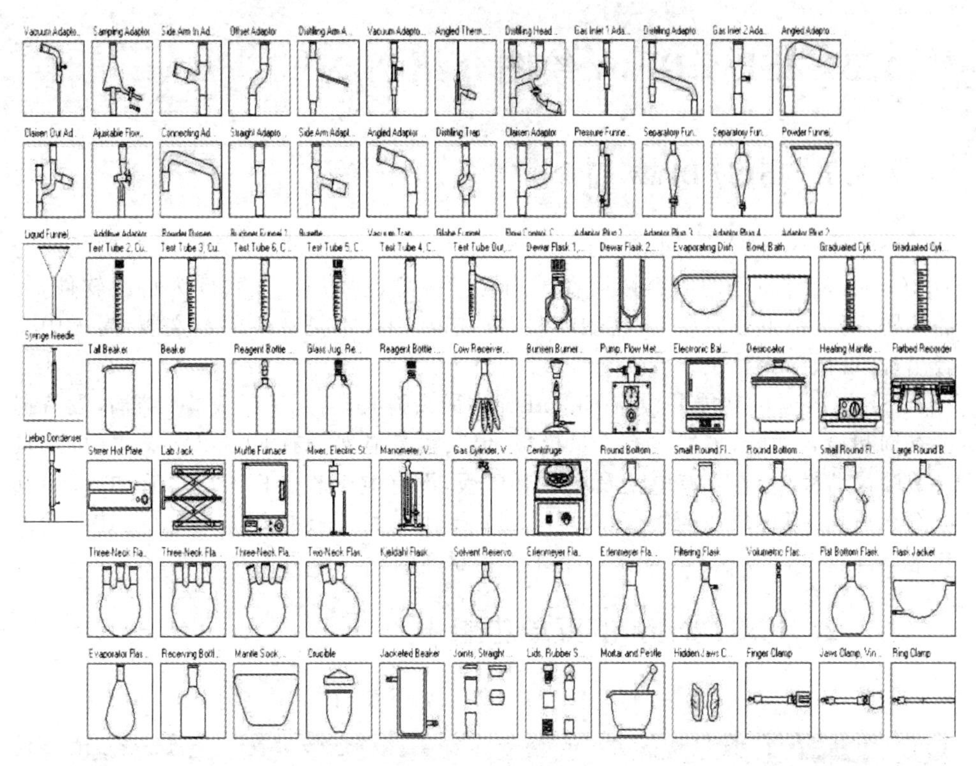

选择合适的工具，按实验装置组装原则，以从下到上、从左到右的顺序搭建一套简单的蒸馏装置，如下所示。

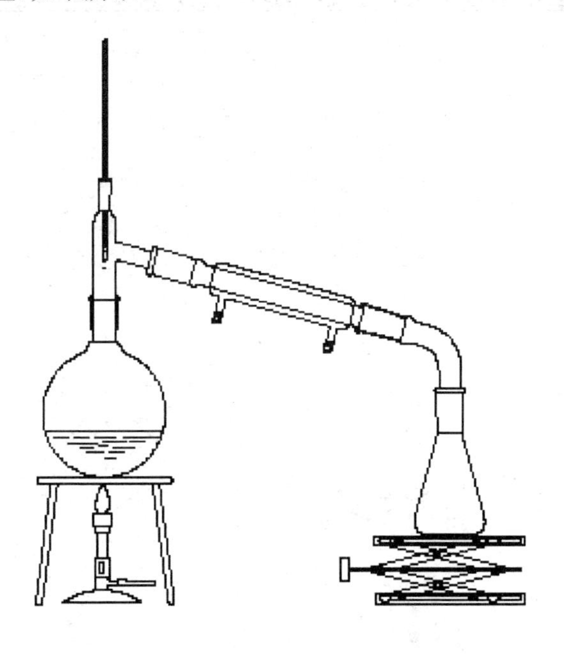

4.3 ISIS/Draw 绘图介绍

4.3.1 ISIS/Draw 简介

ISIS/Draw 是 MDL Information Systems Inc. 开发的，以其强大的功能及与 MS Office 套件较好的兼容性而在国内化学界广泛使用。该软件为自由软件，无需注册，可自由下载使用，无使用期限。目前常用版本是 2.5 的英文版，尚无中文版出现，可做汉化补丁。

ISIS/Draw 的功能并没有 ChemDraw 那么强大，它无法生成 3D 结构，没有提供查询和检索功能，虽然也有大量模板，但其数量显然没有 ChemDraw 多，也不具备实验仪器模板，它没有电子及电子对模板，没有电子轨道模板。尽管如此，但其拥有小巧的体积、免费的服务，与 ChemDraw 相较除上述功能缺失之外，其他功能几乎全部具备。ISIS/Draw 是一个非常受欢迎的化学作图软件。

4.3.2 ISIS/Draw 的菜单功能

安装好 ISIS/Draw 后，打开该程序，显示如下窗口。

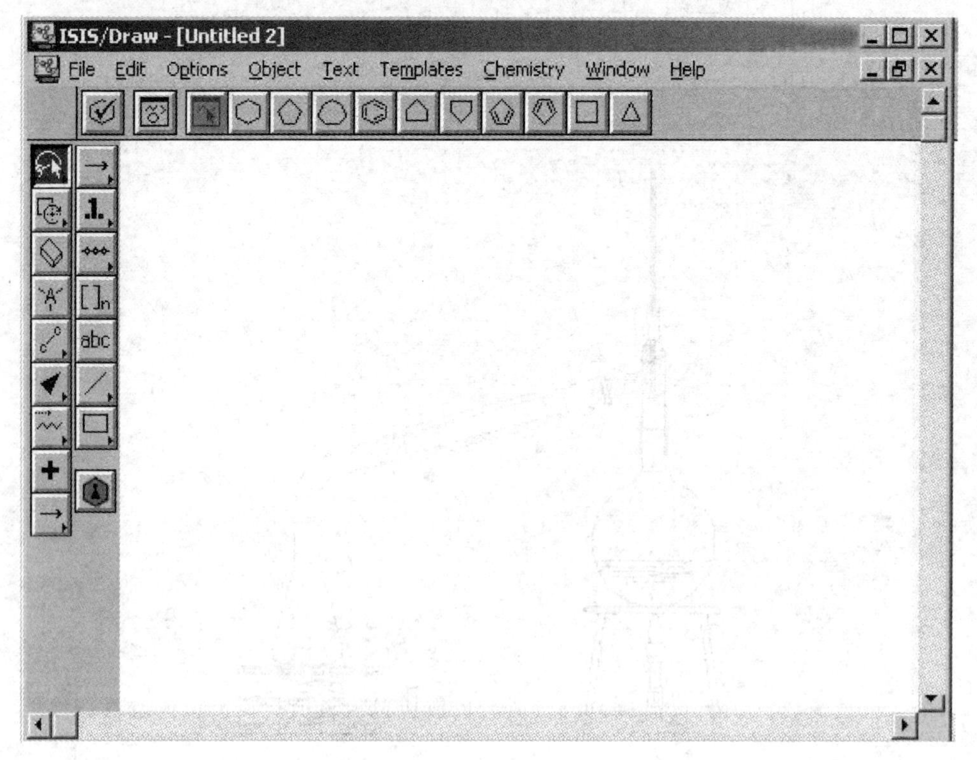

先来看一下菜单栏，它跟我们经常用的 Office 系列软件有些相似，分为文件“File”，编辑“Edit”，选项“Options”，对象“Object”，文本“Text”，模板“Templates”，化学“Chemistry”，窗口“Window”，帮助“Help”，共九大块。

File　Edit　Options　Object　Text　Templates　Chemistry　Window　Help

其中“Templates”中提供很多现成的模板以供选择，与 ChemDraw 一样，只要选中它，再在屏幕上轻轻一点，图形就出来了。ISIS/Draw 的模板没有 ChemDraw 那么丰富，但是可以将常用的图形保存为模板，以便后续使用。

“File”菜单

可以实现新建一个文档、打开已有文档、插入本软件支持的文件、关闭文件页面、保存、另存为、输入输出各种格式的文件、打印设置、打印预览、退出程序等。

“Edit”菜单

可以实现撤销、剪切、复制、粘贴、粘贴为链接、双击可以追溯到出处、清除、链接、插入对象、全选、选择化学组、复制一份当前选中的对象、设置新原子等。

“Options”菜单

可以实现缩放、显示比例、显示网格、显示标尺、贴近标尺、贴近对象、显示原子图、显示 Inv/Ret 标记，以及设置字体、化学键、结构式、线条、箭头、标尺等。

“Object”菜单

可以实现编辑分子原子、化学键及字体，以及带到最前、送到最后、对齐、检查分子、翻转、旋转、显示比例设定、组合、取消组合、剪修、平滑、取消平滑、对齐网格等。

“Text”菜单

可以实现设定字体、字号、对齐、加粗、倾斜、下划线、上标、下标、公式等。

“Templates”菜单

可以实现自定义菜单和工具，插入、移除相关选项，定制工具栏，设置第一模板文件夹，设置第二模板文件夹等。

4.3.3　ISIS / Draw 的工具栏

打开 ISIS/Draw 跟随程序启动的工具条有两个，它们不可单独关闭，也不可移动。其中一个是菜单栏下边的环工具。如下所示。

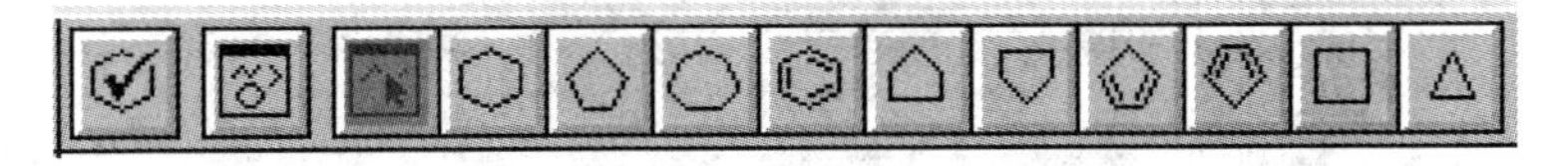

左边第一个按钮，是对方程式进行检查的，有错会给出警告。第二个按钮是打开模板最后一页。其他都是环结构，如各种环烷烃、环烯、苯环等环结构。当然我们可以在工具条上的任何地方单击鼠标右键，出现快捷菜单，选择

“Customize Menu and Tool”命令,可以通过它对工具进行个性化设置。

另一个是窗口左边的常用工具条,其功能简介如下。

以上这些工具,选取后到文档窗口中单击,即可绘出需要的图形。要输入分子式的化学符号,只需选中左边工具条的第四个“原子输入工具”,输入相关的符号和数字,例如我们要写碳酸钠的化学式,只要选中该图标,单击,然后直接输入“Na2CO3”,不用区分大小写,接着按回车键,“Na_2CO_3”分子式就自动出来了;要输入氧离子,直接输入“O2－”,回车,系统就识别为“O^{2-}”。另外,ISIS/Draw 还提供了即时帮助功能,只要点击任一工具按钮,按钮下方就会显示操作方法和工具按钮的作用,无需到众多帮助文件中去寻找,这是 ISIS/Draw 独特的友好界面。

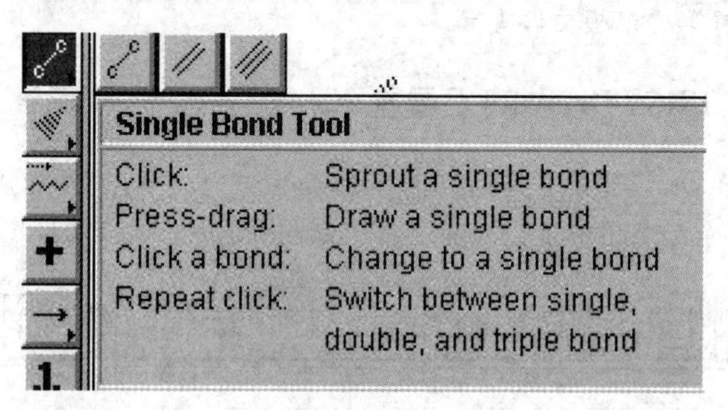

作为一个体积小巧、功能完备的化学作图软件,ISIS/Draw 使用起来容易上手,它自带模板、界面直观、使用方便。下面我们就通过例子来说明。

4.3.4　用 ISIS / Draw 绘制分子式

分子式绘制的基本步骤如下。

(1)在模板工具条或模板上选取相应的官能团,绘出基本框架;

(2)在框架上进行原子、键及分子编辑,绘制出目标结构式;

(3)运行“Chem Inspector”,进行结构式检查,确保所绘结构式的正确性。

①运用模板画结构式:模板可以从窗口上方模板工具条选取,也可点击菜单栏上“Templates”项,下拉菜单有程序自带的数十类几百个模板,从芳环、多元环、羰基化合物到糖、氨基酸等,使用十分方便。点击选取后直接在窗口中欲绘制处点击左键即可。同时窗口上的模板工具条也可根据日常研究工作的需要进行定制。方法是在工具条上点击右键,出现快捷菜单,选择“Customize Menu and Tool”,弹出定制对话框,将所需官能团移至工具条上点击“OK”。

②键、链、原子或原子团的绘制:单击左边垂直工具条上“Bond”或“Chain”工具按钮,选取单键、双键、三键或链,在绘图区单击鼠标左键或按住左键拖动鼠标即可绘制键或链。单击左边垂直工具条上“Atom”工具按钮,在欲绘部位单击左键,即出现文本输入框,可以直接从键盘输入或从下拉菜单中选取欲输入的原子或原子团。

③键、链、原子及原子团的编辑:点击左边工具条上的“Select”按钮,双击欲编辑的键或原子及原子团,弹出编辑对话框,有很多原子格式的设定,在对话框中修改完毕后点击“OK”按钮即可。

④结构图的等比例放大或缩小:使用模板工具栏中的模板在窗口中绘制出的图形往往比实际需要的图形大或小,因此常常需要进行缩放处理。点击“Select”按钮选中图形后,按住右下角拖动即可放大或缩小结构图,同时右上角出现放大、缩小百分比。松开鼠标后,会弹出一个对话框,询问以后绘制的结构图是否按此比例放大或缩小,这样可以保证所有的结构式均为相同尺寸,以免大小不一。

例如,绘制维生素 D_2 的结构式。

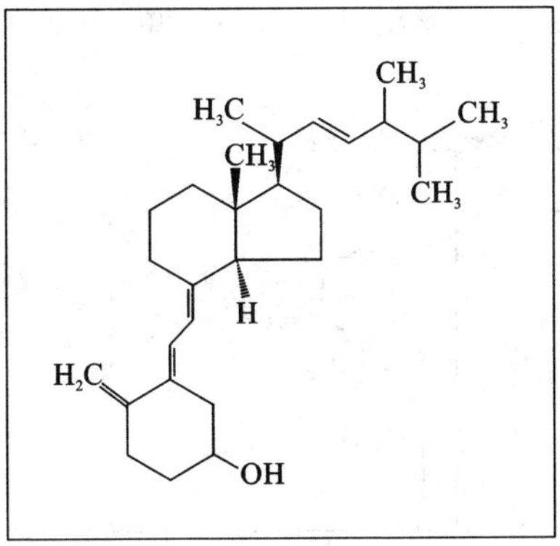

(1)新建一个页面,选取六元环工具,在页面空白处单击,绘制一个六元环,再选取一个五元环工具,单击,绘出五元环,选择左侧工具条第一个工具“Select”,将五元环和六元环结合到一起。

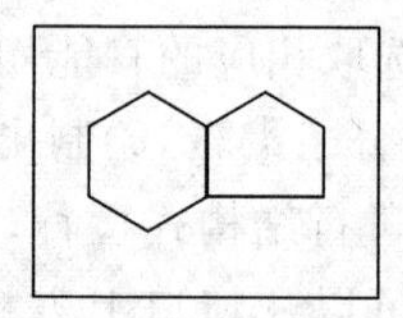

(2)选择楔形键,在五元环顶点处拉出一根楔形单键,再选择链工具,绘制出六个单键,选择单链,将它与楔形单键组合。

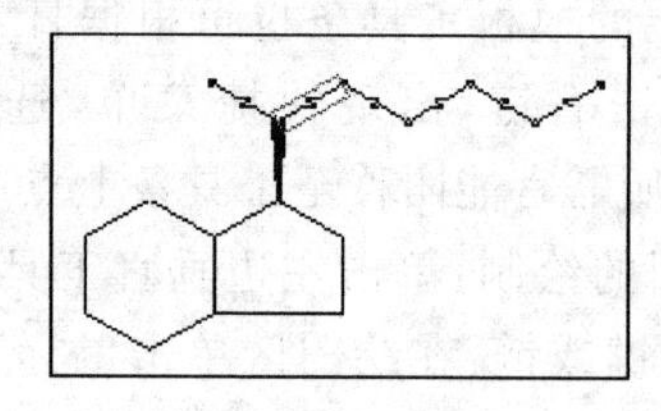

(3)选择单键和双键工具,在六元环上连接一个丁二烯,再绘制一个六元环与它相连。

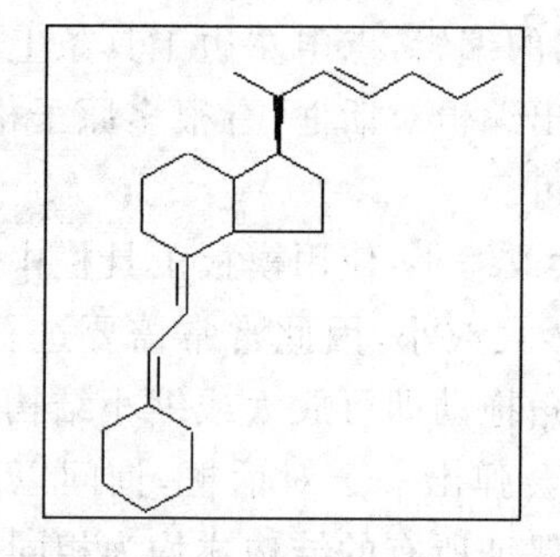

(4)完成其他单键、双键。(注意键与键连接时,选择键工具后,将鼠标挪到要连接的位置,当鼠标变成正方形的小方框时,单击,即可绘制出连接紧密的化学键。)

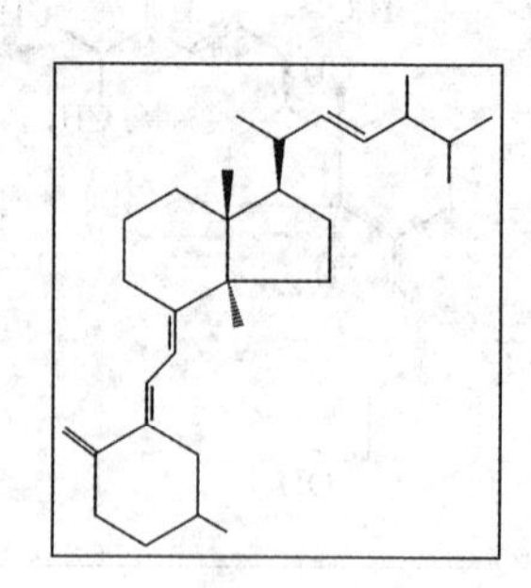

(5)选用原子工具，在相应位置写上原子及原子团。注意，先写一样的基团，因为 ISIS/Draw 有一个记忆功能，下一次写入内容自动沿用上一次的输入，一样的内容就不用再输入。不同的内容可以改写。维生素 D_2 的结构式绘制如下。

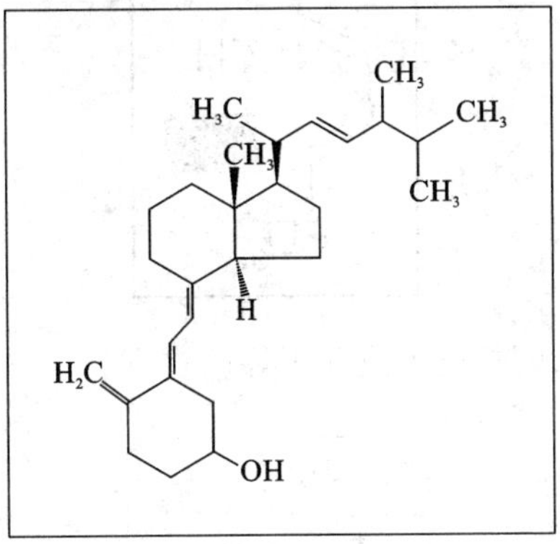

4.3.5　用 ISIS / Draw 绘制反应方程式

绘制如下电环化反应。

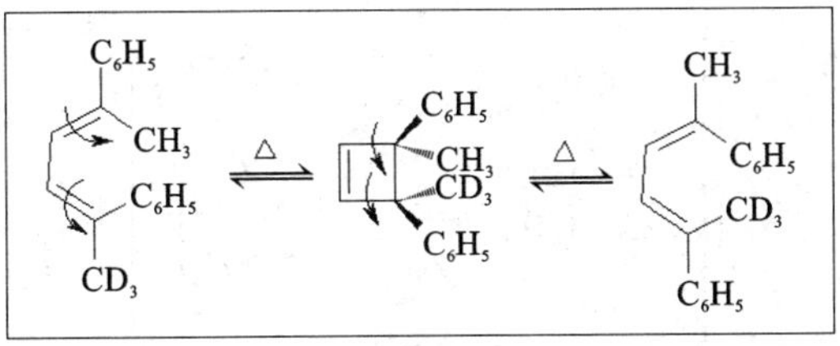

2,5-二苯基-2,4-己二烯中的一个甲基用氘标记后，发现电环化反应的机理，CD_3 发生位置变化。

(1)新建一个页面，选取苯环工具，在页面空白处单击，绘制一个苯环，用旋转工具旋转它的方向，再用橡皮工具擦掉右侧的双键。

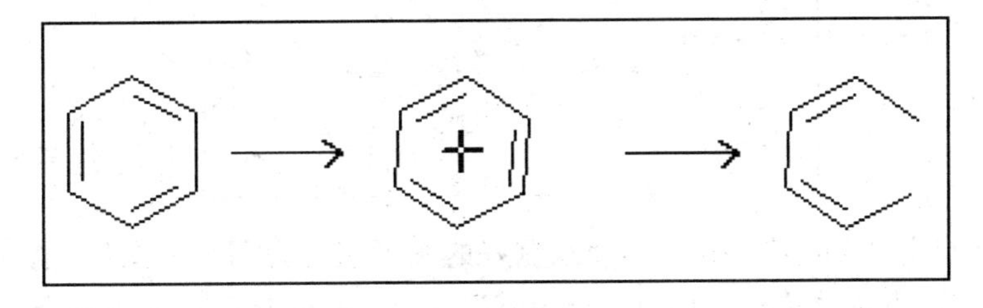

(2)选取原子输入工具，绘制出 2,5-二苯基-2,4-己二烯分子。

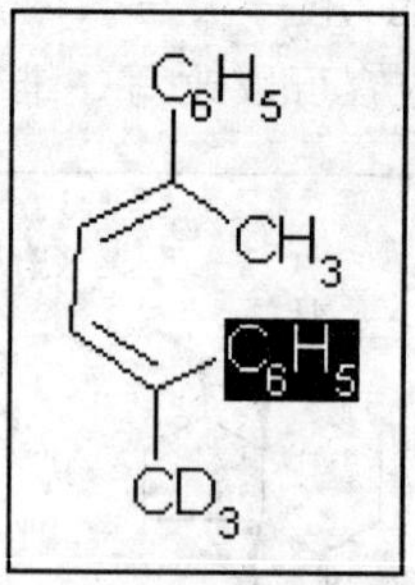

(3)绘制箭头表示二烯断裂生成环丁烯的过程。

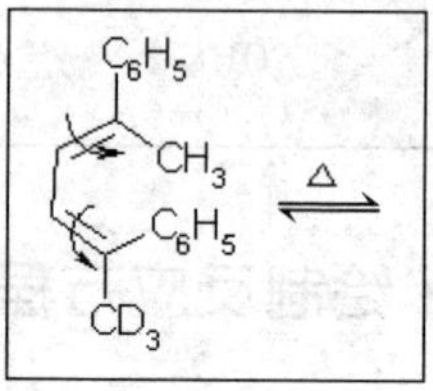

(4)生成环丁烯之后,发生重排,历程如下。

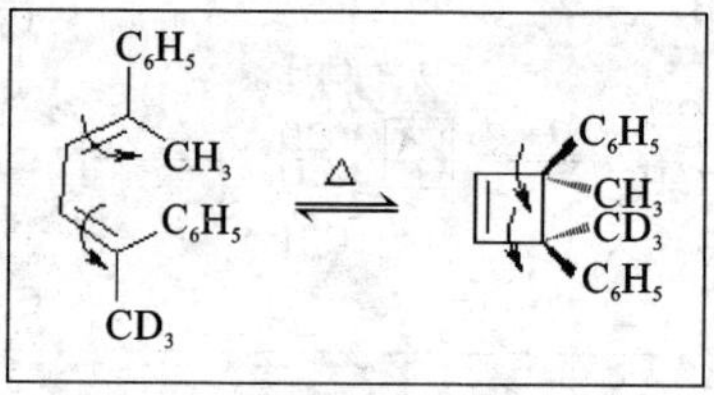

(5)最终过程如下。这个反应是可逆的,用双向箭头表示,加热符号用三元环缩小后表示。

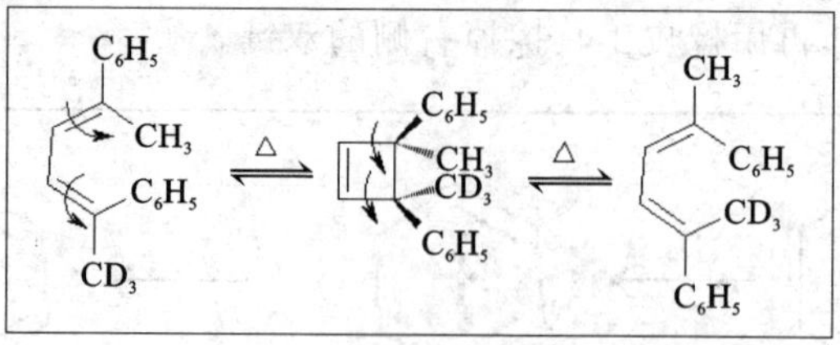

可以点击"Object""Group",将绘制好的图形组合为一个大图形;也可以选中整个反应式,点击菜单栏上的"Chemistry""Run Chem Inspector",检查反应式的正确性。

4.3.6　ISIS / Draw 其他功能

1. 图文混排

ISIS/Draw 2.2 支持图文混排方式。有的反应式需在一定的反应条件下进行，反应条件的描述通过文字表达。点击左边工具栏上“Text”按钮，鼠标即变为“＋”形状，在欲写文本处单击左键，输入所需的文本，输完后在任一处单击左键即可（不可按回车键，否则程序认为在换行）。若双击文本，弹出文本编辑框，同其他文字处理软件一样，可以选取字体、大小、颜色等修改文本属性。修改完毕，点击“Select”按钮，选中结构式及文本。点击菜单栏“Object”“Group”，即将结构式与文本组合为一个完整的对象，再进行整体拷贝、剪切、粘贴等编辑操作。如氨气的生成反应，描述如下。

$$3H_2 + N_2 \xrightleftharpoons[\text{催化剂}]{\text{高温、高压}} 2NH_3$$

氢气　氮气　　　　　　　氨气

2. 3D 图形旋转

ISIS/Draw 支持二维平面旋转，还可进行立体 3D 旋转。选中欲旋转的结构式，点击左边工具栏“3D Rotate”按钮，鼠标变为旋转符，点击结构式，按住鼠标左键旋转直至满意角度，即可观察化合物的空间结构图形，这一功能对分析化合物立体结构是相当有用的。

以下即为环戊烷进行不同角度的 3D 旋转的情况。

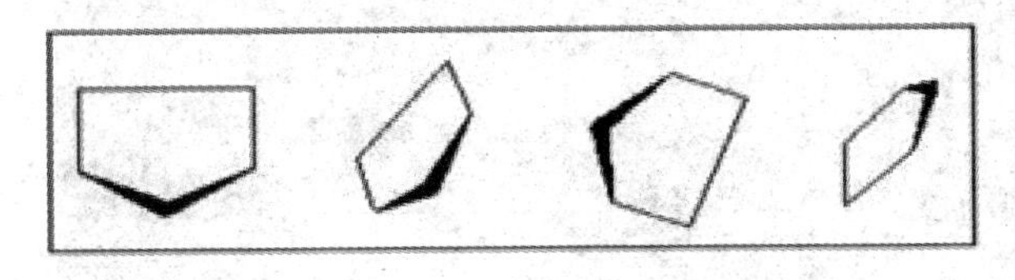

3. 分子量及元素分析

结构式绘制完毕，利用程序内嵌的库函数可计算出分子量及元素分析理论值。选中欲计算的结构式，点击“Chemistry”“Calculate Mol ValUers”“Calculate”，即在结构式下方给出计算出的分子量及各元素百分含量。如三聚氰胺的分子式及各元素含量计算结果如下。

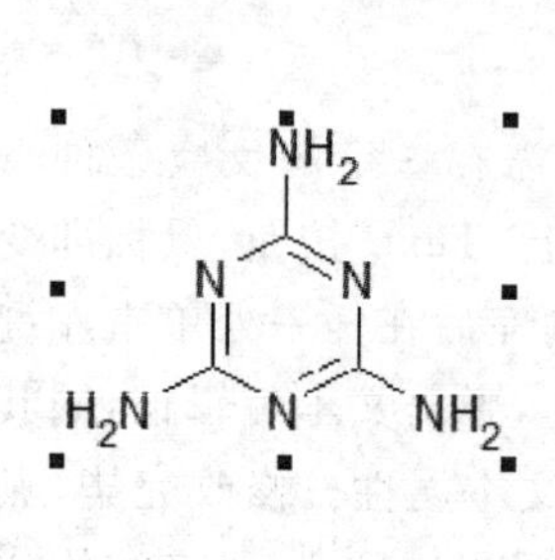

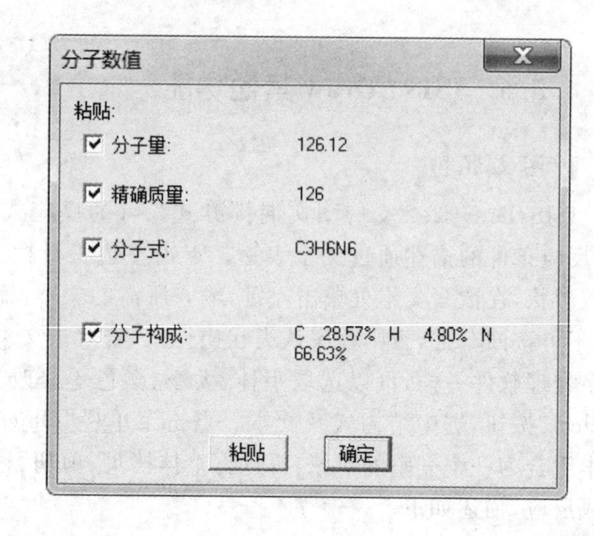

4. 模型图的展示

选中结构式，点击“Chemistry”“View Molecule in Ras Mol”，即调出分子模型展示程序 RasMol 2.5 版。点击菜单栏上“Display”“Ball & Stick”，即展示出所绘结构式的模型图。该图形可存为 BMP、GIF 等图形格式。点击菜单栏“Export”“BMP”，弹出保存对话框，给出保存路径及文件名，单击“确定”按钮。下图即为三聚氰胺的分子模型图。

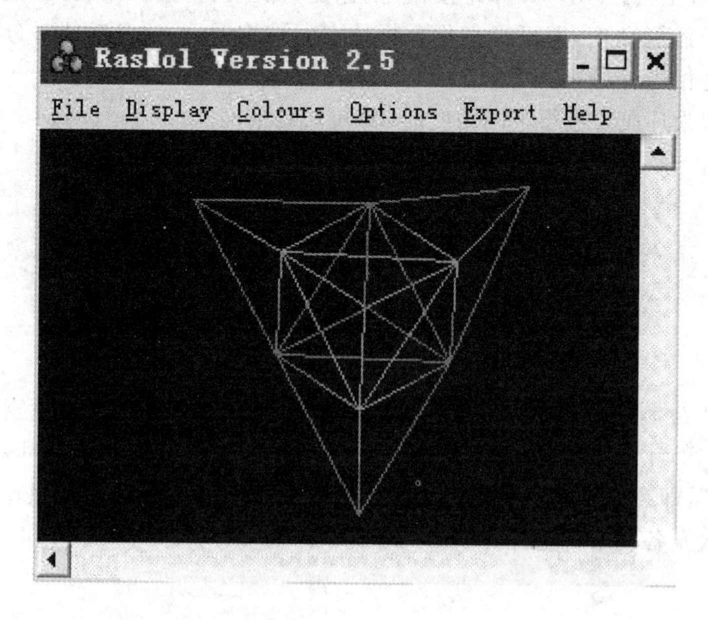

第5章 绘图及数据分析软件 Origin

Origin 是由 OriginLab 公司开发的绘图、数据分析软件，OriginLab 是美国马萨诸塞州的一家著名软件公司，致力于为科学家和工程师提供全面的数据解决方案。Origin 的工作表使用简单，采用图形化的、直观的方式，有菜单、窗口和工具栏，支持鼠标右键、支持拖拽方式绘图。它以列为对象，每一列都有相应的属性，如数据单位、名称、型号等，也能自定义其他属性。它的主要功能在于数据分析和绘图。数据分析可以是数据的计算、排序、统计、调整、曲线拟合等。Origin 绘图可以使用模板，软件本身提供了几十种二维和三维绘图模板，用户还可以自己定制模板。绘图时只用选择合适的模板，图形即可呈现，不满意可以更换模板。

Origin 需要在 Windows 下运行，能绘制各种 2D、3D 图形。它的数据分析功能包括曲线拟合、数据统计、信号处理、峰值分析等。Origin 中的曲线拟合采用 Levernberg-Marquardt 算法的非线性最小二乘法。Origin 还有强大的数据导入功能，支持多种格式的数据。形成的图形支持多种格式输出，如 JPEG、GIF、TIF 等。Origin 内置有查询工具，可以通过 ADO 访问支持的数据库，可以和各种数据库软件、办公软件、图像处理软件更好地连接。

5.1 Origin 工作界面

5.1.1 Origin 的工作环境

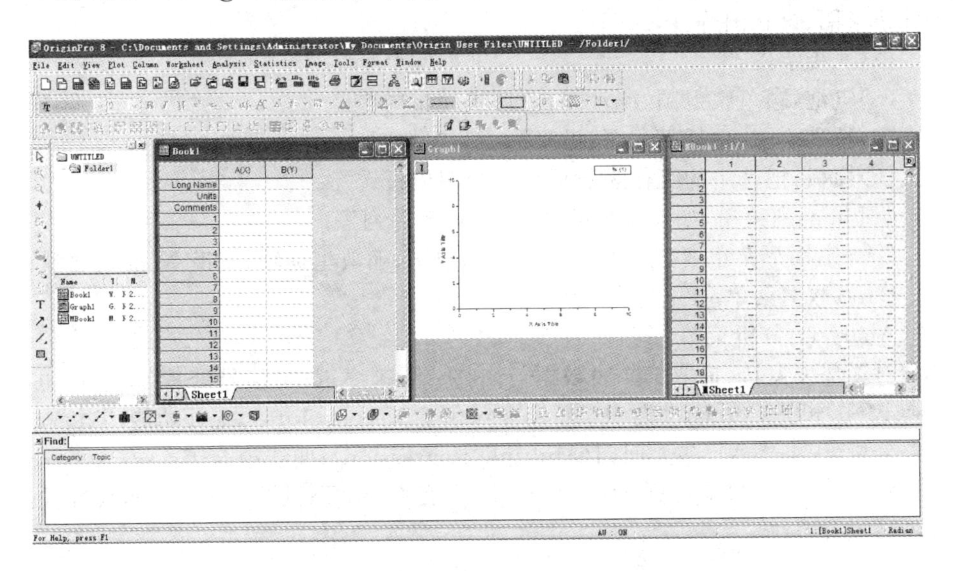

Origin 有类似 Office 的多文档界面,主要包括以下几个部分。

(1)菜单栏:顶部,可实现大部分功能。

(2)工具栏:菜单栏下面,最常用的功能都可以在此实现。

(3)绘图区:中部所有工作表、绘图子窗口等都在此区域。

(4)项目管理器:底部偏上,类似资源管理器,可以方便切换各个窗口。

(5)状态栏:底部,标出当前的工作内容及鼠标指到某些菜单按钮时给出的说明。

示例如下。

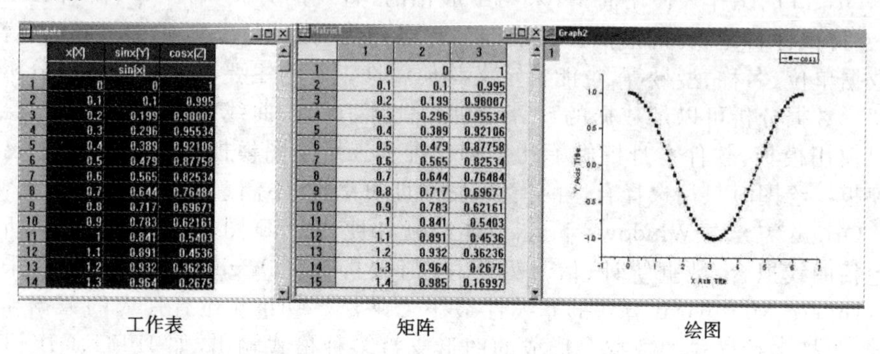

工作表　　　　矩阵　　　　绘图

5.1.2　Origin 的菜单栏

File:文件菜单,打开文件、输入输出数据图形等。

Edit:编辑菜单,包括数据和图像的编辑等,比如复制、粘贴、清除等。

View:视图菜单,控制屏幕显示。

Plot:绘图菜单,主要提供以下 5 类功能。

(1)二维绘图:包括描点、画线、直线加符号、特殊线加符号、柱形图、条形图、特殊条形图、饼状图等。

(2)三维绘图。

(3)气泡,彩色映射图、统计图,图形版面布局等。

(4)特种绘图:包括面积图、极坐标图和向量图。

(5)模板:把选中的工作表数据导入绘图模板。

Column:列菜单,如设置列的属性、增加删除列等。

Graph:图形菜单,包括增加误差栏、函数图、缩放坐标轴、交换 X 和 Y 轴等。

Data:数据菜单。

Analysis:分析菜单。

对工作表窗口:提取工作表数据;行列统计;排序;数字信号处理(快速傅里叶变换 FFT、相关 Corelate、卷积 Convolute、解卷 Deconvolute);统计功能(T 检验)、方差分析(ANOVA)、多元回归(Multiple Regression);曲线拟合等。

对绘图窗口:数学运算;平滑滤波;图形变换;FFT;线性多项式、非线性曲线等各种拟合方法。

Plot 3D：三维绘图菜单，根据矩阵绘制各种三维条状图、表面图、等高线等。

Matrix：矩阵功能菜单对矩阵的操作，包括矩阵属性、维数和数值设置，矩阵转置和取反，矩阵扩展和收缩，矩阵平滑和积分等。

Tools：工具菜单。

对工作表窗口：选项控制；工作表脚本；线性、多项式和 S 曲线拟合。

对绘图窗口：选项及层控制；提取峰值；基线平滑；线性、多项式曲线拟合。

Format：格式菜单。

对工作表窗口：菜单格式控制、工作表显示控制，栅格捕捉、调色板等。

对绘图窗口：菜单格式控制；图形页面、图层和线条样式控制，栅格捕捉，坐标轴样式控制和调色板等。

Window：窗口菜单，控制窗口显示。

需要注意的是菜单栏的结构取决于当前的活动窗口。

编辑工作表时的菜单如下：

File　Edit　View　Plot　Column　Worksheet　Analysis　Statistics　Image　Tools　Format　Window　Help

绘图时的菜单如下：

File　Edit　View　Graph　Data　Analysis　Tools　Format　Window　Help

矩阵窗口时的菜单如下：

File　Edit　View　Plot　Matrix　Image　Analysis　Tools　Format　Window　Help

5.1.3　Origin 的工具栏开启方法

点击菜单中的“View/Toolbars”，出现对话框，在“Toolbar”选项卡中勾选所需的工具栏。

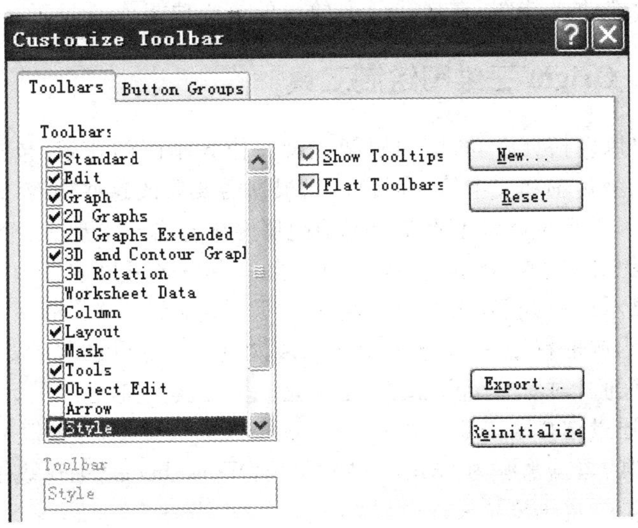

5.1.4 新建 Origin 工作表

Origin 的工作内容一般用建立项目来实现，包括以下几个项目。

工作表窗口：Worksheet。

绘图窗口：Graph。

函数图窗口：Function Graph。

矩阵窗口：Matrix。

版面设计窗口：Layout Page。

保存项目时默认后缀名：OPJ。

自动备份功能：Tools-Option-Open/Close 选项卡“Backup Project Before Saving”。

添加项目：File-Append。

刷新子窗口：若修改了绘图或工作表子窗口的内容，一般会自动刷新；若没有，请点击 Window-Refresh 刷新。

Origin 工作表的主要功能是组织绘图数据，在工作表中能方便对数据进行操作、扩充和分析。工作表的基本操作包括在工作表中添加、插入、删除一段行和列以及行、列转换等。可以直接在 Origin 工作表的单元格中进行数据添加、插入、删除、粘贴和移动，还可以从文本等数据文件中导入数据，或者通过剪切板交换数据、在列中输入相应行号或随机数、用函数或数学计算式实现对列输入数据等。

5.2 Origin 二维图形的绘制

Origin 的绘图功能非常强大，十分灵活，能绘制几十种样式精美、符合科技论文要求的二维数据曲线图，它是 Origin 绘图的核心功能。

5.2.1 Origin 二维图绘制工具

Graph 窗口包括页面、图层和框架。页面作为制图的背景，包括几个必要的组成部分：层、坐标轴和文本等。用户可以根据需要修改这些内容，但每个页面至少含有一个层，否则页面将不存在。每个图层至少包含三个要素：坐标轴，数据制图和与之相联系的文本或图标。在 Graph 窗口中最多可以放置 50 个层，但图层标记上只能显示一位数字，比如把图层 3、23、33 均显示为 3。框架是个长方形的方框，将绘图区域框在里面，对于二维图形来说就是坐标轴的位置，三维图形部分在坐标轴的外面。对于 Graph 来说，框架是独立于坐标轴之外的元素，坐标轴可设为隐藏，可通过选择菜单命令 View-Show-Frame 来显示/隐藏框架。

二维绘图的数据来源为 Origin 的工作表（Worksheet），工作表中的数据可以直接从键盘输入，也可以从文件中导入。

列属性设置：工作表中的列的属性可以设置为 X，Y，Z，L（标签），X Err（X 误差），Y Err（Y 误差）或 Disregarded（无关列）中的一种，列的属性决定了其数据绘图属性。

例如，输入数据如表 5-1 所示，数据按照 X、Y 坐标存为两列。

表 5-1　二维绘图数据

A	B
0	0
0.1	0.1
0.2	0.5
0.3	0.8
0.4	1
0.5	2
0.6	2.5
0.7	10
0.8	15
0.9	16
1	30

Graph 工具条只有激活 Graph 或 Layout 窗口时才能使用。该工具条提供了缩放功能，重新标定坐标轴以显示所有数值，可将各层在多个 Graph 窗口中显示，添加颜色、图例、坐标、时间等按钮。2D Graphs 工具条提供了普通制图模板，包括直线、散点、饼图和极坐标等。2D Graphs Extended 工具条提供了更多的制图模板，如下所示。

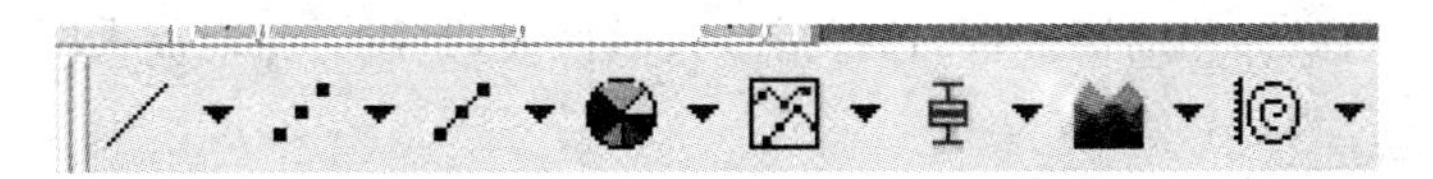

最快捷的绘图方法是选中作图的数列（可以只选工作表中的部分数据），单击工具栏上的绘图命令即可。若未选数据进行绘图，则会弹出“Select Columns for Plotting”对话框，在此对话框中可以设置数据列的属性，添加、删除作图数据列。

根据表 5-1 中两列数据作图，可得如下二维曲线：

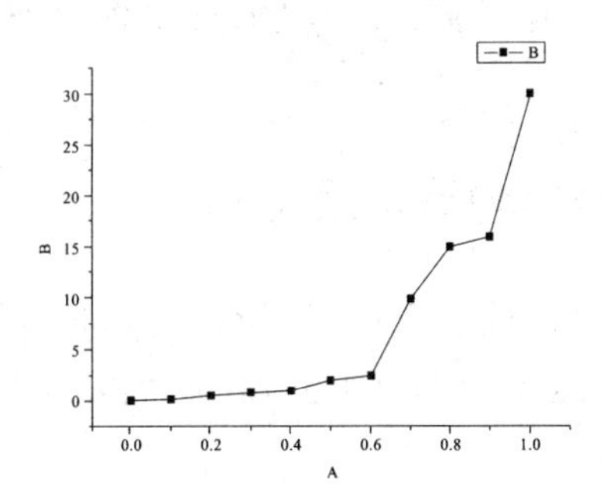

5.2.2 Origin 图形操作

如果所作图形的数据点太密，曲线相隔很近，不易观察，或者希望了解图形中的某一局部区域的详情，Origin 提供了丰富的图形观察和数据读取工具，可以实现对图形的有效分析。以下工具经常用到。

Enlarge：局部放大数据曲线；

Zoom：缩放；

Data Selector：选择一段数据曲线，作出标记；

Data Reader：读取数据曲线上选定点的 X、Y 坐标值；

Screen Reader：读取绘图窗口内选定点的 X、Y 坐标值。

1. Origin 图形局部放大

单击“Tools”工具栏的“Enlarge”按钮；在想要放大的数据周围按下鼠标左键并拖动，选择数据区，画一矩形框，释放鼠标，完成放大操作。双击“Enlarge”按钮还原。

2. 数据曲线缩放

有时需要将放大前后的数据曲线在同一个绘图窗口中显示，这时就要用到缩放工具。在工作表窗口选中要缩放的曲线所对应的数列；单击“Zoom”命令按钮，则 Origin 将打开有两个图层的绘图窗口，上层显示整条数据曲线，下层显示放大的曲线段。用鼠标移动矩形框，选择需放大的区域，下层会出现放大图。

3. 数据选择

Origin 的数据选择功能是选择一段数据曲线，以作出标记，突出显示效果。单击“Data Selector”按钮，选择标志出现在数据曲线的两端；为了标出目标数据段，用鼠标移动相应的左右数据标记到合适的位置；要隐藏选中范围以外的曲线，选择“Data-Set Display Range”命令；要取消选中部分曲线，选择“Data-Reset to Full Range”命令。

5.2.3 Origin 坐标轴编辑及定制

通过 Origin 坐标轴可以进行“Tick Labels”“Scale”“Title & Format”“Minor Tick Labels”“Custom Tick Labels”“Grid Lines”“Break”选项卡的内容设定。

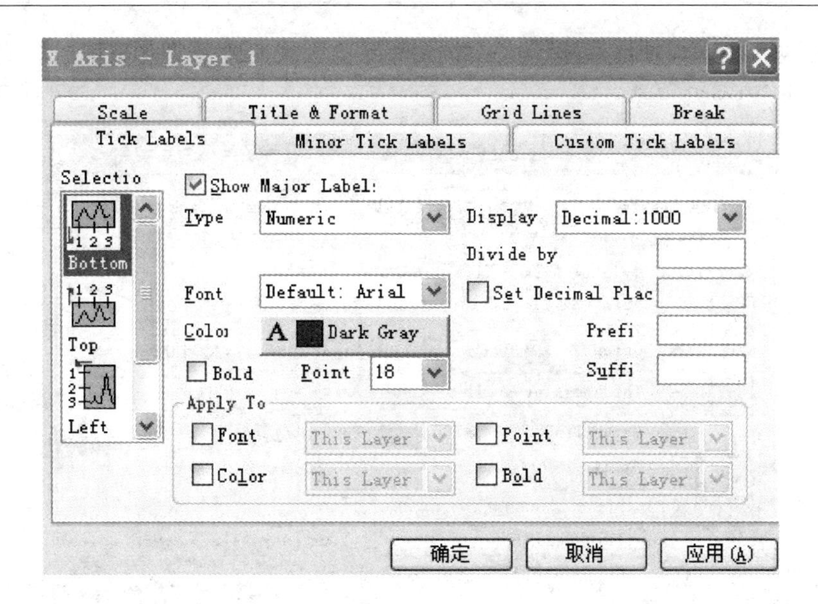

Selection:选择轴。

Show Major Label:显示主要刻度。

Type:选择合适的标签类型。

Format:调整字体的格式。

Font、Color、Bold、Point:字体、颜色、加粗、大小。

Set Decimal Places:小数点位数。

Prefix/Suffix:标签的前缀/后缀。

Apply To:应用设置到其他对象。

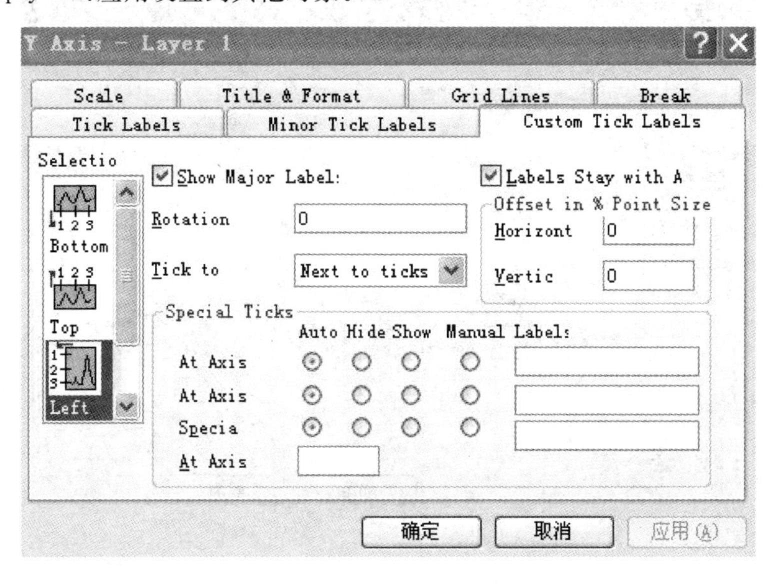

Rotation:坐标轴标签旋转一定的角度。

Tick to:对齐方式。

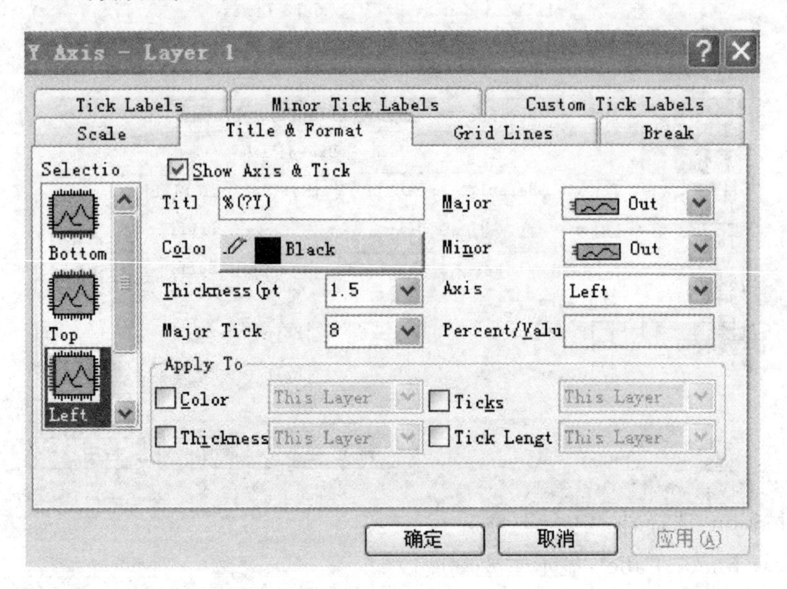

Show Axis & Ticks:显示坐标轴及刻度。

Title:坐标轴标题。

Color、Thickness、Major Tick:坐标轴的颜色、宽带、主刻度。

Major、Minor:主、次刻度的显示方式。

Axis:控制坐标轴的位置。

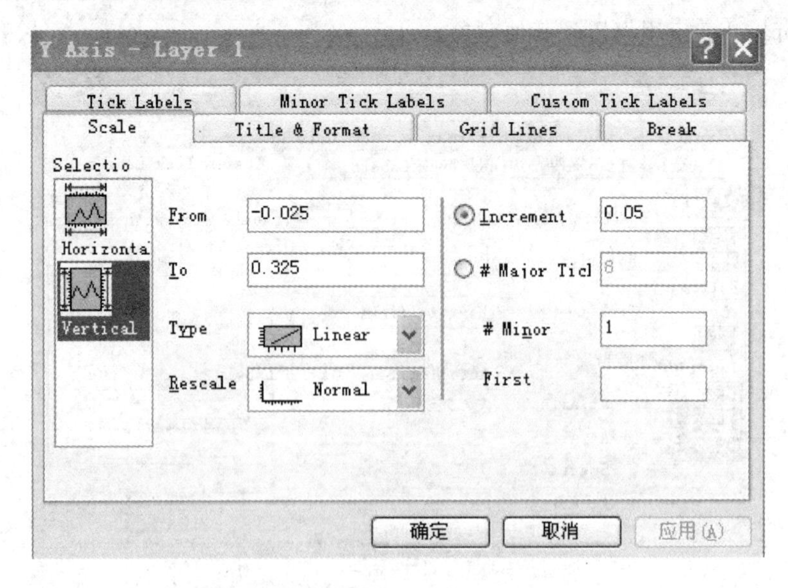

From、to：起始点、终止点。

Type：选择刻度类型。

Rescale：选择坐标刻度规则。

Increment：坐标轴递增步长。

Major Ticks/Minor：主刻度数目/两个主刻度间次刻度数目。

First：针对日期刻度。

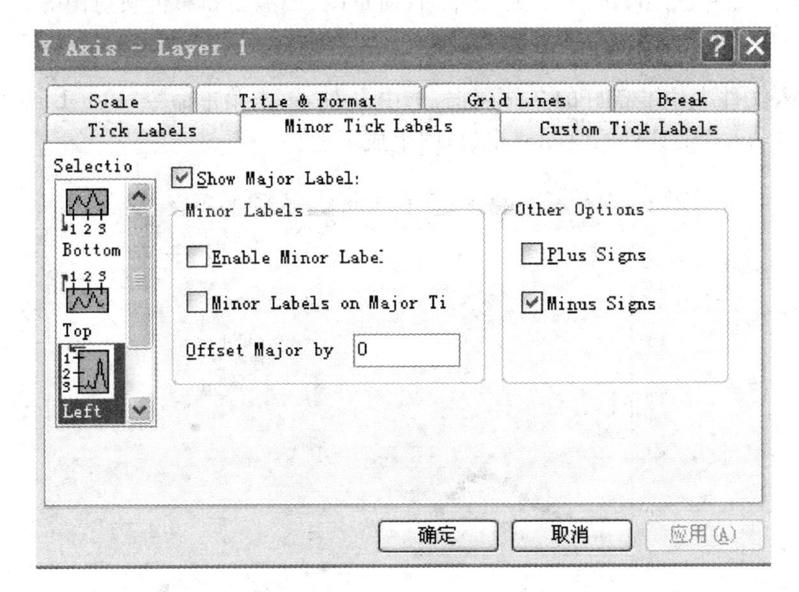

Show Major Label：显示标签。

Plus Signs /Minus Signs：正数前显示“＋”；负数前显示“－”。

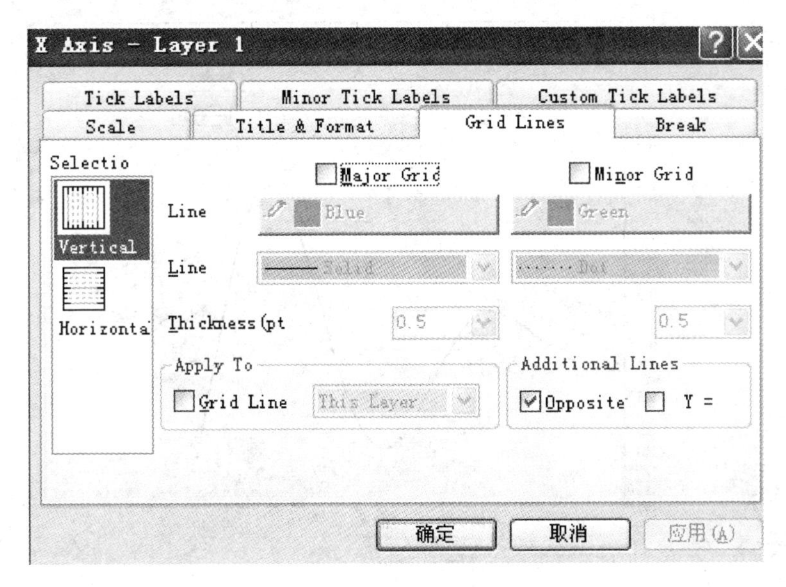

Major Grids/ Minor Grids：显示主格线，线的颜色、类型和宽度/显示次格线。

Additional Lines：选中“Opposite”复选框，则在选中轴的对面显示直线。

5.2.4 Origin 典型单层二维图形绘制

Origin 内置有各种图形模板，主要包含棒状图、柱状图、浮动棒状图、堆叠棒状图、面积图、三角图、饼图、二维瀑布图、向量图、气泡图和彩色映射图等。

1. 绘制线(Line)图

导入文件夹中准备好的文件数据，选中 B 列，单击菜单命令“Plot-Line-Line”，或“2D Graphs”工具栏的“Line”按钮，则生成下图。

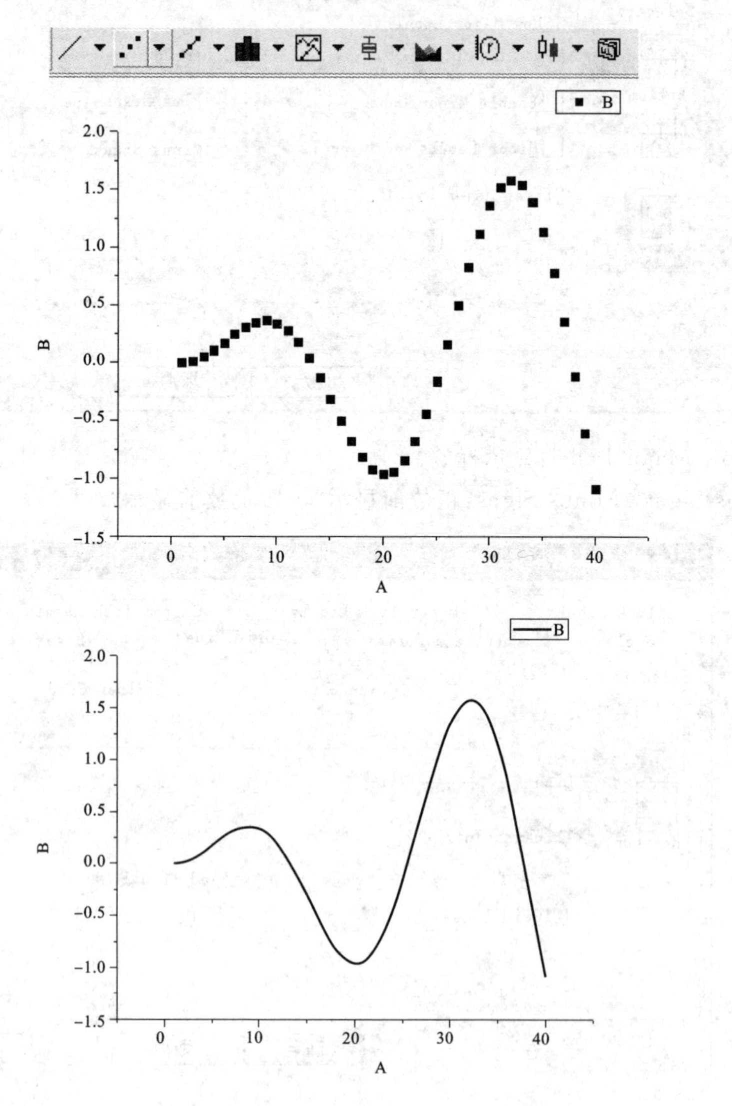

2. 绘制垂线(Vertical Drop Line)图

导入文件中的准备数据，选中 B 列，单击菜单命令“Plot-Symbol-Vertical Drop Line”或“2D Graphs”工具栏的“Vertical Drop Line”按钮。生成下图。

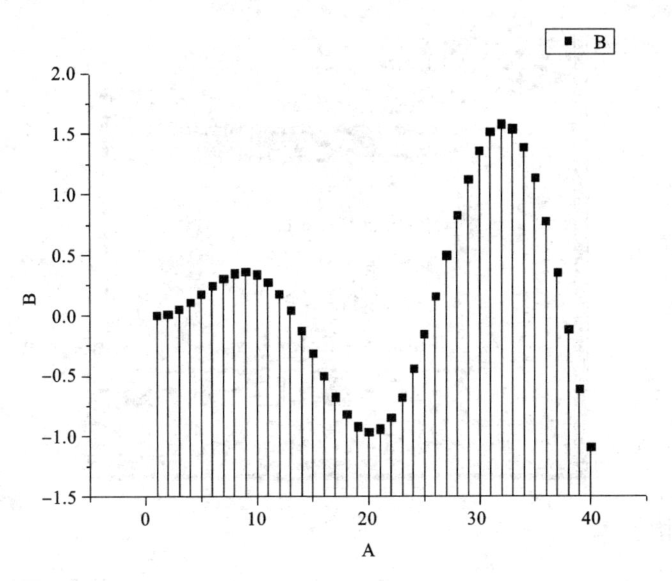

3. 绘制彩色映射(Color Mapped)图

数据要求：用于作图的数据包含两个数值型 Y 列(第 1 个 Y 列用于设定点的纵向位置，第 2 个 Y 列用于设定点的颜色)。导入文件中的准备数据，选中 B、C 两列，单击菜单命令“Plot-Symbol-Color Mapped”或“2D Graphs”工具栏上的“Color Mapped”按钮，生成下图。

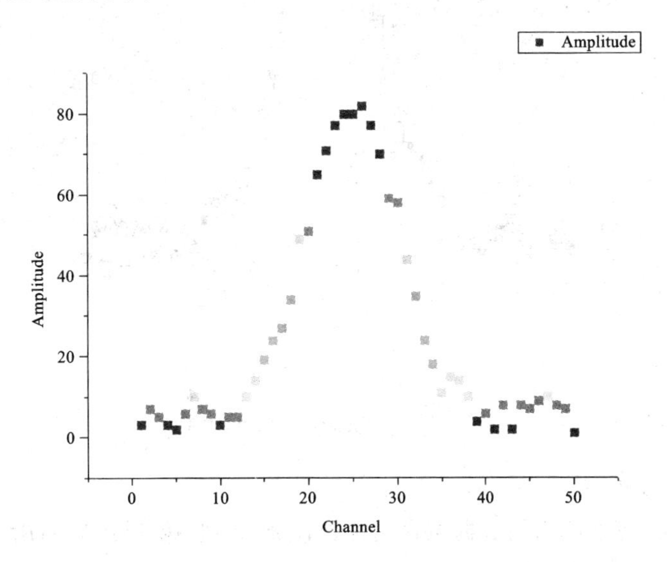

4. 绘制 Y 误差(Y Error)图

导入文件中的准备数据，选中 C 列将其设置为 Y Error 列，单击菜单命令“Plot-Symbol-Y Error”或“2D Graphs”工具栏上的“Y Error”按钮。

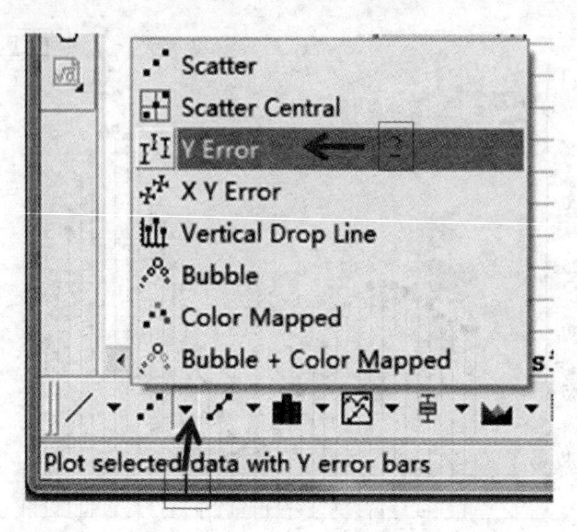

生成下图。

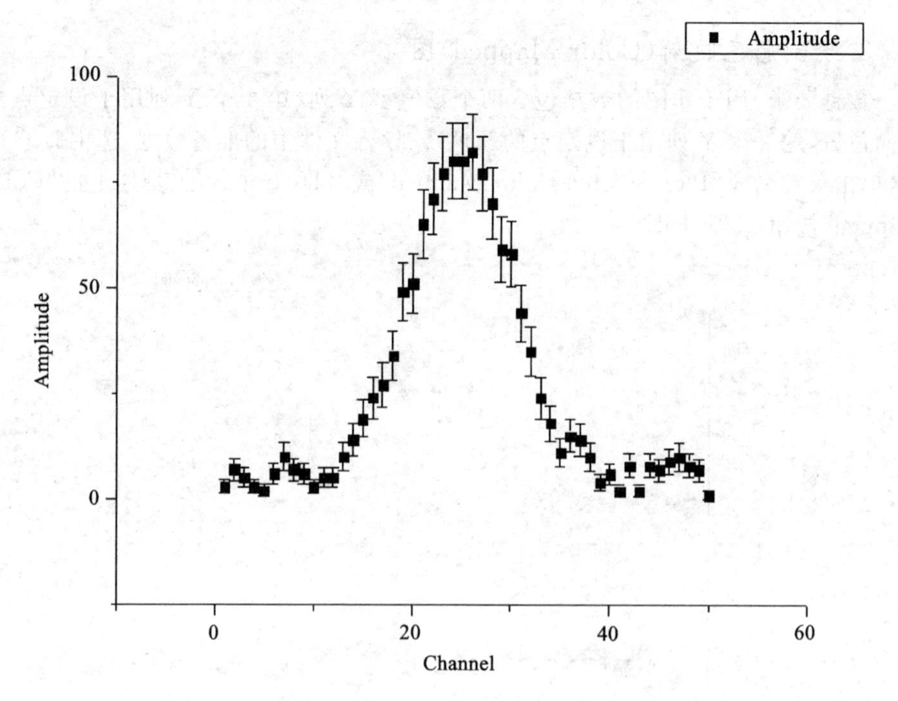

5. 绘制气泡(Bubble)图

数据要求：用于作图的数据包含两个数值型 Y 列(第 1 个 Y 列用于设定气泡

纵向位置,第 2 个 Y 列用于设定气泡的大小)。导入文件中的准备数据,选中 B、C 两列,单击菜单命令"Plot-Symbol-Bubble"或"2D Graphs"工具栏上的"Bubble"按钮,生成下图。

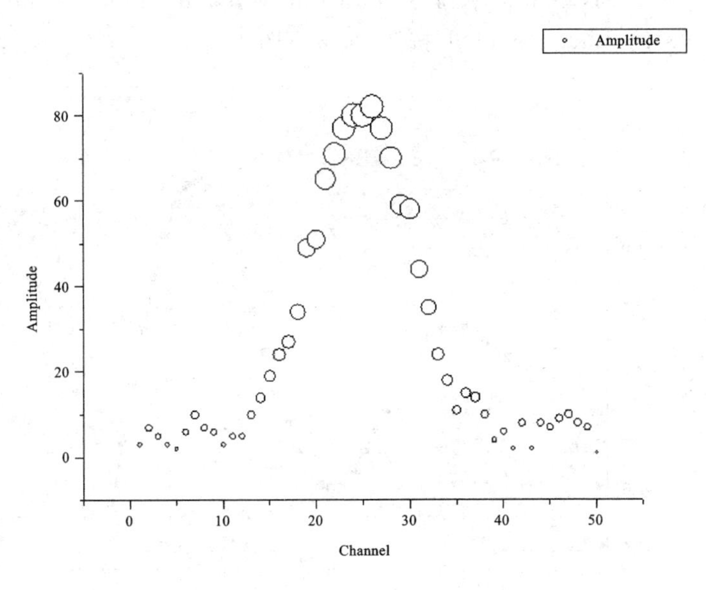

6. 绘制彩色气泡(Bubble+Color Mapped)图

数据要求:用于作图的数据包含两个数值型 Y 列(第 1 个 Y 列用于设定气泡的纵向位置,第 2 个 Y 列用于设定气泡的大小和颜色)。导入文件中的准备数据,选中 B、C 两列,单击菜单命令"Plot-Symbol-Bubble + Color Mapped"或"2D Graphs"工具栏上的"Bubble+Color Mapped"按钮,生成下图。

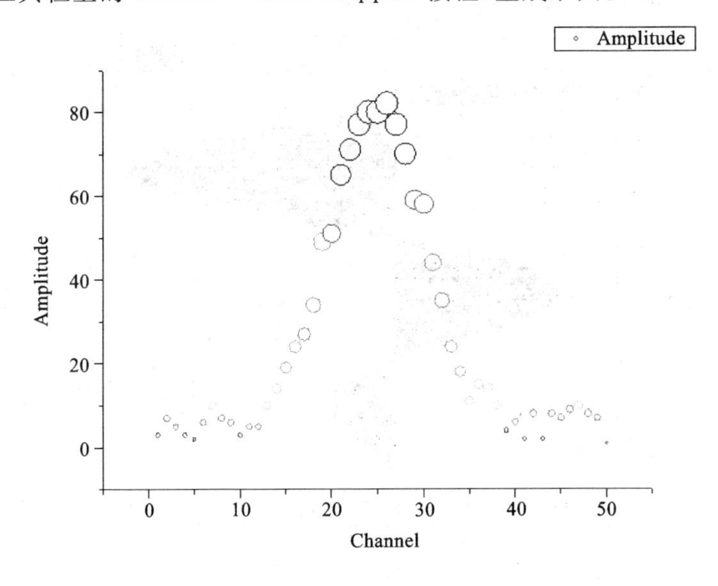

7. 绘制点线(Line+Symbol)图

数据要求:用于作图的数据为数值型且包含一个或多个 Y 列。导入文件中的准备数据,选中 B 列,单击菜单命令“Plot-Line + Symbol-Line + Symbol”或“2D Graphs”工具栏的“Line+Symbol”按钮,生成下图。

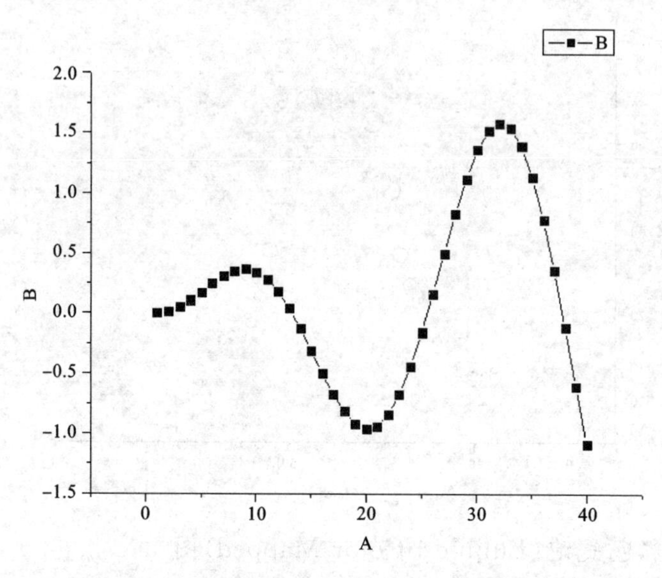

8. 绘制条形(Bar)图

数据要求:用于作图的数据为数值型且包含一个或多个 Y 列。导入文件中的准备数据,选中 B 列,单击菜单命令“Plot-Columns/Bars-Column”或“2D Graphs”工具栏的“Bar”按钮,生成下图。

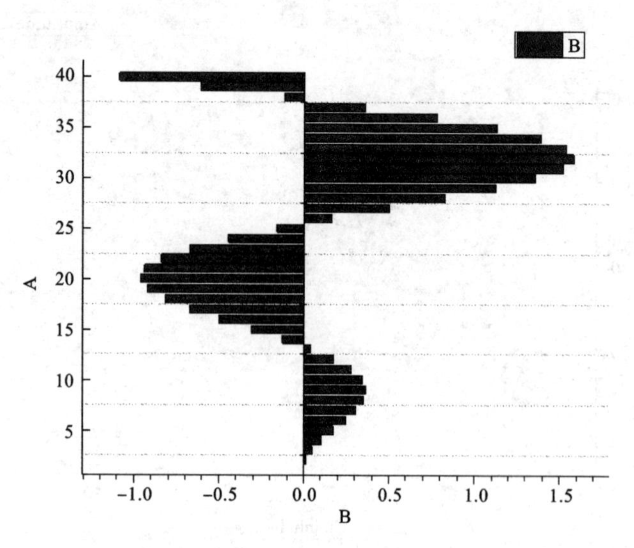

9. 绘制柱形(Column)图

数据要求：用于作图的数据为数值型且包含一个或多个 Y 列。导入文件中的准备数据，选中 B 列，单击菜单命令“Plot-Columns/Bars-Column”或“2D Graphs”工具栏的“Column”按钮，生成下图。

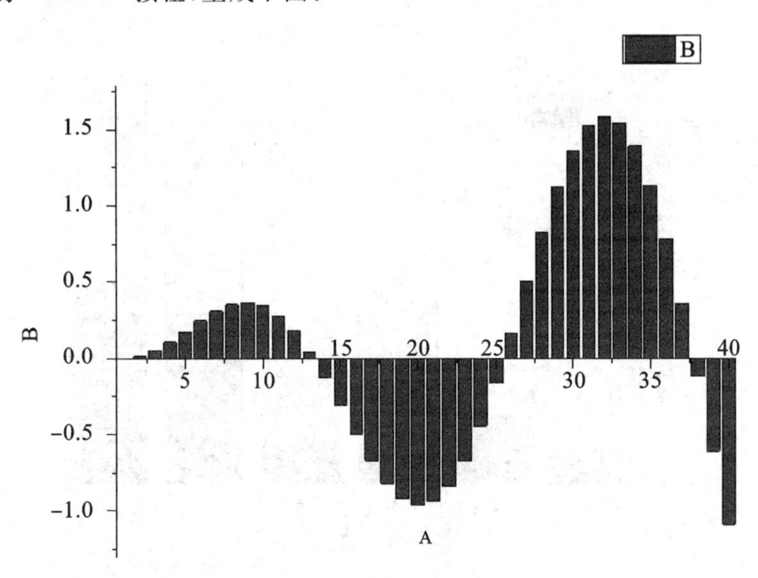

10. 绘制浮动柱形(Floating Column)图

数据要求：用于作图的数据为数值型且包含多个 Y 列。导入文件中的准备数据，选中所有的 Y 列。单击菜单命令“Plot-Colurrms/Bars-Floating Column”或“2D Graphs”工具栏的“Floating Column”按钮，生成下图。

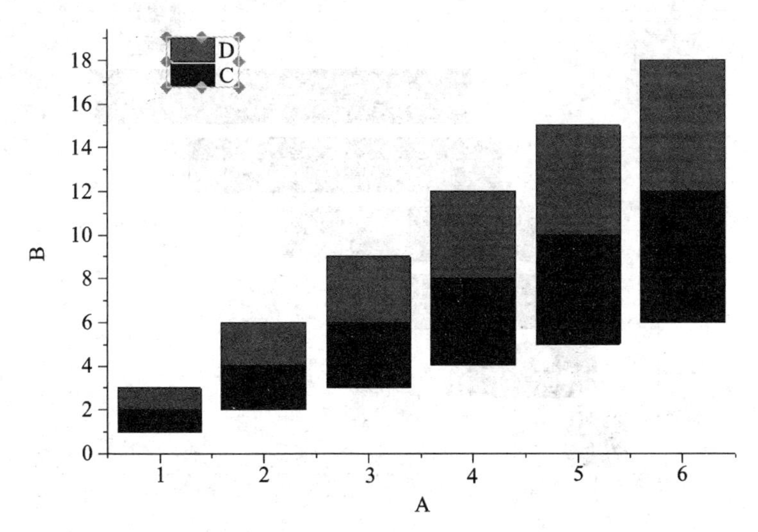

11. 绘制堆垒柱形(Stack Column)图

数据要求:用于作图的数据为数值型且包含多个 Y 列。导入文件中的准备数据,选中所有 Y 列,单击菜单命令"Plot-Columns/Bars-Stack Column"或"2D Graphs"工具栏的"Stack Column"按钮,生成下图。

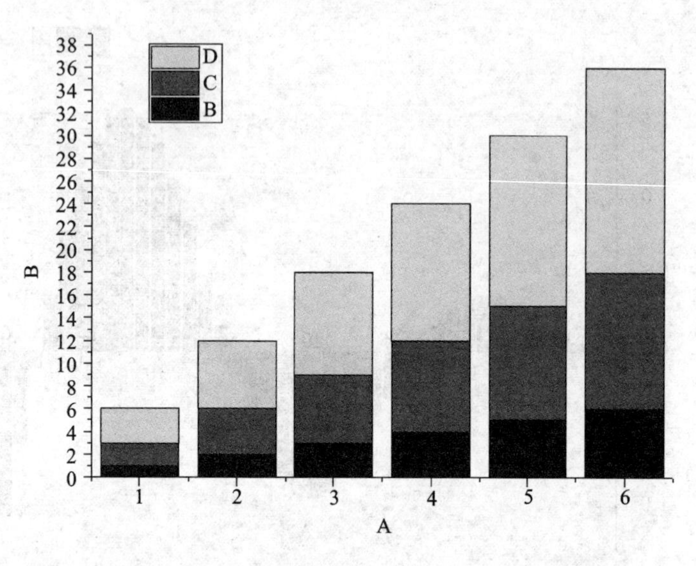

12. 绘制浮动条形(Floating Bar)图

数据要求:用于作图的数据为数值型且包含多个 Y 列。导入准备的数据,选中所有 Y 列。单击菜单命令"Plot-Columns/Bars-Floating Bar"或"2D Graphs"工具栏的"Floating Bar"按钮。

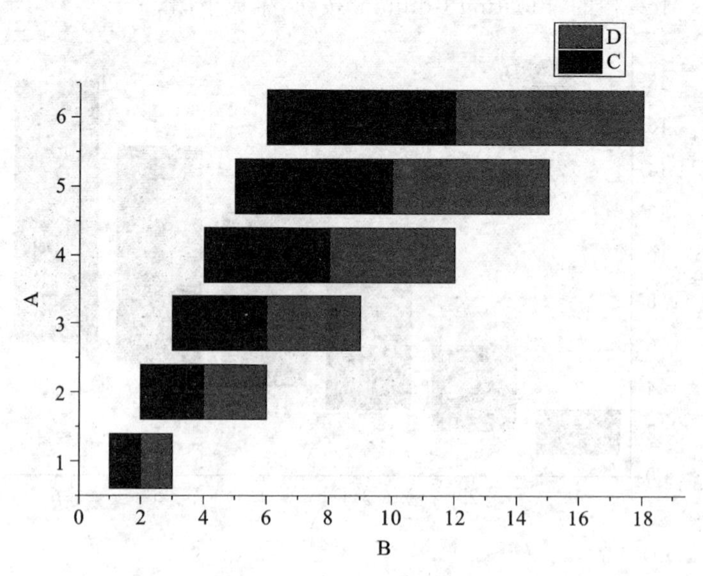

13. 绘制堆垒条形(Stack Bar)图

数据要求:用于作图的数据为数值型且包含多个 Y 列。导入准备的数据,选中所有的 Y 列。单击菜单命令“Plot-Columns/Bars-Stack Bar”或“2D Graphs”工具栏的“Stack Bar”按钮。

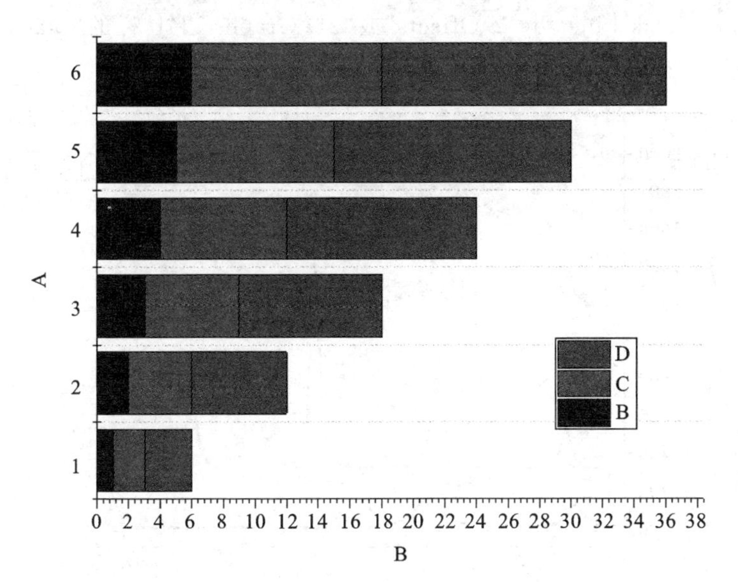

14. 绘制面积(Area)图

数据要求:用于作图的数据为数值型且包含一个或多个 Y 列。导入文件中的准备数据,选中所有的 Y 列。单击菜单命令“Plot-Area-Area”或“2D Graphs”工具栏“Area”按钮,生成下图。

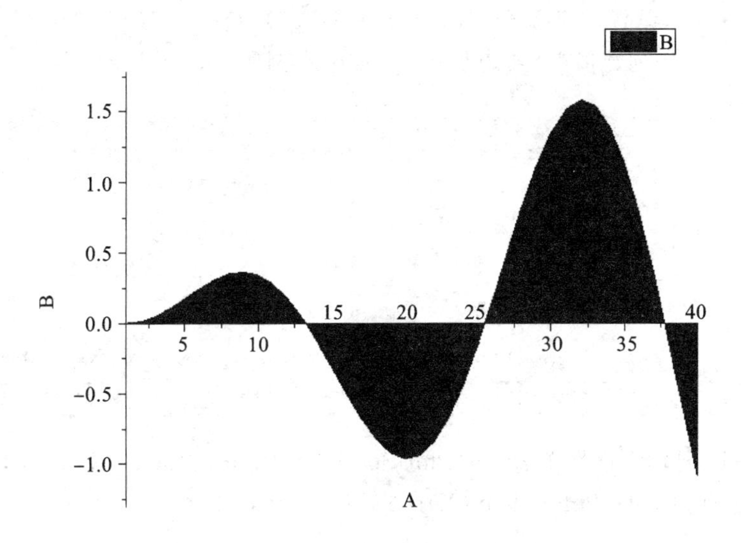

15. 绘制 Y 轴错位堆垒曲线(Stack Lines by Y offsets)图

Y 轴错位堆垒曲线图将多条曲线在单个图层上从上到下堆垒并将其纵轴(Y 轴)做适当的错位,特别适合绘制多条包含多个峰的曲线图形。数据要求:包含多个数值型 Y 列。导入文件中的准备数据,选中所有的 Y 列。单击菜单命令"Plot-Multi-Curve-Stack Lines by Y Offsets"或"2D Graphs"工具栏的"Stack Lines by Y Offsets"按钮,生成下图。

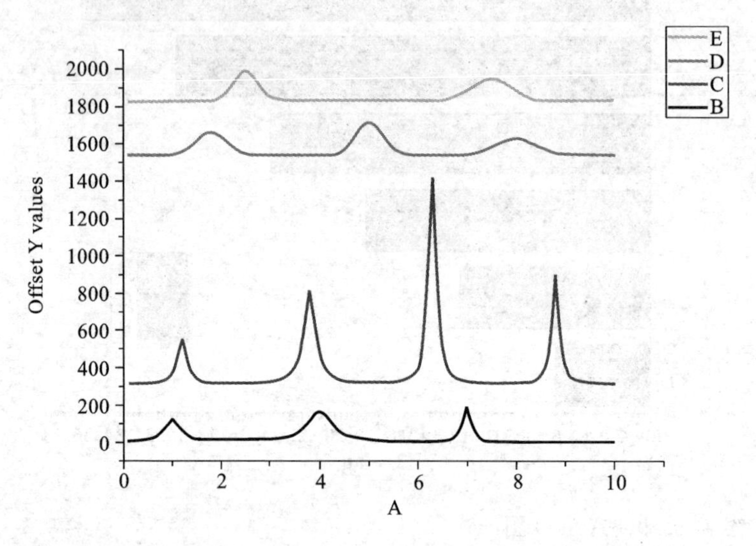

16. 绘制极坐标(Polar)图

数据要求:用于作图的数据为数值型且包含一个 X 列(角度 θ 或半径 r)和一个 Y 列(半径 r 或角度 θ),单击菜单命令"Column-Set Values…",打开"Set Values"对话框,设置 A 列数值(Row(i):1 To 361,公式为"(i−1) * 2"),如下左图所示。设置 B 列数值(公式为"i/36"),如下右图所示。

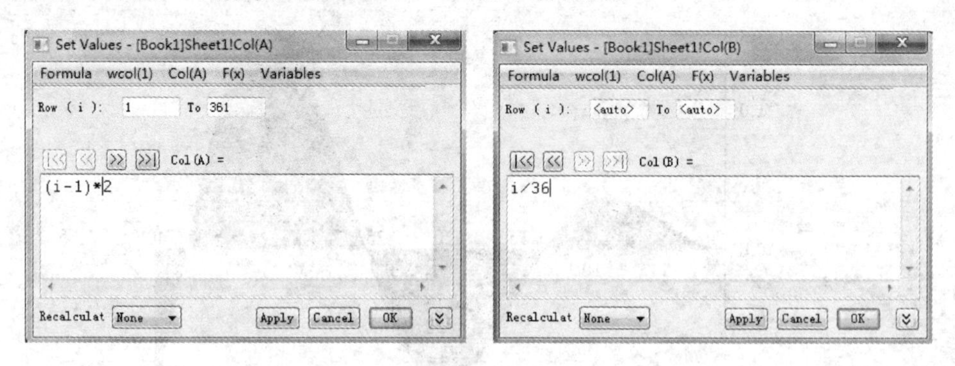

选中 B 列,单击菜单命令"Plot-Specialized-Polar theta(X) r(Y)"或"2D Graphs"工具栏上的"Polar theta(X)r(Y)"按钮,生成下图。

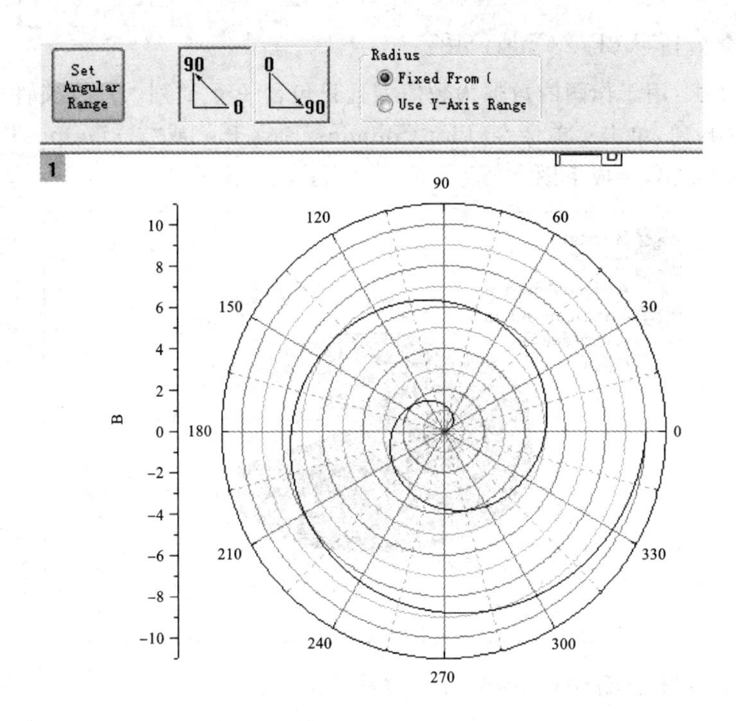

17. 绘制二维瀑布(Waterfall)图

二维瀑布图将多条曲线在单个图层上按前后顺序排列并将它们向右上方做适当的错位，以便清晰地显示各曲线细微的差别，特别适合绘制多条包含多个峰又极其相似的曲线图形。数据要求：包含多个数值型 Y 列。导入文件中的准备数据，选中所有 Y 列，单击菜单命令单击菜单命令“Plot-Multi-Curve-Waterfall”或“2D Graphs”工具栏的“Waterfall”按钮，生成下图。

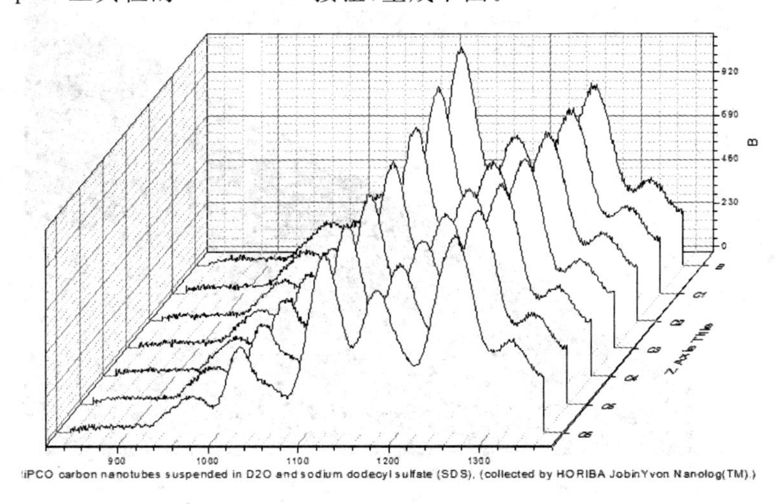

18. 绘制饼状(Pie Chart)图

数据要求:用于作图的数据为数值型且只包含一个 Y 列。导入文件中的准备数据,选中 B 列,单击菜单命令“Plot-Columns/Bars-Pie”或“2D Graphs”工具栏的“Pie Chart”按钮,生成下图。

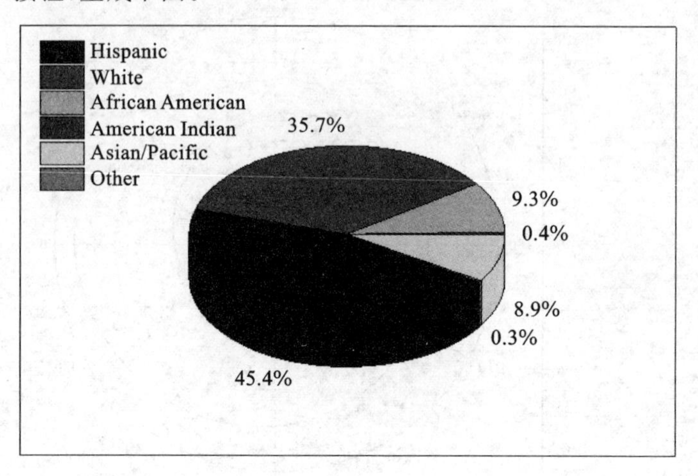

19. 绘制堆垒面积(Stock Area)图

数据要求:用于作图的数据为数值型且包含多个 Y 列。导入文件中的准备数据,选中所有的 Y 列。单击菜单命令“Plot-Area-Stock Area”或“2D Graphs”工具栏的“Stock Area”按钮,生成下图。

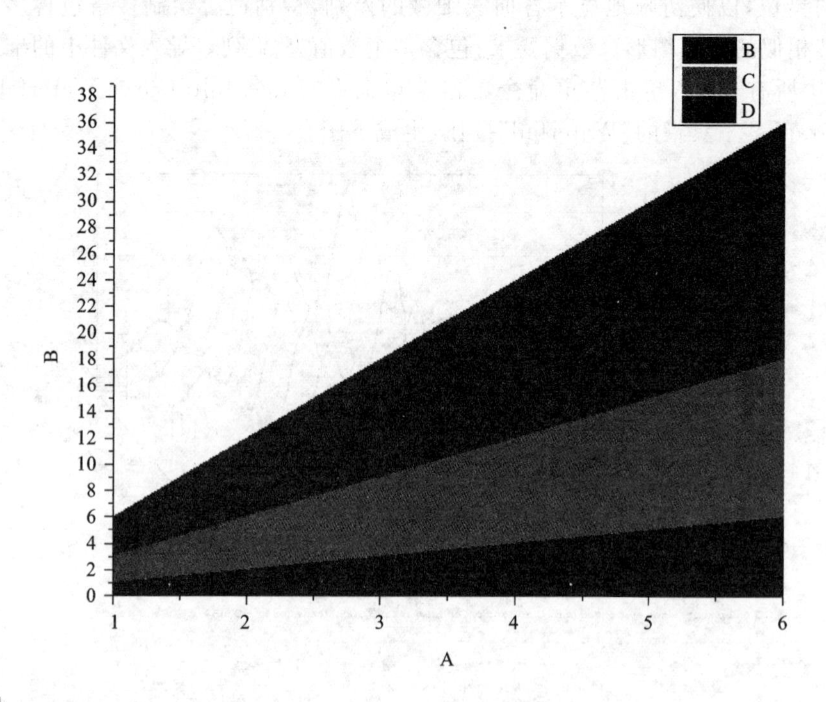

20. 绘制矢量(Vector XYAM)图

数据要求：用于作图的数据包含三个数值型 Y 列，其中第 2 个 Y 列为角度(Angle，矢量的方向)，第 3 个 Y 列为幅值(Magnitude，矢量的大小)。创建一个包含 3 个 Y 列的工作表，样式如下。

	A(X)	B(Y)	C(Y)	D(Y)
Long Name			Angle	Magnitude
Units				
Comments				
1				
2				
3				
4				
5				

(1)选中 A 列，然后单击菜单命令“Column-Set Column Values…”，打开“Set Values”对话框，设置 A 列公式“cos((i－1) * 2 * pi/50)”，范围 Row(i)：“1 To 50”，然后单击“Apply”按钮。

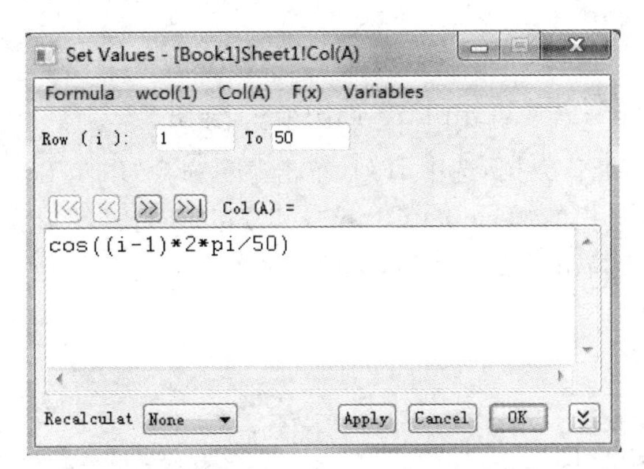

(2)单击“ ”按钮将 B 列设为要设置数值的列，输入公式“sin((i－1) * 2 * pi/50)”。范围默认，然后单击“Apply”按钮。

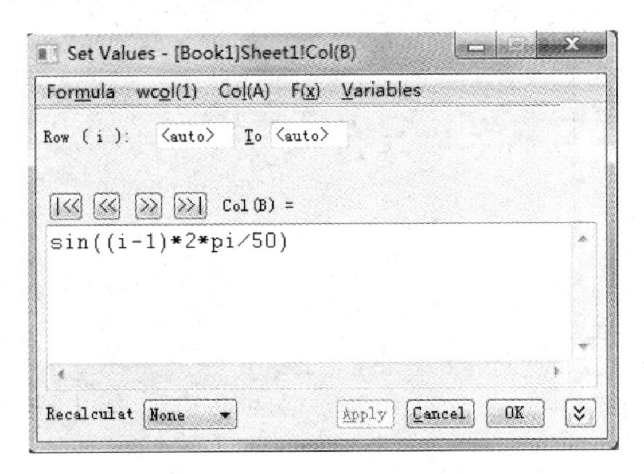

(3)按同样方法,依次将C列公式设置为"(i-1) * 2 * pi/50",D列设置为"1",然后单击"OK"按钮完成设置值,选中B、C和D三列,单击菜单命令"Plot-Specialized-Vector XYAM"或"2D Graphs"工具栏上的"Vector XYAM"按钮,生成下图。

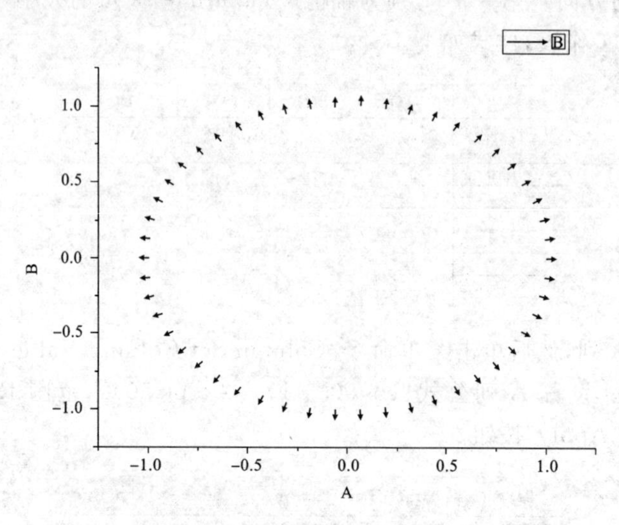

21. 用图形模板库(Template Library)绘图

导入文件中的准备数据,选中B列,单击菜单命令"Plot-Template Library…"或"2D Graphs"工具栏的"Template Library"按钮,在打开图形模板库中选中要使用的图形模板,然后单击"Plot"按钮,生成下图。

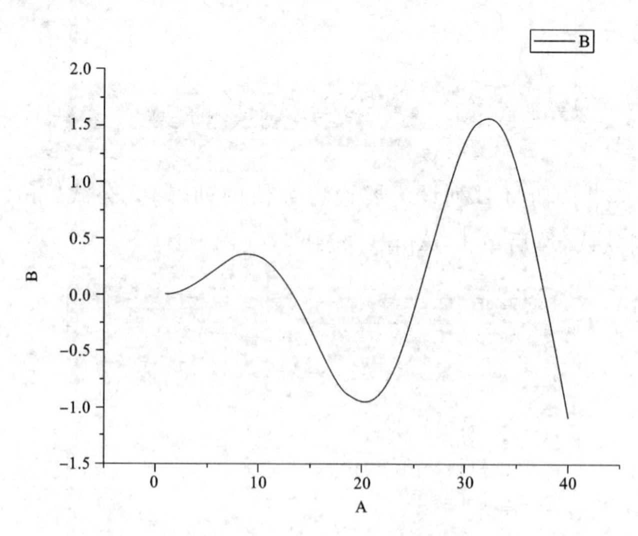

22. 函数(Function)绘制

Origin使用函数绘图,在没有给出数据的情况下,能生成函数对应的曲线。

单击 Standard 工具栏上的“New Function”按钮，或者菜单命令“File-New…”打开“New”对话框，单击“OK”按钮。

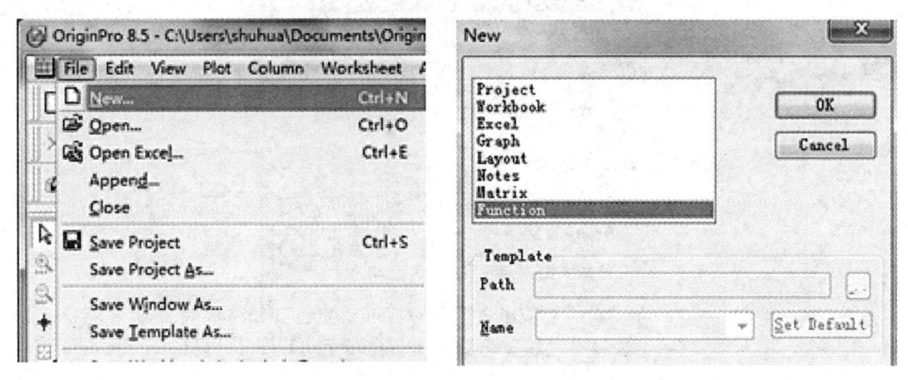

在打开的“Plot Details”对话框中，点击“Add”选择“Math”函数，选择正弦函数“sin()”，将其加入函数框中，在函数名后的括号内输入“X”，然后单击“OK”按钮，在绘制的函数图窗口上单击“Rescale”，调整坐标范围完成函数图绘制。

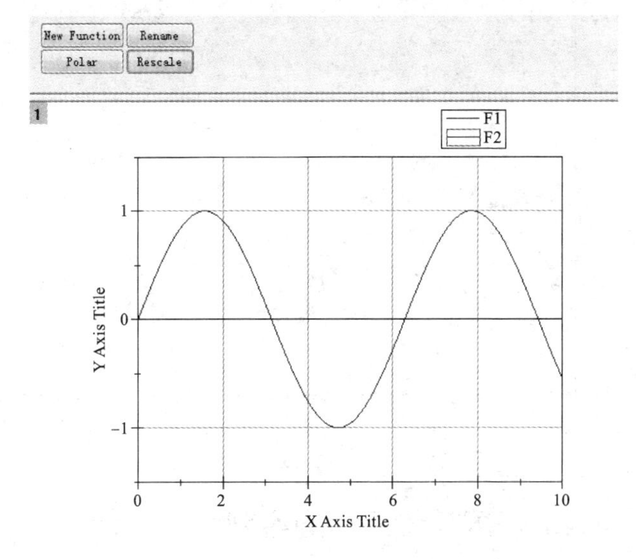

23. 误差棒的绘制

在某些数据的曲线描述中，会用到误差棒（error bar）表明所测量数据的不确定度的大小。导入准备的数据，然后选中 B 列绘制散点图，单击菜单命令“Graph-Add Error Bars…”，在“Error Bars”对话框中设置误差百分比。

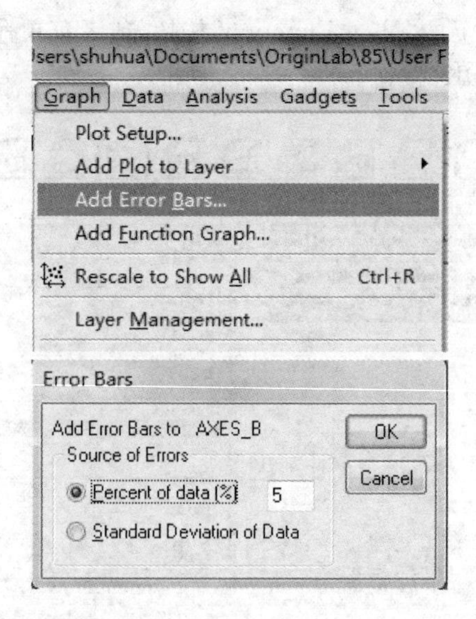

设置完后,应用,生成含有误差棒的图示。

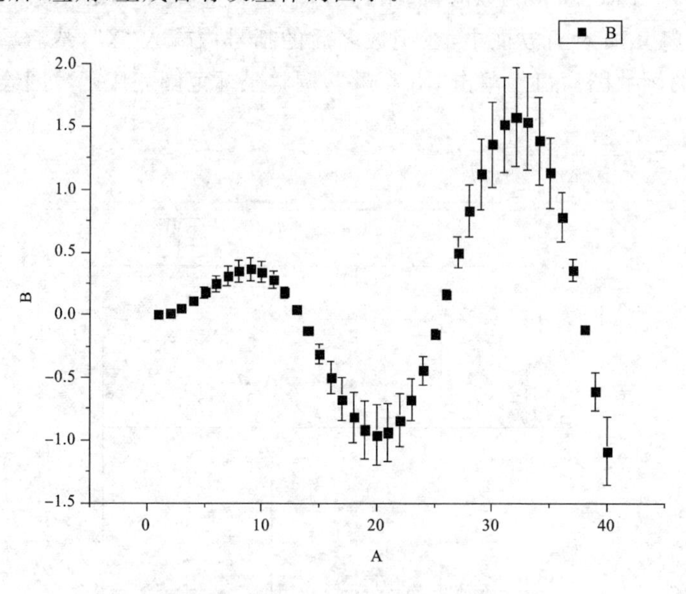

5.2.5 Origin 多层二维图形的绘制

作图时会出现不同类型的因变量关联到不同的自变量,关联到同一自变量的多个相同的因变量的数值变化范围差别较大,关联到同一自变量的多个因变量是不同类型的物理量等情况,为了清晰显示各因变量,需要在一个窗口中绘制多个图层。

1. 绘制双 Y 轴(Double Y Axis)图形

数据要求:用于作图的数据须包含两个数值型 Y 列,导入准备的数据文件,选中 B、C 两列,单击菜单命令"Plot-Multi-Curve-Double Y",或"2D Graphs"工具栏上的"Double Y Axis"按钮,生成下图。

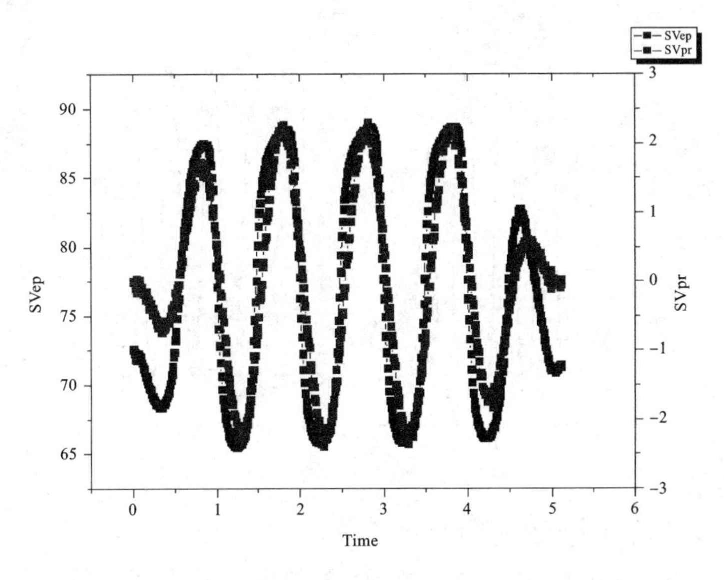

2. 绘制垂直两栏(Vertical 2 Panel)的图形

数据要求:用于作图的数据须包含两个数值型 Y 列,导入准备的数据文件,选中 B、C 两列,单击菜单命令"Plot-Multi-Curve-Vertical 2 Panel"或"2D Graphs"工具栏上的"Vertical 2 Panel"按钮,生成下图。

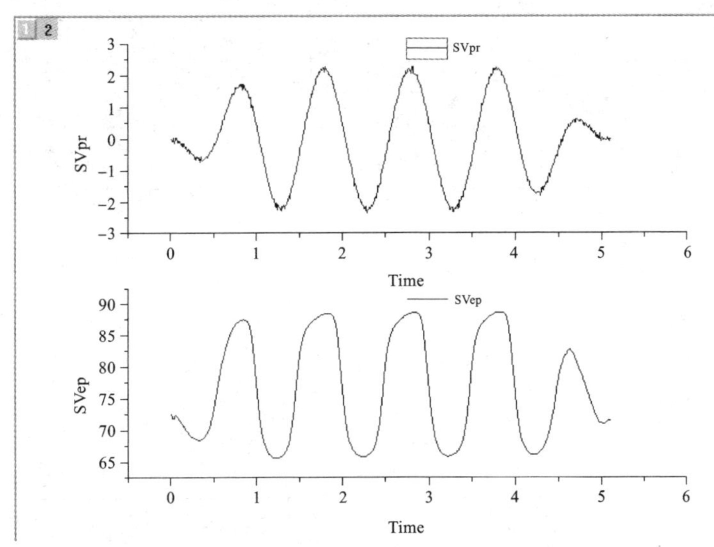

3. 绘制水平两栏(Horizontal 2 Panel)图形

数据要求:用于作图的数据须包含两个数值型 Y 列,导入准备的数据文件,选中 B、C 两列,单击菜单命令"Plot-Multi-Curve-Horizontal 2 Panel"或"2D Graphs"工具栏上的"Horizontal 2 Panel"按钮,生成下图。

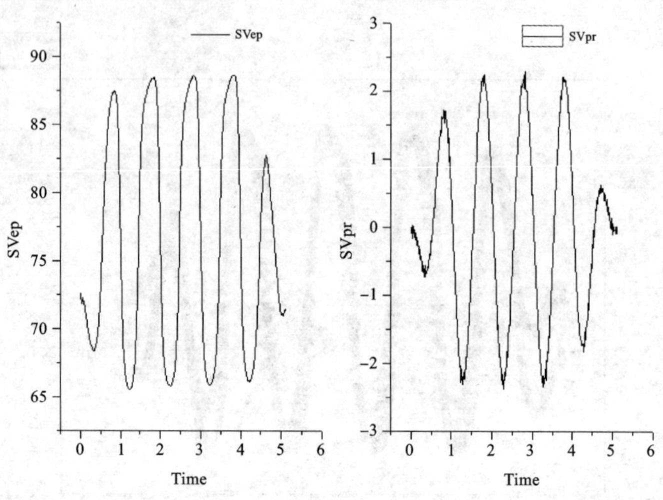

4. 绘制四栏(4 Panel)图形

数据要求:用于作图的数据须包含四个数值型 Y 列,导入准备的数据文件,选中 B、C、D 和 E 四列。单击菜单命令"Plot-Multi-Curve-4 Panel"或"2D Graphs"工具栏上的"4 Panel"按钮,生成下图。

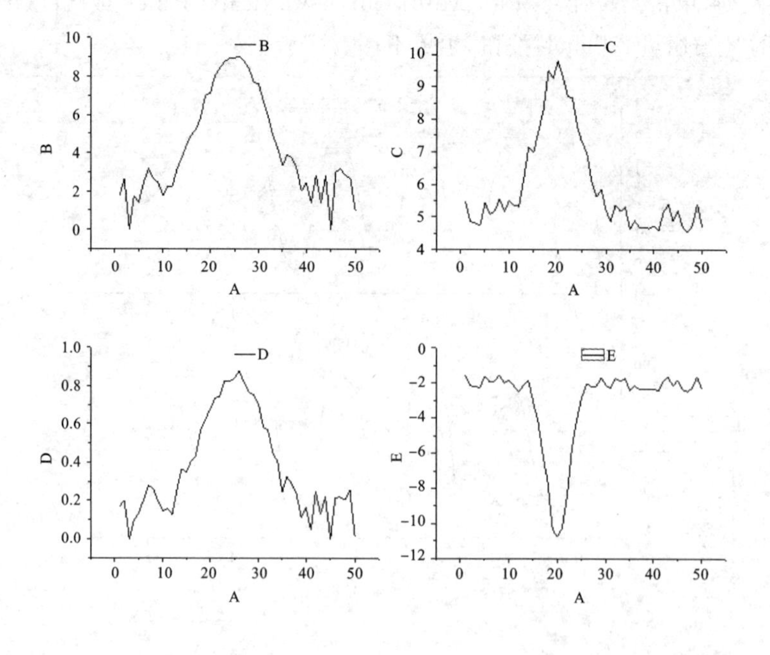

5. 绘制堆垒(Stack)图形

数据要求：用于作图的数据须包含多个数值型 Y 列，导入准备的数据文件，选中所有 Y 列，单击菜单命令“Plot-Multi-Curve-Stack”或“2D Graphs”工具栏上的“Stack”按钮，在弹出的“Data Manipulation：plotstack”对话框上单击“OK”按钮，生成下图。

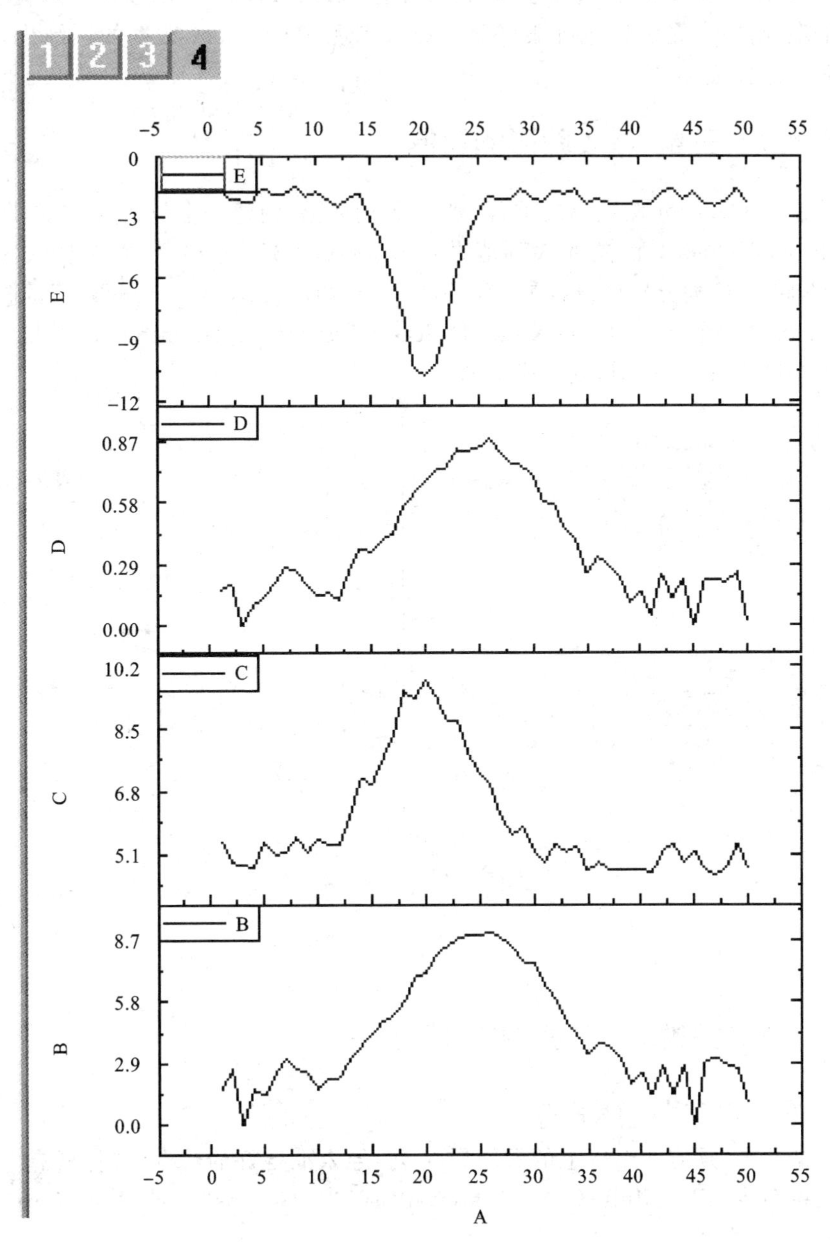

5.3 Origin 三维图形的绘制

Origin 不仅可以绘制二维的平面图形，还可以将数据以三维图形的方式呈现。三维图可以通过两种方法来实现，一是将数据表中的数据列进行标注，使其形成 X-Y-Z 三组列数据，这样绘制的三维图是 3D XYZ Scatter 形式，对应于二维图中的散点图；二是利用矩阵表(Matrix)来实现 3D Surface 数据的三维化，绘制的图是三维曲面形式。

5.3.1 三维 XYZ 图形的绘制

绘制 3D Scatter 图数据要求：需要 Y、Z 列数据，创建一个包含 Y、Z 列的工作表。用 Set Values 对话框将 A 列值设置为"cos(i * 2 * pi/20)"，范围 Row(i)："1 To 20"，将 B、C 列分别值设置为"sin(i * 2 * pi/20)""sin(i * 2 * pi/20)"。选中 Z 列，单击菜单命令"Graph-3D XYZ-3D Scatter"或"3D and Contour Graphs"工具栏上的"3D Scatter"按钮，则生成下图。

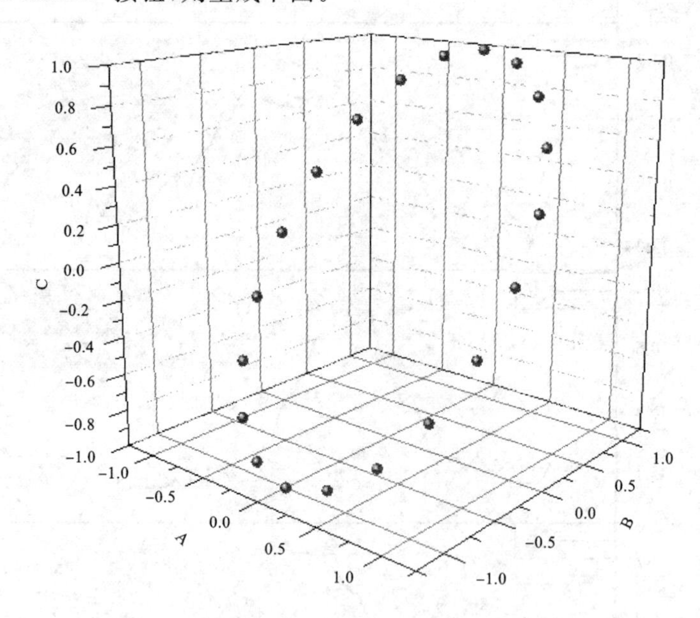

5.3.2 三维 XYY 图形的绘制

1. 绘制 3D Waterfall 图

数据要求：须有两个以上的数值型 Y 列，导入准备好的数据，选择所有 Y 列，单击菜单命令"Plot-Multi-Curve-Waterfall"或"2D Graphs"工具栏的"Waterfall"按钮，生成三维图。

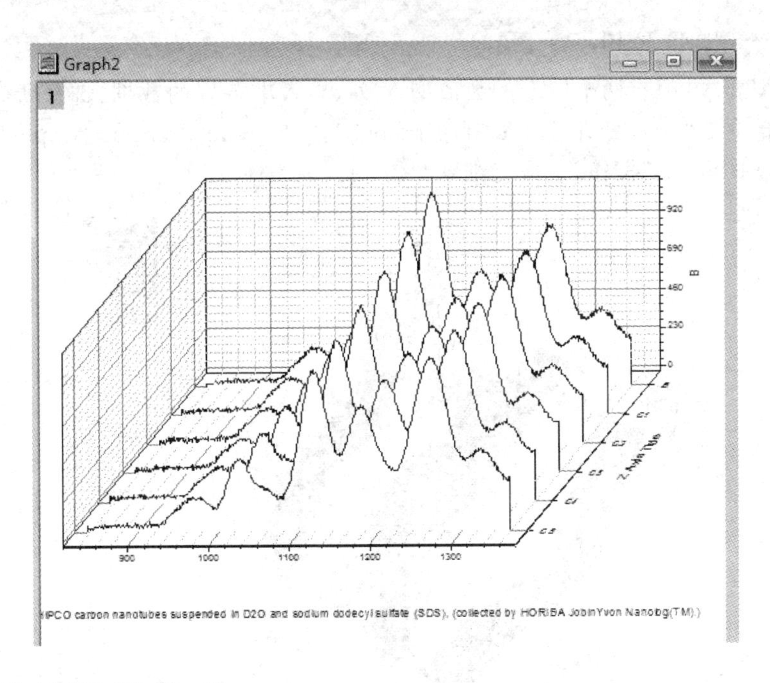

2. 绘制 3D Walls 图

数据要求:须有两个以上的数值型 Y 列,导入准备好的数据,选择所有 Y 列,单击菜单命令“Plot-3D XYY-3D Walls”或“3D and Contour Graphs”工具栏上的“3D Walls”按钮,生成三维图。

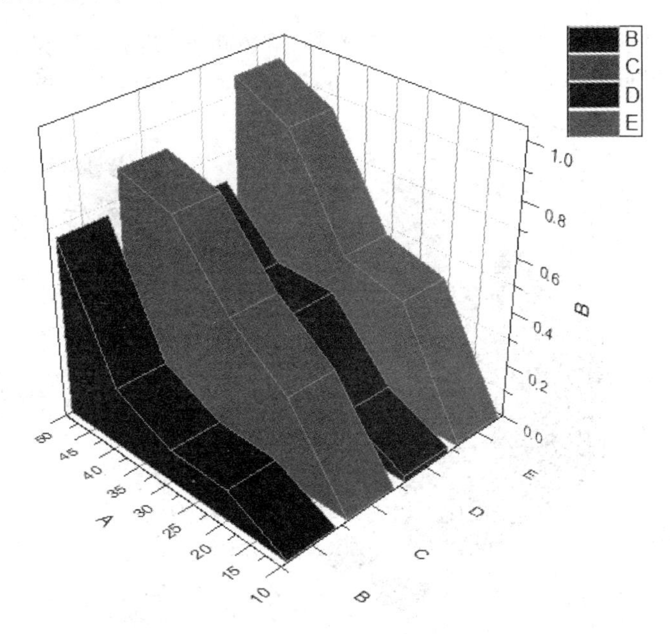

3. 绘制 3D Ribbons 图

数据要求：须有两个以上的数值型 Y 列，导入准备好的数据，选择所有 Y 列，单击菜单命令“Graph-3D XYY-3D Ribbons”或“3D and Contour Graphs”工具栏上的“3D Ribbons”按钮，生成三维图。

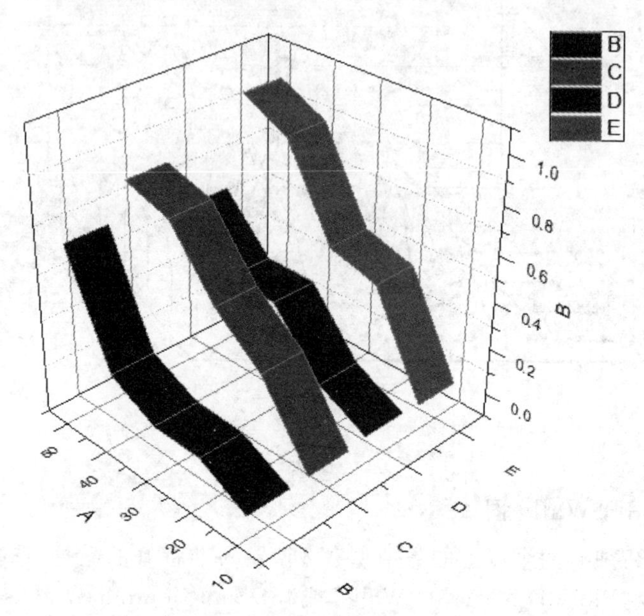

4. 绘制 3D Bars 图

数据要求：须有两个以上的数值型 Y 列，导入准备好的数据，选择所有 Y 列，单击菜单命令“Graph-3D XYY-3D Bars”或“3D and Contour Graphs”工具栏上的“3D Bars”按钮，生成三维图。

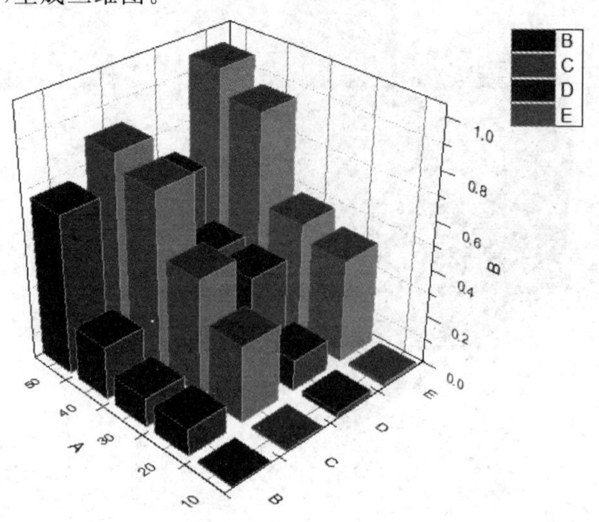

5.3.3　矩阵工作簿

创建矩阵工作簿,单击“Standard”工具栏的“New Matrix”按钮,创建矩阵工作簿。

也可以单击菜单命令“File-New”,在打开的对话框中选择“Matrix”,然后单击“OK”按钮,创建矩阵工作簿。

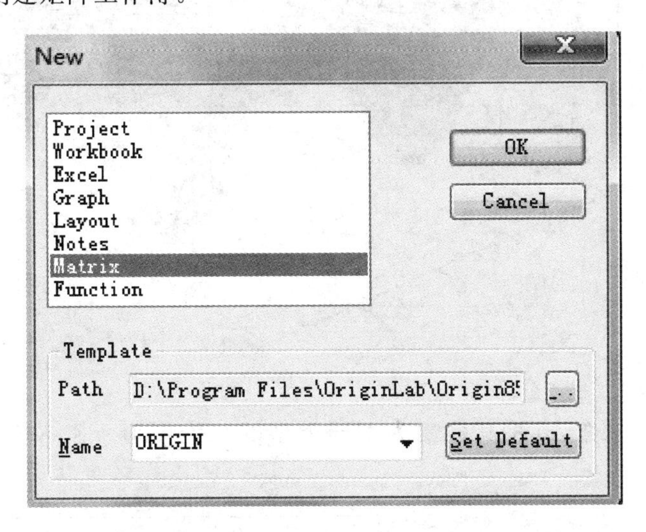

单个矩阵工作簿中可以包含多个矩阵工作表,矩阵工作簿的管理(如矩阵工作表的插入、添加、复制、重命名、移动和删除等),同普通 Origin 工作簿的管理相同。

矩阵工作表可以转换为普通的工作表。一般先将拟转换的矩阵工作表设置为活动工作表,单击菜单命令“Matrix-Convert to Worksheet”,在打开的转换对话框中选择转换方法并设置坐标在工作表中的位置,最后单击“OK”按钮即可完成转换。反之亦可转换。

5.3.4　三维表面(Surface)图的绘制

绘制 3D Color Fill Surface 图,设置矩阵维数及坐标范围(维数 32×32,范围 X:−10～10,Y:−10～10)。单击菜单命令“Matrix-Set Values”,在“Set Values”对话框中公式区输入公式(这里用“cos(X)+sin(Y)”)或数值,单击菜单命令“Plot-3D Surface-Color Fill Surface”。单击菜单命令“Format-Plot…”,在打开的“Plot Details”对话框中设置网格线宽度、颜色及表面颜色等。生成如下三维图。

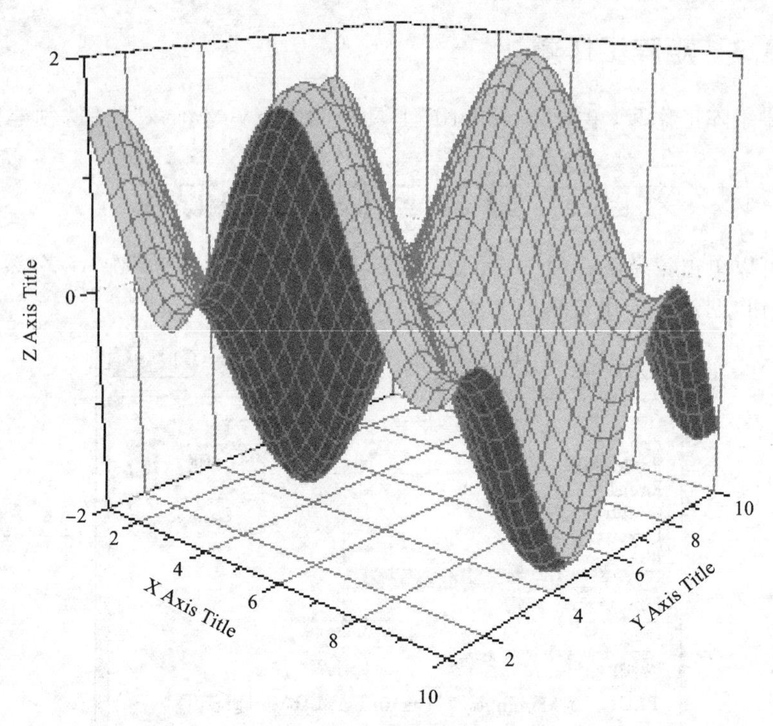

也可选择工作表,将其输出为不同类型的三维图形。如 X Constant with Base 形式如下。

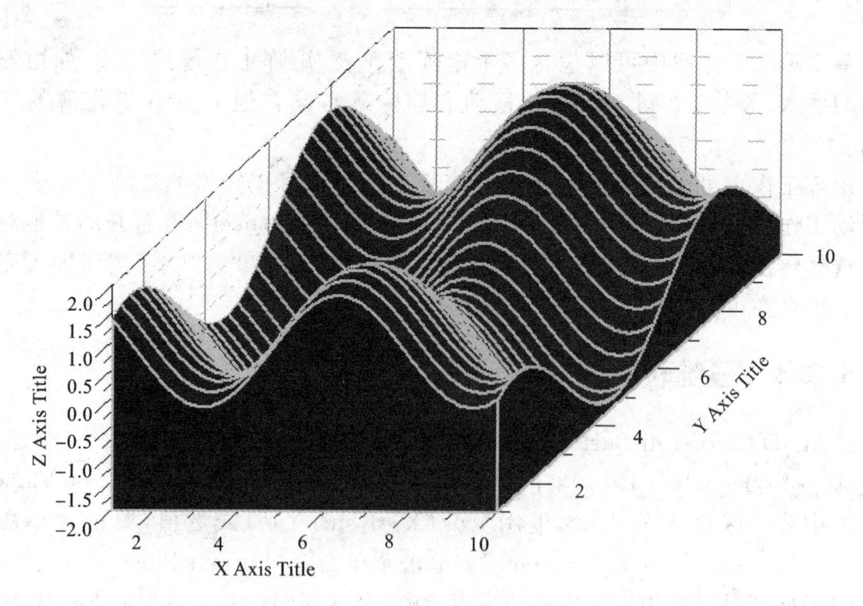

Wire Frame 形式如下。

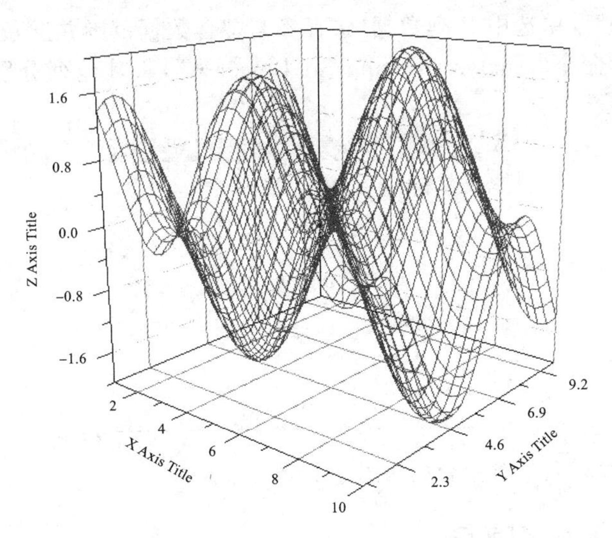

还可以成为其他形式。对生成的图形，可利用 3D Rotation 工具栏上的按钮，对三维图形进行旋转。

5.4 数据的非线性拟合

在数据分析处理过程中，经常需要从一组测定的数据，例如 N 个点(X_i, Y_j)，去求得因变量 Y 对自变量 X 的一个近似解析表达式，这就是数据回归、拟合，Origin 提供了线性、多项式、非线性函数以及自定义函数拟合等多种数据拟合模块，可以方便对数据进行回归、拟合分析。

5.4.1 线性回归

导入文件数据，得到散点图。

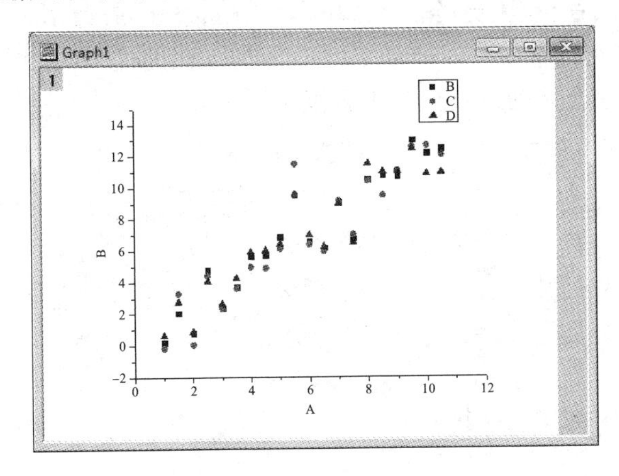

打开“Data”菜单选中B列数据，选择参与拟合数据范围并屏蔽不参与拟合的数据，单击菜单命令“Analysis-Fitting-Fit Linear…”，将其他列分别重复操作，得到如下拟合曲线。

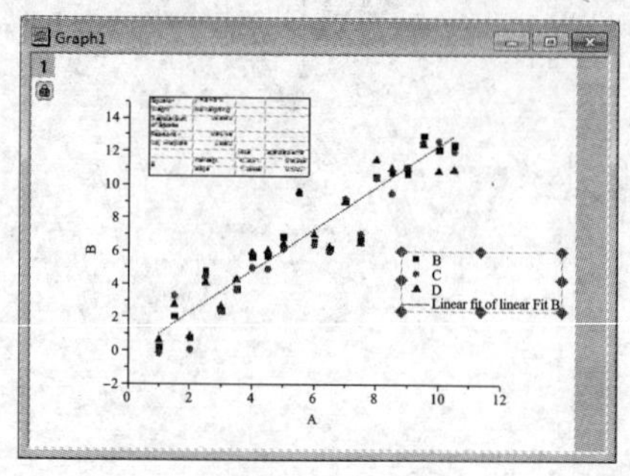

有一系列对话框可对拟合的参数进行改变。

5.4.2 多项式回归

导入准备的文件数据，然后分别选中B和C列，绘制散点图。

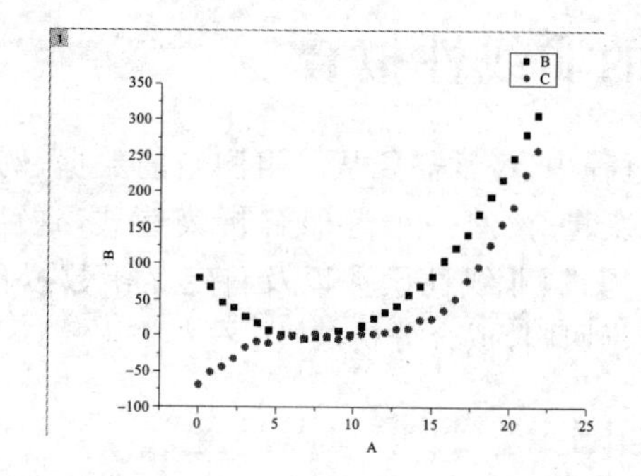

将Graph 1图形窗口设置为活动窗口，选择参与拟合数据范围并屏蔽不参与拟合的数据，单击菜单命令“Analysis-Fitting-Fit Polynomial…”，在打开“Polynomial Fit”对话框中“Polynomial Order”选项中选择多项式次数为“2”，单击“OK”按钮，应用拟合并确认切换到报告提示。

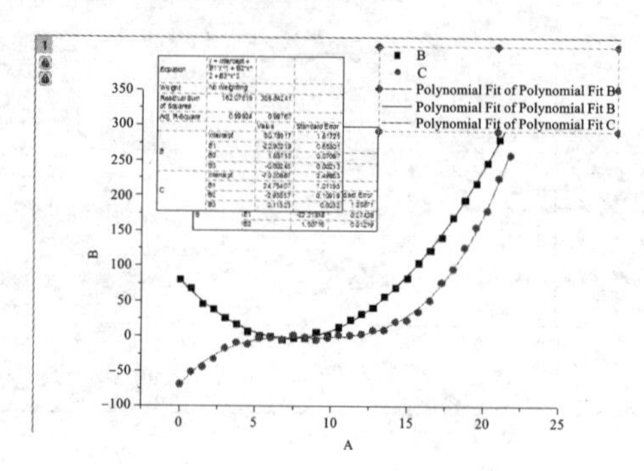

5.4.3　非线性曲线拟合

非线性曲线拟合有以下几种类型。

1. Gauss 拟合

导入准备的文件数据，选中 B 列并绘制散点图，选择参与拟合数据范围并屏蔽不参与拟合的数据，单击菜单命令“Analysis-Fitting-Nonlinear Curve Fit…”，打开“NLFit”对话框，在“Settings”标签卡中的“Function Selection”选项页里选择函数为“Gauss”，得到下图。

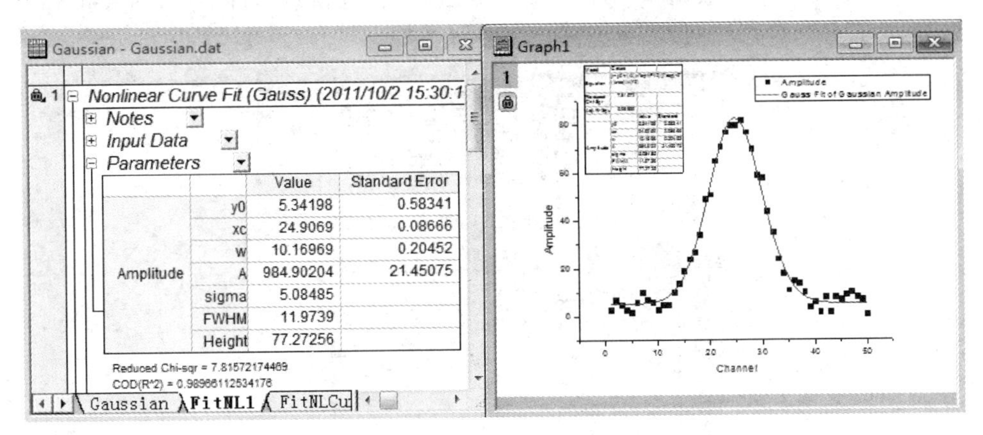

2. 指数拟合

导入准备的文件数据，选中 B 列并绘制散点图，选择参与拟合数据范围并屏蔽不参与拟合的数据，单击菜单命令“Analysis-Fitting-Fit Exponential…”，打开 NLFit 对话框，单击“Fit”按钮，应用拟合并确认切换到报告提示，拟合出下图。

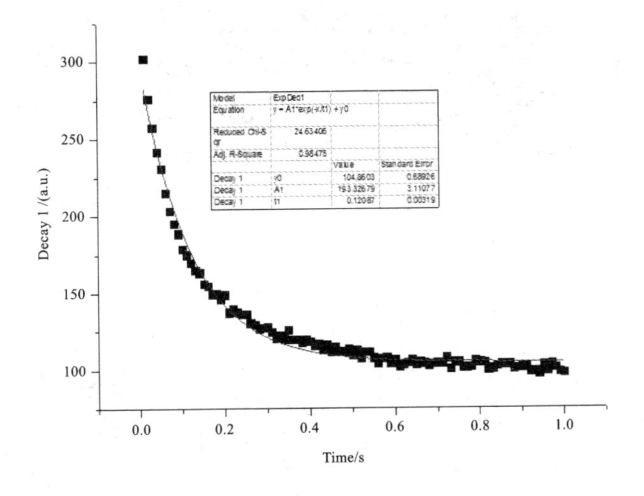

5.5 数据分析与处理

数据分析主要包含下面几个功能：简单数学运算（Simple Math）、统计（Statistics）、快速傅里叶变换（FFT）、平滑和滤波（Smoothing and Filtering）、基线和峰值分析（Baseline and Peak Analysis）。

5.5.1 简单数学运算

例如有如下实验数据，是对同一物理量进行的三次测量，科学起见，舍弃三个误差数列，并只绘制中间数据段的曲线，得到下图。

tutorial1

	Time(X)	Test1(Y)	Test2(Y)	Test3(Y)
	Time min	Test1 mV	Test2 mV	Test3 mV
81	1.354	4.043E-4	4.922E-4	2.623E-4
82	1.371	3.977E-4	4.949E-4	2.448E-4
83	1.388	4.052E-4	5.02E-4	2.334E-4
84	1.404	3.977E-4	5.159E-4	2.36E-4
85	1.421	3.835E-4	5.219E-4	2.418E-4
86	1.438	3.897E-4	6.74E-4	2.486E-4
87	1.454	3.931E-4	0.004	2.375E-4
88	1.471	8.191E-4	0.006	2.407E-4
89	1.48802	0.00312	0.004	5.396E-4
90	1.504	0.004	0.005	0.00285
91	1.521	0.004	0.006	0.00262
92	1.538	0.005	0.007	0.004
93	1.554	0.00621	0.007	0.00359
94	1.571	0.006	0.008	0.00507
95	1.588	0.006	0.009	0.00496
96	1.604	0.007	0.011	0.0057
97	1.621	0.00866	0.004	0.00644
98	1.638	0.00999	6.568E-4	0.00702
99	1.654	0.00574	6.091E-4	0.00761
100	1.671	0.0025	5.983E-4	0.00847
101	1.688	4.708E-4	5.977E-4	0.0094
102	1.704	4.733E-4	5.845E-4	0.00539
103	1.721	4.581E-4	5.6E-4	0.00191
104	1.738	4.388E-4	5.672E-4	2.893E-4
105	1.754	4.396E-4	5.766E-4	2.701E-4
106	1.771	4.354E-4	5.755E-4	2.623E-4
107	1.788	4.254E-4	5.717E-4	2.565E-4
108	1.804	4.258E-4	5.666E-4	2.493E-4
109	1.821	4.267E-4	5.635E-4	2.54E-4

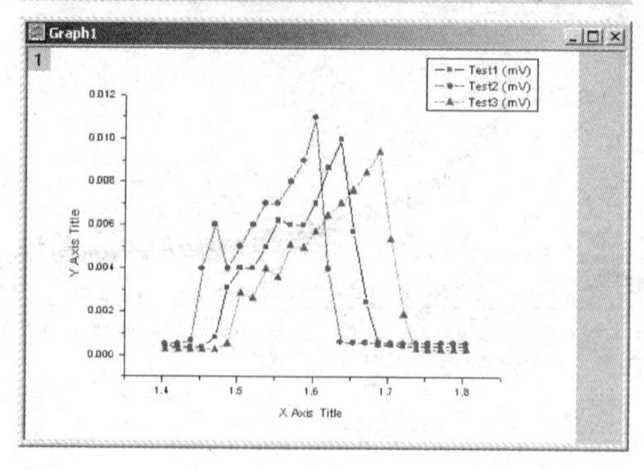

5.5.2　算术运算

对函数“Y＝Y1(＋－ * /)Y2”实现运算，其中 Y 和 $Y1$ 为数列，$Y2$ 为数列或者数字。

命令为“Analysis-Simple Math”。

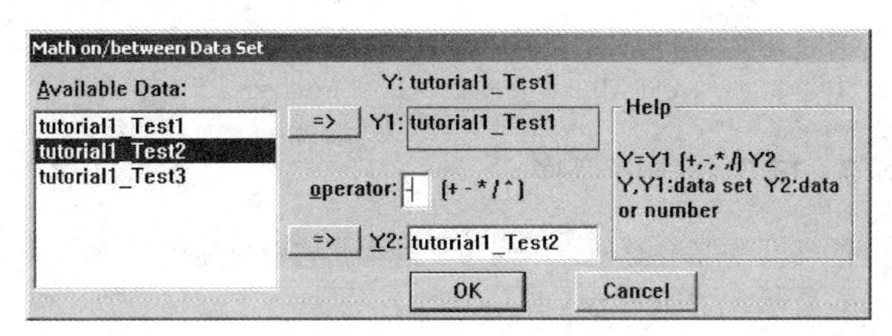

激活曲线 Test3，选择“Analysis-Subtrart：Straight Line”，此时光标自动变为 ，在窗口上双击左键定起始点，再在终止点双击，此时 Test3 曲线会变为原来的减去这条直线后的曲线。

激活数据曲线 Test3，选择“Test3，Analysis-Translate：Vertical”，这时光标自动变为 ，双击曲线 Test3 上的一个数据点，将其设为起始点。这时光标形状变为 ，双击屏幕上任意点将其设为终止点。这时 Origin 将自动计算起始点和终止点纵坐标的差值，工作表内 Test3 数列的值也自动更新为原 Test3 数列的值加上该差值，同时曲线 Test3 也更新，这样实现曲线沿 Y 轴垂直移动。水平移动与此类似。

5.5.3　多条曲线平均

多条曲线平均是指在当前激活的数据曲线的每一个 X 坐标处，计算当前激活的图层内所有数据曲线的 Y 的平均值。使用的命令为“Analysisi-Average Multiple Curves”。

5.5.4　微分

也就是求当前曲线的导数，命令为“Analysis-Calculus：Differentiate”。

5.5.5　积分

对当前激活的数据曲线用梯形法进行积分，命令为“Analysis-Calculus：Integrate”。

5.5.6 统计

统计主要包括以下数据：平均值（Mean）；标准差（Standard Deviation，Std，SD）；标准误差（Standard Error of the Mean）；最小值（Minimum）；最大值（Maximum）；百分位数（Percentiles）；直方图（Histogram）；T 检验（T-test for One or Two Populations）；方差分析（One-way ANOVA）；线性、多项式和多元回归分析（Linear、Polynomial and Multiple Regression Analysis）等。

5.5.7 快速傅里叶变换

傅里叶分析是把信号分解成不同频率的正弦函数的叠加，一般包括 FFT 及定制频谱图、采样率、卷积和去卷积。

例如，创建一个包含 1 个 X 列和 2 个 Y 列的工作表。用“Set Values”对话框将 A(X)列值设置为“(i−1) * pi/50”，范围 Row(i)：“1 To 100”。将 B(Y)、C(Y)列分别设置为“sin(Col(A))”“sin(Col(A)+0.5 * sin(10 * Col(A)))”。选中 Sheet 1 工作表中的 B(Y)列，单击菜单命令“Analysis-Signal Processing-FFT-FFT”，打开“Signal Processing\FFT：fft1”对话框，展开“Plot”选项，勾选“Amplitude”并取消其他选项。

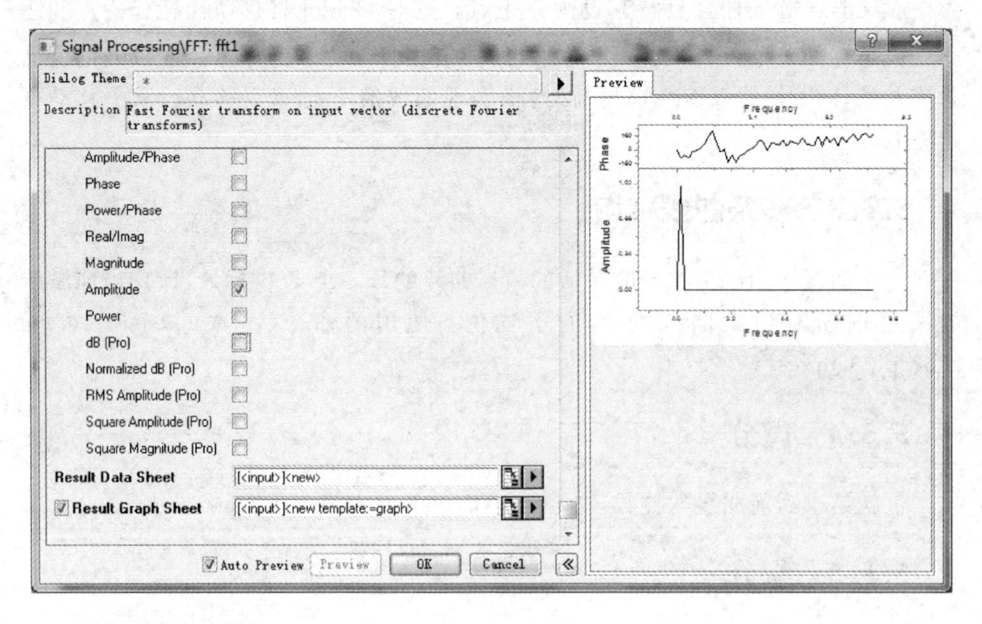

可得到如下图示。

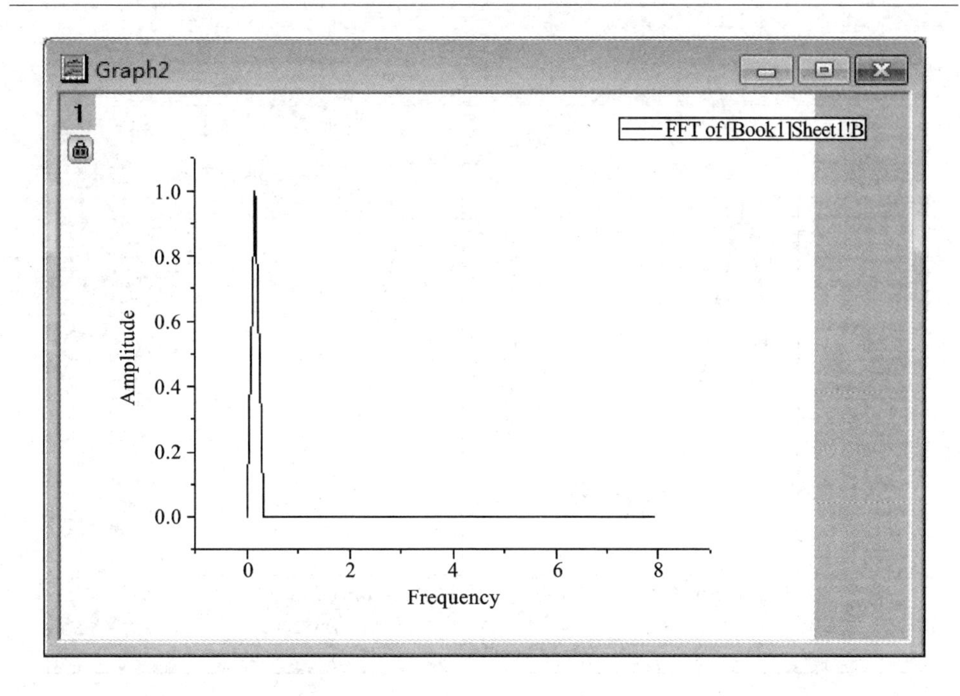

5.5.8　曲线平滑

曲线平滑包括用 Savitzky-Golay 滤波器平滑、用相邻平均法平滑，用 FFT 滤波器平滑，用数字滤波器平滑等。

导入准备的文件数据，选中要平滑的数据，单击菜单命令“Analysis-Signal Processing-Smoothing”，在打开的“Signal Processing：smooth”对话框中选择平滑处理的方法，单击“OK”按钮。

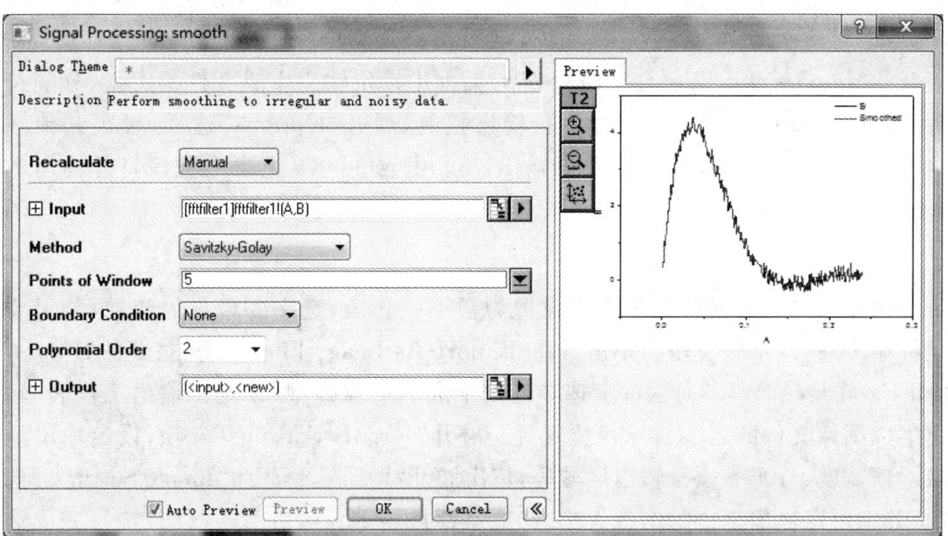

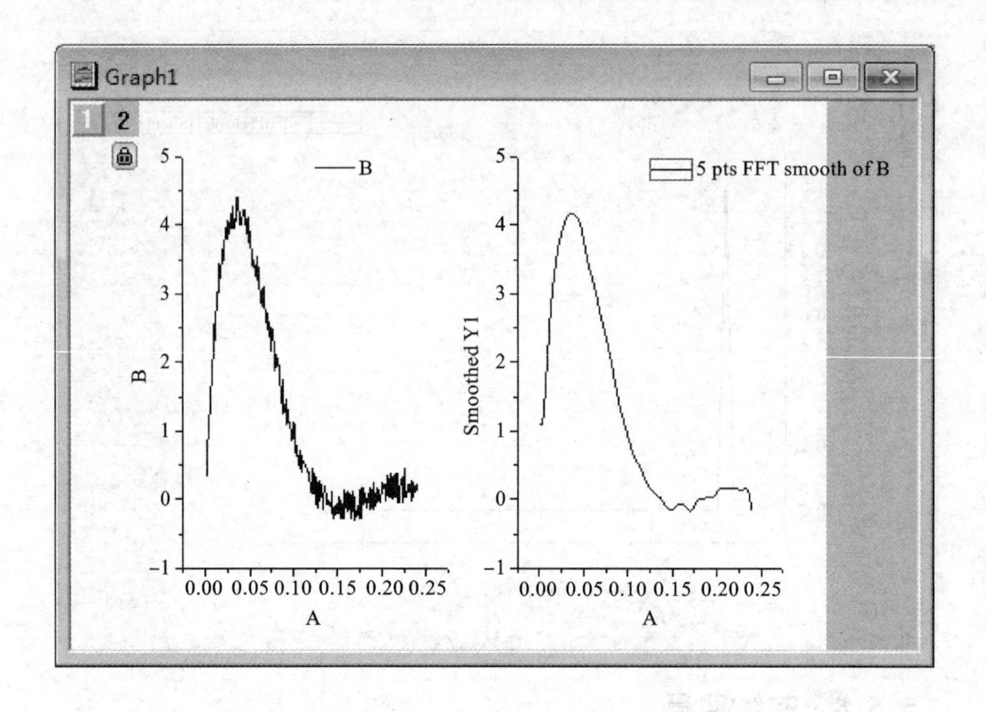

5.5.9 数据输出

Origin 数据及绘图可以输出为多种形式。

1. 输出数据为 ASC II 文件

将要输出的数据所在工作表设置为活动工作表，选中要输出的数据（如果要全部输出，则该步骤省略），单击菜单命令"File-Export-ASC II…"在打开的"ASC II EXP"对话框中设定保存位置、文件名及类型并勾选"Show Options Dialog"，在打开的"Import and Export：expASC"对话框中设定输出生成文件的类型、分隔符等，展开"Header"选项，设定标题行输出控制，展开"Options"选项，设定其他选项，最后单击"OK"按钮，实现数据输出。可用 Windows 记事本程序打开输出的 ASC II Simple. dat 文件。

2. 输出数据为图像文件

将要输出的数据所在工作表设置为活动工作表，选中要输出的数据（如果要全部输出，则该步骤省略），单击"File-Export-As Image File…"，在打开的"Import and Export：expWks"对话框上选择输出生成的图像类型、设定拟输出工作表、输出生成图像文件的名字及保存位置等。展开"Export Settings"选项，设定输出区域边框宽度、分辨率以及输出区域等，依次展开"Image Size"和"Image Settings"选项，分别设定输出生成的图像大小、其他属性控制等。最后单击"OK"按钮完成输出为图像。

3. 输出图形为图像文件

将要输出的图形窗口设置为活动窗口，单击菜单命令“File-Export Graphs…”，在打开的“Import and Export：expGraph”对话框中选择输出生成的图像类型、设定拟输出图形页面、输出生成图像文件的名字及保存位置等，展开“Export Settings”选项，设定边缘空白、分辨率等。依次展开“Image Size”和“Image Settings”，分别设定输出生成的图像大小、其他属性控制等，最后单击“OK”按钮完成输出为图像。

通过将要复制的图形窗口设定为活动窗口，单击菜单命令“Edit-Copy Page”，到其他应用程序中去再粘贴(Paste)，可以把 Origin 绘制的图形复制到其他应用程序中，在对应程序中双击图形可以打开 Origin 界面并对其进行编辑。

第6章　多媒体管理工具 Authorware

Authorware 是美国 Macromedia 公司开发的基于多媒体管理与编辑的软件，2005 年 Adobe 公司收购了 Macromedia，Authorwar 归于 Adobe 旗下，后来该软件不再更新，目前市面上使用的是 7.0 版本。由于 Authorware 是一个图标导向式的多媒体制作工具，内嵌语言，使用起来有一定的难度，但对于熟悉 Authorware 的专业人员而言，Authorware 强大的功能令人惊叹，它采用面向对象的设计思想，是一种基于图标(Icon)和流线(Line)的多媒体开发工具。它并不需要传统的计算机编程能力，只需要通过对图标的调用来控制程序的流程和走向，将文字、图形、声音、动画、视频等各种媒体有效组合，就能开发出图文并茂的多媒体作品。

Authorware 软件具有强大的交互功能，在人机对话中，它提供了按键、鼠标、限时等多种应答方式，还提供了一些变量和函数以执行特定功能。其不仅能在该软件环境下运行，也可以 EXE 文件，脱离 Authorware 环境运行。

6.1　Authorware 的软件环境

Authorware 的窗口、菜单与工具如下。

1. Authorware 的主窗口

启动 Authorware 7.0 之后，出现它的程序窗口，标题栏标明了版本号：Authorware 中文版，标题栏下边是菜单栏，提供有文件、编辑、查看、插入、修改、文本、调试、其他、命令、窗口、帮助，一共 11 个菜单。菜单栏下边是工具栏，集成了一些常用工具。程序窗口的左侧是图标栏，利用这些图标，Authorware 实现多媒体的编辑工作。中间的空白区是文件窗口。具体内容如下。

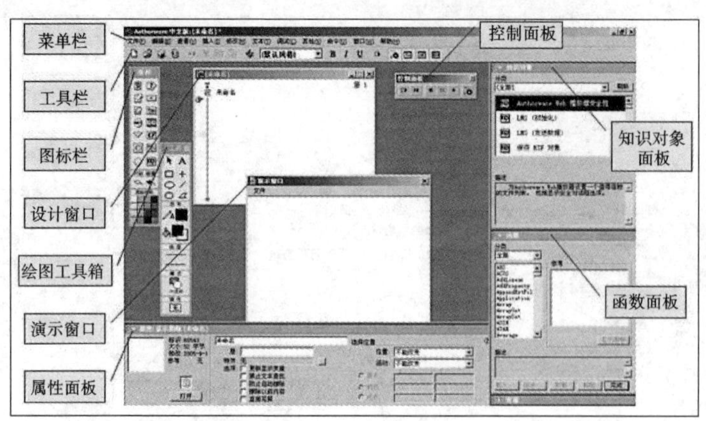

2. Authorware 的控制面板窗口

控制面板的主要作用是调试运行多媒体程序。要显示控制面板，选择菜单“窗口→控制面板”，单击“控制面板”按钮即可。

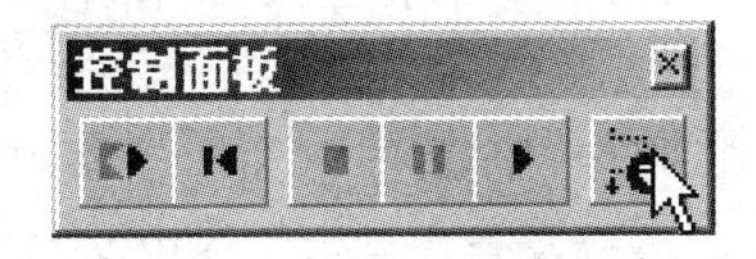

3. Authorware 的设计窗口

设计窗口是 Authorware 多媒体程序开发的主工作窗口，其作用类似一个流程图。

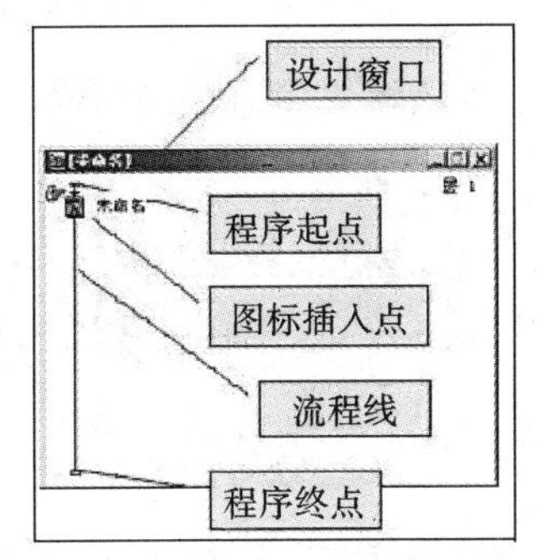

4. Authorware 的绘图工具箱

绘图工具箱是进行简单的文本及图形处理的工具。双击流程线上的显示图标或交互图标时，即可打开演示窗口，这时绘图工具箱会自动打开。它有指针、矩形、椭圆、圆角矩形、文本、直线、斜线、多边形等工具，可以进行文字及各类图形的绘制。

5. Authorware 的菜单

Authorware 的菜单如下。

Authorware 中文版：[未命名] *
文件(F)　编辑(E)　查看(V)　插入(I)　修改(M)　文本(T)　调试(C)　其他(X)　命令(O)　窗口(W)　帮助(H)

(1)文件菜单：提供了新建、打开、关闭、退出、保存、打印、导入导出媒体、页面设置和打包文件等功能。

(2)编辑菜单：提供了撤销、剪切、复制、粘贴、清除、选择对象、查找等命令。

(3)查看菜单：提供了是否显示菜单栏、工具栏及浮动面板，显示和对齐网格等命令。

(4)插入菜单：提供了引入 OLE 对象、图像和各种显示图标，也可插入媒体及控件。

(5)修改菜单:用于修改图标、图像和文件的属性,进行排列和组群,改变层的顺序。

(6)文本菜单:提供了丰富的文字处理功能,用于设定文字的字体、大小、颜色、风格等。

(7)调试菜单:用于调试程序,播放、停止、定位播放等。

(8)其他菜单:用于库的链接及查找显示图标中文本的拼写错误,声音格式的转换等。

(9)命令菜单:有 RTF 编辑器和查找 Xtras 等内容。

(10)窗口菜单:用于打开展示窗口、库窗口、计算窗口、变量窗口、函数窗口及知识对象窗口。

(11)帮助菜单:可以从中可获得更多有关 Authorware 的信息。

6. Authorware 的工具

(1)常用工具栏:Authorware 窗口的组成部分,其中每个按钮实质上是菜单栏中的某一个命令,由于使用频率较高,被放在常用工具栏中,熟练使用常用工具栏中的按钮,可以使工作事半功倍。

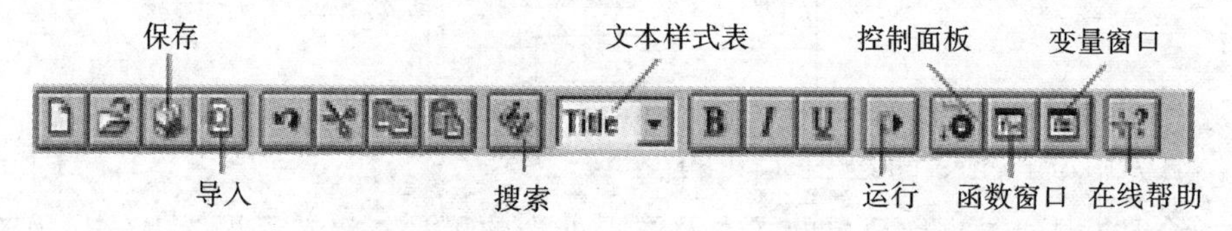

(2)图标栏:在 Authorware 窗口的左侧,包括 14 个图标、开始旗、结束旗和调色板,是 Authorware 最核心的部分。

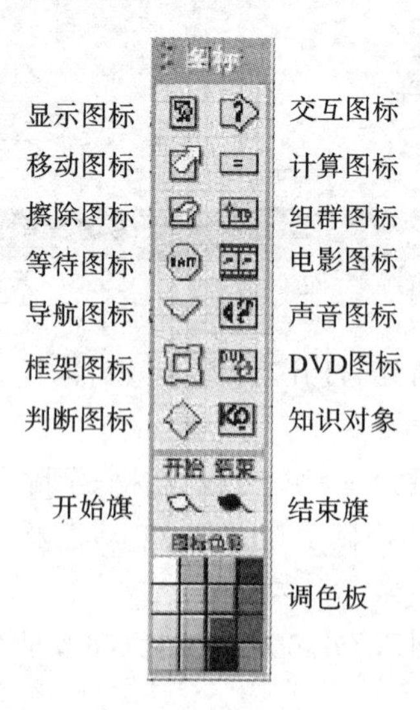

6.2　Authorware 的功能

6.2.1　显示图标

显示图标是 Authorware 中最重要、最基本的图标，可用来显示课件的图形、图像、文字，也可用来显示变量、函数值的即时变化。要插入一个显示图标，只需从图标面板中找到它，用鼠标拖动到文件窗口并释放，出现在工作流程线上的显示图标以"未命名"为其名称，也可以根据实际制作的情况为其重命名。其他图标的命名也可以采用这种方式，这样可使工作内容更加一目了然。

1. 显示图标的对象输入

(1)文本输入：新建一个文件，从图标面板上拖放一个显示图标到流程线上，命名为"文本输入"，接着在文件属性设置面板中设置好演示窗口的大小，选择"根据变量"，然后双击"显示图标"，即出现显示图标的编辑窗口，这时将窗口拖放到合适的大小，就会出现绘图工具箱。

在工具箱中选中"文本"工具，此时鼠标指针变为文本指针。单击需要放置文本对象的位置，即会出现文本插入点光标，然后就可以直接在标尺下输入文本。

输入结束后，单击"指针"工具退出编辑。全部文本以对象的形式显示，周围出现六个控制点。拖动这些控制点，可以改变对象的宽度。

(2)图片输入：新建一个文件，从图标面板上拖放一个显示图标到流程线上，命名为"背景图片"，打开显示图标，单击工具栏上的"导入"工具，或使用"文件\导入和导出\导入媒体…"命令。出现输入图像对话框。选中下方的"显示预览"可以在右边的窗口中预览选中的图片。选中"链接到文件"，将链接到外部文件，如果外部文件修改了，在 Authorware 中看到的也是修改后的图，一般在图片需要多次改动时，选中此项。

2. 设置文本格式

(1)设置文本的对齐方式：默认情况下，文本对象采用两端对齐方式。在编辑状态下，将插入点光标移到需要设置对齐的段落，可以设定左对齐、居中对齐、右对齐、两端对齐。通过移动缩进标记可以调整段落缩进，将段落设置为首行缩进或悬挂缩进。

(2)设置文本的颜色：选择面板中的"线条/文本色框"对应文本本身的颜色，而"背景色框"决定背景色。选择需要改变的文本，然后在颜色选择面板中选择一种所需要的颜色。同一个文件中的文本可以设成多种颜色，但背景色只能是一种颜色。

(3)设置字体和字号:文本的默认字体是 System、字号为 10 磅。选择需要改变的文本,然后执行“文本→字体→其他”命令,打开“字体”对话框。在“字体”下拉列表中选择一种字体,选择需要改变的文本,然后执行“文本→大小→其他”菜单命令,打开“字体大小”对话框输入所需字号,单击“确定”。

(4)设置字体的样式:可以有粗体、斜体、下划线、上标、下标等样式显示当前文本对象中的文本,选择“文本→风格”中对应的选项,也可以选择工具栏上的快捷按钮。美中不足的是上下标尽管位置发生了改变,但由于字号没变,所以并没有像 Word 中的那样效果明显。

(5)设置文本的行距:Authorware 不支持设置字符的行距和字距,可以先输入所需要的文本,设置字体、字号等格式,再分割成一行一行的文本对象,然后排列文本对象。

如果文字较多,就调用 OLE 对象。把 Word 文件保存成 *. rtf 格式,再插入显示图标中。或者在 Word 中排版后,再转成图片导入。

(6)输入数学公式和方程式:在流程线上拖放一个显示图标,双击图标,调出编辑窗口。在非文本输入的状态下,选择“插入→OLE 对象”命令,调出“OLE 对象”对话框,选择 Microsoft 公式 3.0,调出公式编辑器,余下的操作就和在 Word 中一样。输入公式,完毕后只要在其他位置单击,程序会自动关闭公式编辑器。若想修改已输入的公式,双击该公式即可。输入的公式在显示窗口中变成一个显示对象,可以改变它的大小、位置等。

化学方程式可以先编辑好,作为图片插入进来。

(7)为文本添加滚动条:选择文本对象后,执行“文本→卷帘文本”命令,此时系统会自动给文本添加滚动条。单击文本对象右侧滚动条上的方向按钮,可在滚动框中滚动文本内容。如想取消滚动条,再次执行“文本→卷帘文本”命令,去掉“卷帘文本”前的对钩即可。

(8)消除文字的锯齿:字号增大后,文本笔画边沿出现明显的锯齿,影响美观,为了消除锯齿,选择文本对象,然后执行“文本→消除锯齿”命令。当然它是对整个文本对象有效的。如想要部分有效的话,一种是把文本分割成几个对象,再分别进行设置,或者分割到不同的显示图标中。

(9)设置文本显示过渡效果:打开过渡效果的“特效方式”有三种方法。

其一,选中或打开要设置特效方式的显示图标或框架图标,打开设计图标对应的属性对话框后,对于“显示”设计图标,单击“特效方式”文本框右边的对话按钮。对于“框架”设计图标,单击“页”文本框右边的对话按钮。

其二,在设计窗口中选择设计图标,然后执行“修改→图标→特效”命令。

其三,在设计窗口中用鼠标右击设计图标,在弹出的快捷菜单中选择“特效”命令。

各种“特效方式”类似于 PowerPoint 文字的动画方案，具体效果不一一描述。

在设置“特效方式”的同时，还可以设定周期、平滑度及影响范围。

周期：单位是秒，指定完成显示过渡效果所需的时间，最大值不超过 30 秒。

平滑度：表示过渡效果的转换是否突兀，最小值 0 表示最平滑。数值越大，过渡效果越差。

影响范围：设置过渡效果影响的区域。选择“整个窗口”影响整个窗口，选择“仅限区域”仅影响显示对象所在的区域。

3. 设置图像的显示模式

打开显示图标的同时系统会自动打开“工具”面板，打开“覆盖模式”面板，也可选择“窗口→显示工具盒→模式”命令来打开，其中提供了 6 种覆盖模式。

(1)不透明模式(默认)：前面显示对象覆盖其后的内容(包括演示窗口的背景色)。

(2)遮隐模式：图像外围部分的白色变为透明，内部的白色部分仍然保留不透明。

(3)透明模式：图像对象中的所有白色部分均变为透明，后面的显示对象通过透明部分显示。

(4)反转模式：文本对象的背景变为透明，文本颜色变为其后对应颜色的反色。设置两个一样的显示对象为反显模式并完全重叠，则其将从演示窗口中彻底消失，而完全显示其后的所有对象及窗口背景。

(5)擦除模式：文本对象及图形对象的背景色将变为透明，其前景色和线条/文本色所在区域则变为演示窗口的背景色。这种模式下，位图对象的显示难以预料。

(6)Alpha 通道模式：该模式利用图像的 Alpha 通道，可以产生透明物、发光体等效果。它不仅可使图像透明部分后的背景完全显示，而且能够将图像与背景色混合达到一种半透明的效果。

4. 设置曲线和图形的线条色和填充色

(1)设置线条的颜色：首先选择一个或多个需要设置的矩形、椭圆或多边形对象，再单击绘图工具箱上的“线条/文本色框”工具，打开“颜色”选择面板，选择所需要的颜色块。

(2)设置填充色：选择一个或多个需要设置的矩形、椭圆或多边形对象，再单击绘图工具箱上的“填充模式”工具，打开“填充模式”选择面板。选择所需要的填充模式用前景色还是背景色，或使用底纹图案结合前景色或背景色。选择要填充的颜色，单击绘图工具箱上的“填充色”工具(选取时请注意分清是前景色还是背景色，默认左上角黑色的那个方块是前景色，右下角白色的那个方块是背景色)，打开颜色选择面板，选择所需要的颜色块。

6.2.2 插入动画对象

Flash 动画是多媒体世界中非常重要的成员，Authorware 中也有很多方法播放 Flash 动画。打开“插入”菜单，选择“媒体—Flash Movie”命令，这时会自动显示一个“Flash Asset”属性对话框。单击“浏览”按钮，可以打开选择文件的对话框，选择要播放的 Flash 动画。

选择需要播放的 Flash 动画后，可以在 Flash Xtra 属性对话框中对 Flash 动画的播放属性进行设置。如果选择“链接”选项，则 Flash 动画将作为外部文件链接到程序中，这与在显示图标中导入图像文件是一样的，如果选择“链接”的同时选择“预载”，则 Authorware 在播放 Flash 动画之前，会将数据预先载入内存，以提高 Flash 动画的播放速度。如果不选择“链接”选项，则 Flash 动画将导入 Authorware 文件内部，这时“预载”不可用。“图像”和“声音”选项分别控制播放 Flash 动画时是否显示图像和播放声音。选择“预载”选项，则 Authorware 播放 Flash 动画时将暂停在第一帧；选择“循环”选项，则 Authorware 将循环播放 Flash 动画，否则 Flash 动画将只播放一次；选择“直接写屏”选项，则 Flash 动画将显示在屏幕的最上方，这与视频属性的设置是一样的。对话框下方的各选项可以设置 Flash 动画的播放品质、速度和画面比例等。

6.2.3 移动图标

移动图标与显示图标相配合，可制作出简单的二维动画效果。

Authorware 有两大类动画效果：一种是 AW 引用的外部动画，它是先用外部软件编辑好，然后由 AW 引用，包括 GIF 图片、Flash 动画等。另一种是 Authorware 内部制作的动画，可以实现文本、图形、图像等对象的运动效果，是一种过渡效果，展示了对象的显示和擦除的变化过程。它通过移动图标来完成。

在多媒体的展示效果中，动画往往比静止的文字和图片更具表达力。Authorware 提供的移动图标可以控制演示窗口中的某些对象按照指定的路径移动，从而产生动画效果。移动图标本身并不能运动，也不能载入文本、图像和图形等对象，它只能以显示图标中的显示对象（如文本、图形和图像等）为移动对象。因此，在导入移动图标时，必须同时有显示图标为其提供可移动的对象，并且流程线上的移动图标位于显示图标的下方。另外，Authorware 一次只能控制一个显示图标中的对象移动，如果要用不同方式移动多个对象，则应将这些对象放在不同的显示图标中。

根据移动图标移动对象方式路径的控制方式，移动方式可以分为以下 5 种：

固定终点的移动、沿直线到直线上的任意点的移动、到平面内的任意点的移动、沿路径到终点的移动、沿路径到路径上的任意点的移动。另外，还有一种特殊的移动方式，即基于层的动画。这几种方式如果配合较好，可以产生丰富的动画效果。

6.2.4　擦除图标

擦除图标用来擦除显示画面、对象。多媒体片段的设计思想，就是顺序显示各种演示对象，当各对象完成后，应从演示窗口中消失。在一个多媒体作品的流程中，往往包含许多个不同方式的擦除操作，只有合理地安排和组织好各个擦除操作的关系，才能使多媒体作品按照预期目的播放出来。

使用擦除图标可以擦除已经显示的任何图标的内容，包括由显示图标、交互图标、框架以及数字影像显示的对象等。当擦除一个图标时，该图标中所有内容都将被擦除。如果期望只擦除其中的一个对象，只有将它单独放在一个显示图标中，这样，此对象会作为一个独立的对象显示在演示窗口。

6.2.5　等待图标

等待图标的作用是暂停程序的运行，直到用户按键、单击鼠标或者经过一段时间之后，程序再继续运行。为了在课件内暂停某画面或镜头，就要使用等待图标，它为控制演示的进度提供了方便。

将等待图标拖动到流程线上，它已经配置了相应的默认设置。当课件运行到等待图标时，Authorware 并不会自动打开相应的属性对话框，而会执行这套默认的设置值。为了重新进行设置，必须双击等待图标，打开“等待图标”对话框。

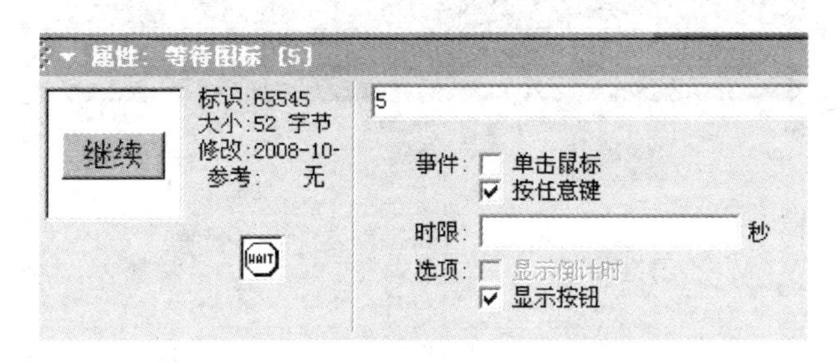

左侧的 Preview 窗口用于显示等待按钮，当在等待图标中选中显示“倒计时的时钟”选项时，在此窗口中将显示倒计时的时钟，如果既没有启用 Show Button 复选框，也没有启用 Show Countdown 复选框，则此窗口将是一片空白。

在“事件”选项组内，启用 Mouse Click 复选框时，表示单击鼠标后，将使课件从暂停状态切换到继续播放状态。同样，启用 Key Press 复选框后，触发方式将由单击鼠标变为单击任意键。如果同时设置上述两种触发，那么总是先出现的那个触发事件将启动课件播放。

Time Limit 文本框用于设置课件暂停的时间，它以秒为单位。用户可在此文本框内输入数值、变量或表达式，以决定等待图标暂停的时间。触发事件是一种主动控制课件播放进度的方式，而暂停则是一种被动地控制课件播放进度的方式。

在 Options 选项内，只有设置了 Time Limit 选项，Show Countdown 选项才可用，此时将在演示窗口内显示一个倒计时钟，用于显示剩余的时间，并且在预览窗口内显示一个时钟的标志。双击演示窗口的时钟时，将打开 Wait Icon 的属性对话框。

在 Options 选项内，启用 Show Button 复选框之后，将在预览窗口内出现一个继续按钮，当程序执行到此等待图标时，演示窗口会出现一个表示继续的按钮，用户单击此按钮，程序将继续执行。如果同时启用 Show Countdown 和 Show Button 复选框，那么等待图标属性对话框的预览窗口内将同时出现继续按钮标志和小时钟标志。

默认的情况下，继续按钮的标签为 Continue，若要对按钮的标签及其形状进行更改，可选择“修改—文件—属性”，在打开的对话框内，选择“交互”标签，可进行属性更改。若需要更加丰富的继续按钮，可单击“等待按钮”右侧的命令按钮，或直接双击预览窗口中的 Continue 按钮图标，在弹出的按钮库中进行选择。若用户对 Authorware 提供的按钮不满意，可对它们进行编辑，甚至增加新的按钮。

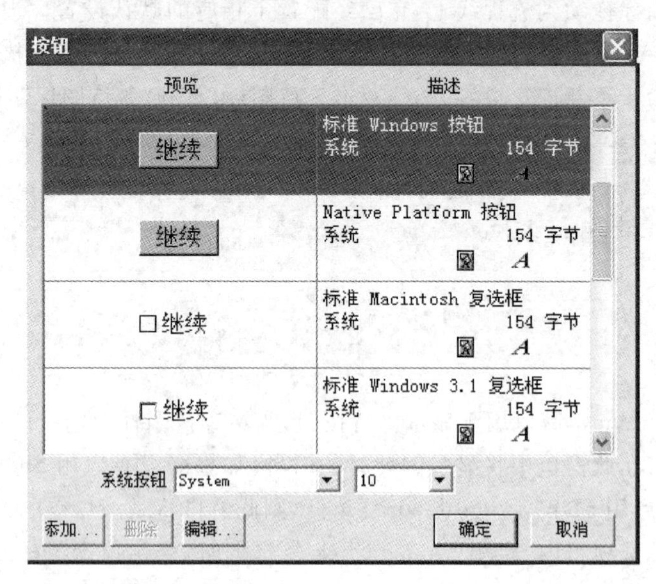

6.2.6　导航图标

导航图标可控制程序从一个图标跳转到另一个图标，常与框架图标配合使用。跳转方向和方式是由导航图标进行控制的。在流程线上拖入一个导航图标，双击该图标，可打开导航图标属性对话框。调转目的地有 5 种不同的位置类型：最近、附近、任意位置、计算和查找。下面简单介绍 5 种目的位置类型是如何工作的。

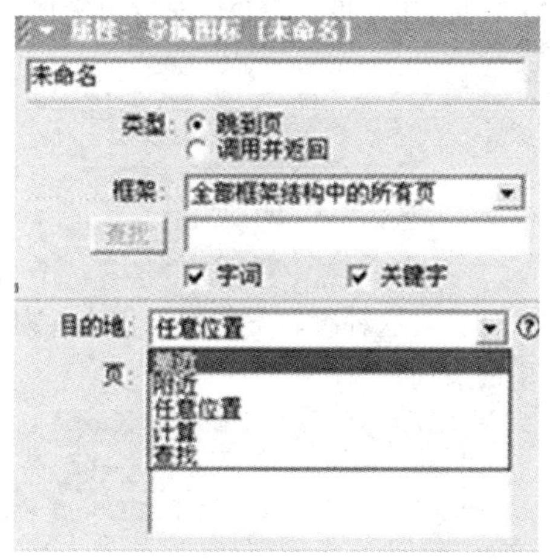

双击导航图标，打开导航图标属性对话框，当前选择是“最近”，代表用户可以跳转到已经浏览过的页面中。跳转方式由以下单选按钮决定。

“页”单选按钮：用来设置跳转方向。“返回”：沿历史记录从后向前翻阅已使用过的页，一次只能向前翻阅一页。“最近页列表”：显示历史记录列表，可从中选择一页进行跳转，最近翻阅的页显示在列表的上方。

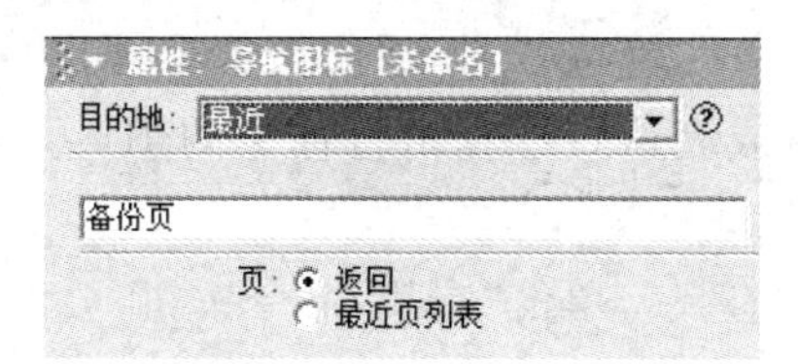

将“目的地”选择为“附近”，这种转向类型用户可以在框架内部的页面之间跳转，以及跳出框架结构。

将“目的地”选择为“任意位置”，代表可以向程序中任何页跳转。当创建一个该类型的导航图标时，Authorware 会为它取名为“未命名”，为它设定目标页之后，它的名称自动变为“导航到目标页名称”。“类型”单选按钮：用于设置跳转到目标页的方式。

“跳到页”：直接跳转方式。“调用后返回”：调用方式。选择此方式，

Authorware 会记录跳转起点的位置，在需要时返回到跳转起点。

"框架"下拉列表框：选择目标页范围。在下拉列表框中选择某一框架后，其中包含的所有页都显示在下方的"页"列表框中，从中可以选择一个作为跳转目标页；在下拉列表框中选择"全部框架结构中的所有页"，则下方"页"列表框中将显示出整个程序中所有的页，然后直接从中选择一个作为跳转的目标页。

"查找"命令按钮：向其右边的文本框中输入一个字符串，然后单击此按钮，所有查找的页会显示于上方列表框中，从中可以选择一个作为跳转的目标页。"字词"复选框和"关键字"复选框：用于设置查找的字符串类型。

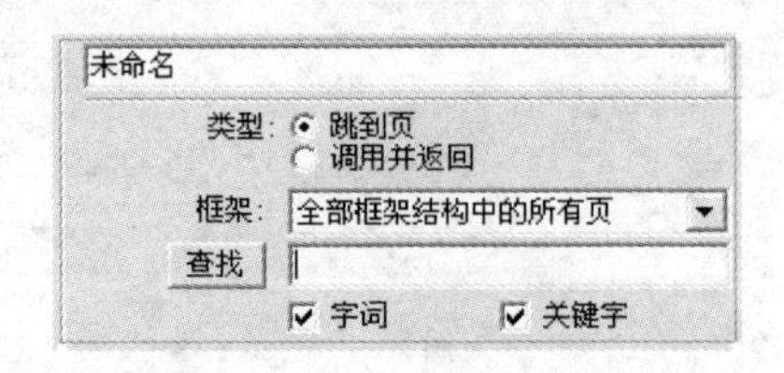

将"目的地"选择为"计算"，这种跳转类型根据用户在对话框中给出的表达式的值，决定跳转到框架中的页面。

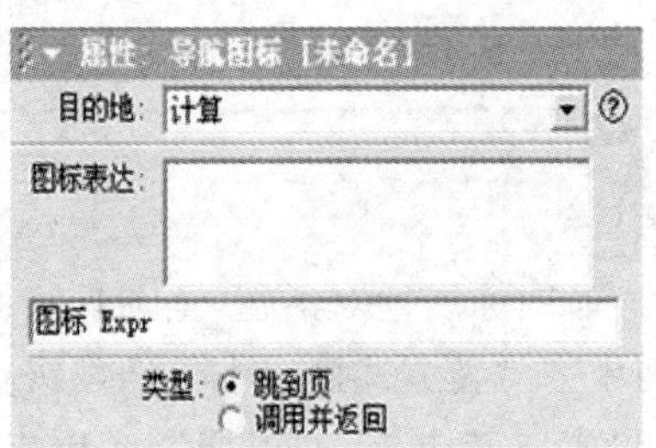

"跳到页"：跳转到目标页后，即从目标页继续向下执行。

"调用并返回"：跳转到目标页并执行后，返回跳转前的页面。

图标表达"文本框"：可输入一个返回设计图标 ID 号的变量或表达式。Authorware 会根据变量或表达式计算出目标页的 ID 号并控制程序跳转到该页中去。

将"目的地"选择为"查找"，单击"查找"命令按钮，会出现 "查找"对话框。

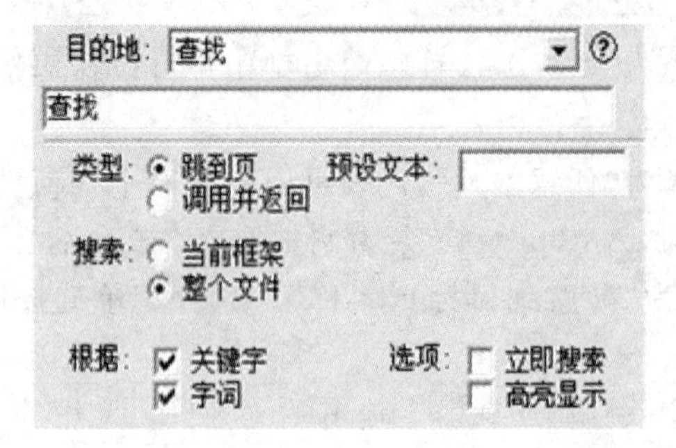

“类型”单选按钮组：设置跳转到目标页的方式。“跳到页”：直接跳转方式。“调用并返回”：调用方式。

“搜索”单选按钮组：用于设置查找范围。“当前框架”：仅在当前框架中查找。“所有文件”：在整个程序文件中的所有框架中查找。

“根据”复选框组：设置查找的字符串类型。“关键字”：打开此复选框可以查找页图标的关键字。“字词”：打开此复选框可以在各页正文之中进行查找。“预设文本”：输入字符串或储存了字符串的变量，在打开“查找”对话框时，此字符串会自动出现在“字/短语”文本框中。

“选项”复选框组里“立即搜索”：打开此复选框，当单击“查找”命令按钮时，会对“设置文本”文本框中设置的字符串进行查找。“高亮显示”：选用此复选框则突出显示被找到的内容。

6.2.7　框架图标

框架图标常和导航图标共用于建立页面系统、超文本和超媒体。

新建一个文件，拖入一个框架图标到流程线上。

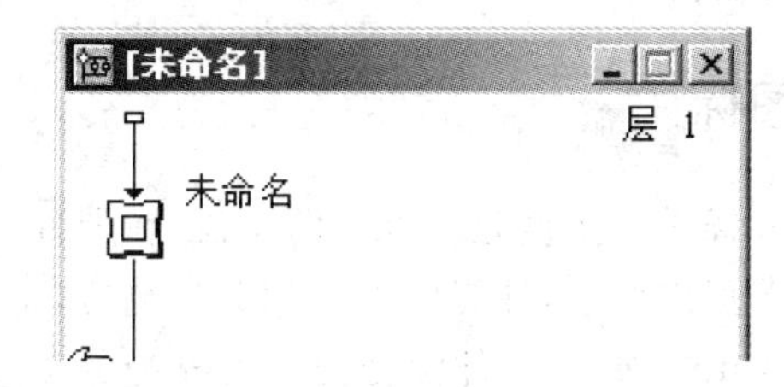

双击框架图标，其结构展开如下：

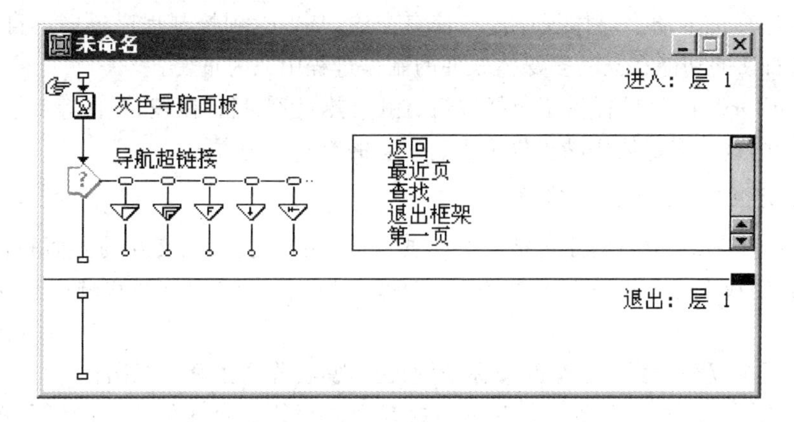

框架窗口是一个特殊的设计窗口，窗格分隔线将其分为两个窗格：上方的称为入口窗格，下方的称为出口窗格。

按下 Ctrl 键并用鼠标双击框架图标，可打开框架图标属性对话框。

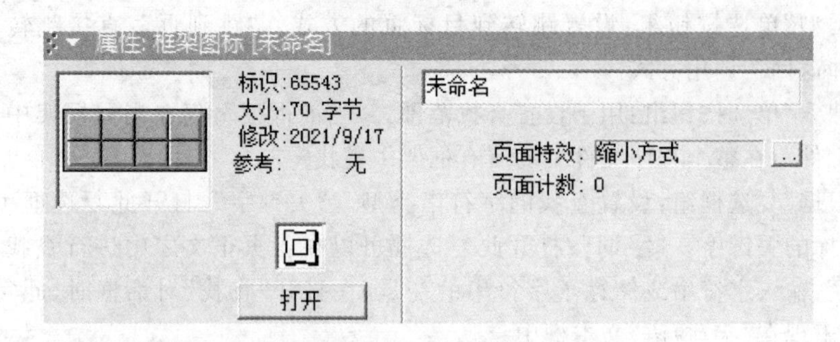

在框架属性窗口中,或者双击框架内部的交互演示窗口,有作为导航按钮板的图像和一个交互作用分支结构,交互作用分支结构中包括8个被设置为永久性响应的按钮,分别是“返回”“历史记录”“查找”“退出”“第一页”“向前”“向后”“最后一页”等。

框架中的内容通常被组织成页,它们被附加到框架图标右边,附属于框架图标的任何一个图标称为页图标。页图标可以是一个显示图标,也可以是一个数字电影、声音文件或具有复杂逻辑结构的群组图标。框架结构中页图标的页码按从左到右的顺序固定为1、2、3……

6.2.8 交互图标

交互(interaction),简单地讲就是一种双向交流,在课件与程序开发中是人与计算机的对话。使用者提出要求,计算机给出相关的响应,得到直观的结果,这就是交互的表现形式。Authorware软件深受使用者喜爱的莫过于它强大的交互功能。有了交互,就可以在程序设定的过程中通过鼠标、键盘或触摸屏等外部输入设备和计算机上的多媒体程序进行信息交流,从而达到控制程序流向的目的,这种人机对话的功能在互动多媒体软件的制作过程中尤为重要。

Authorware系统提供了包括按钮、热区、热对象、目标区域、条件等11种交互响应类型,这为多媒体作品提供了丰富多彩的交互表现方式。

1. 交互响应分支的建立

Authorware中的交互包括3个主要部分:用户的输入、交互的界面和程序的响应,在组成上典型的交互包含交互图标、响应图标、响应类型和响应分支4个部分。

交互响应都需要通过交互图标来设置实现,首先需了解交互图标。

从图标工具栏上拖动一交互图标放置到流程线上合适位置。仅仅交互图标本身并不能提供交互响应功能,必须为交互图标创建响应分支。

以建立一按钮响应交互分支为例来说明响应分支的创建过程。

拖动群组图标到流程线上交互图标的右侧,因为是第一次建立响应分支,因此程序会自动弹出一个响应类型对话框，在响应类型对话框中显示 Authorware 的“交互图标”所支持的 11 种响应类型，每一种响应类型都用不同的图标按钮表示；可以通过单击它们对应的复选框来选择相应的响应类型。选择默认的按钮作为响应类型，按“确定”按钮后即完成按钮交互响应分支的建立工作。建立交互分支后，可以点击交互图标或按快捷键 Ctrl＋E，调出响应属性对话框，根据实际需求对响应分支的交互返回类型、响应属性等进行具体设置。

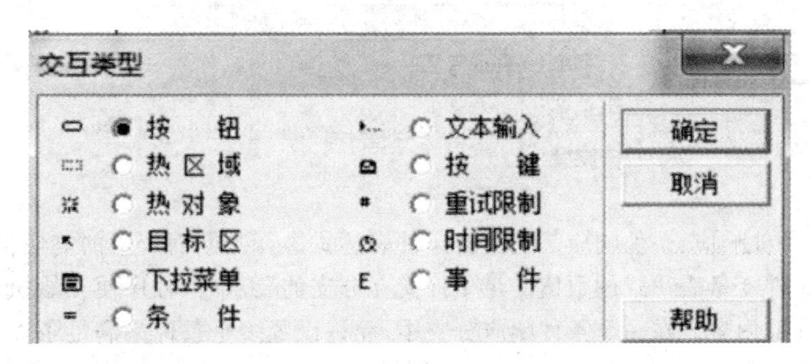

建立一个交互响应分支后，如果再向交互图标的右侧拖动图标，响应类型对话框将不再显示，它会默认设置前一个分支的响应类型。

Authorware 中有些图标是不能直接作为响应分支图标的，它们包括决策图标、框架图标、交互图标、数字化电影图标、声音图标，当拖动这些设计图标到交互图标右侧时，系统会自动添加一个群组图标作为分支图标，并将这些图标置于该群组图标的二级流程线上。

2. 交互响应类型

前面提及交互图标支持的有 11 种响应类型，下面简单介绍几类重要的响应。

(1)按钮：按钮响应是使用最广泛的交互响应类型，它的响应形式十分简单，主要是根据按钮的动作而产生响应，并执行该按钮对应的分支。这里的按钮可以是系统自带的，也可以是用户自定义的。

选择了按钮为响应类型后，在图标分支处单击，其“属性”对话框出现，可以设置按钮的大小、位置、鼠标状态等，也能设置按钮激活条件、擦除等。

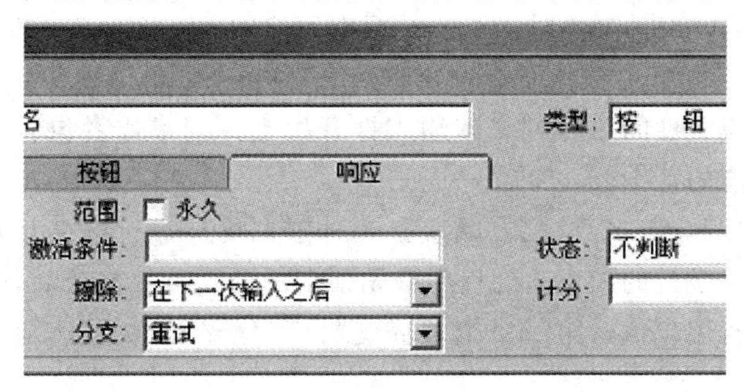

(2)下拉菜单响应:下拉菜单响应是通过用户对相应下拉菜单的选取而产生的响应类型。下拉菜单响应的建立与使用相对简单,其中下拉菜单响应分支所在的交互图标的名称即为下拉菜单的标题,交互图标下的各个下拉菜单响应分支的名称对应为该下拉菜单的菜单项。当选择某一菜单项时即响应执行对应分支的流程内容。其属性设置如下。

菜单 响应
菜单: 未命名
菜单条:
快捷键:

(3)条件响应:条件响应是通过对条件表达式进行判断而产生的响应类型,即当某一条件变量表达式的数值满足条件交互分支的要求时,程序便开始执行条件分支所在的内容。在一个条件响应分支中,允许设置多个条件来满足条件变量的各种变化范围。

条件响应属性有一个很重要的自动执行属性,假如条件选项"为真",则程序执行时,Authorware 就会根据条件变量的值来判断响应是真还是假,一旦符合条件,Authorware 将自动执行此条件响应分支;假如选择的是"当由假为真"选项,则只有在条件由假变为真时,Authorware 才会执行该条件响应分支。假如选择"关"选项,Authorware 则会关闭条件判断功能,也就是说只有在指定条件正确的情况下才产生响应。当设置条件响应为永久交互时,"自动域"将自动设置为"当由假为真"。

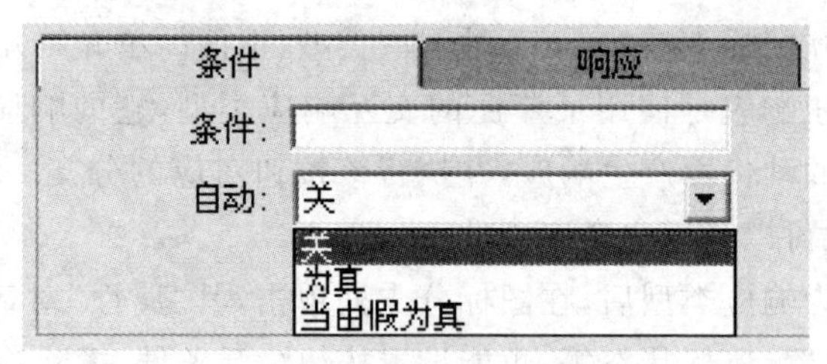

(4)文本输入响应:文本输入响应是根据用户的输入而产生的响应类型,一般通过它获取用户的输入内容而进一步进行相关的响应处理操作。Authorware 7 的文本输入响应属性的"模式"文本输入框开始支持变量或者包含变量的字符串表达式作为响应的范本。

(5)尝试限制响应:尝试限制响应是一种限制用户进行可交互有效次数的响应类型。当用户进行的操作达到程序事先预定的最大有效次数后,会马上进入限制交互分支。若用户执行第一个交互分支"执行分支"的次数达到第二个尝试限制分支“限制次数”所设定的最大尝试交互次数 3 次时，则响应执行“限制次数”分支内容。

6.2.9　判断图标

判断图标又称为决策图标，可以控制程序流程的走向，完成程序的条件设置、判断处理和循环操作等功能。

(1)设置判断图标的属性：新建一个文件，把判断图标拖放到流程线上，双击图标打开其属性面板。判断图标与交互图标类似，每一个判断图标上都附着数量不等的分支路径，由于判断图标的自动性，因此 Authorware 将根据判断图标当时的设置情况自动选择某一分支运行，而交互图标是根据用户的交互响应来决定程序的分支。判断图标属性设置中有 3 大部分：重复、分支、时限。

(2)重复属性设置：重复属性下拉菜单中有 5 个选择项，分别是：固定的循环次数、所有的路径、直到单击鼠标或按任意键、直到判断值为真、不重复。

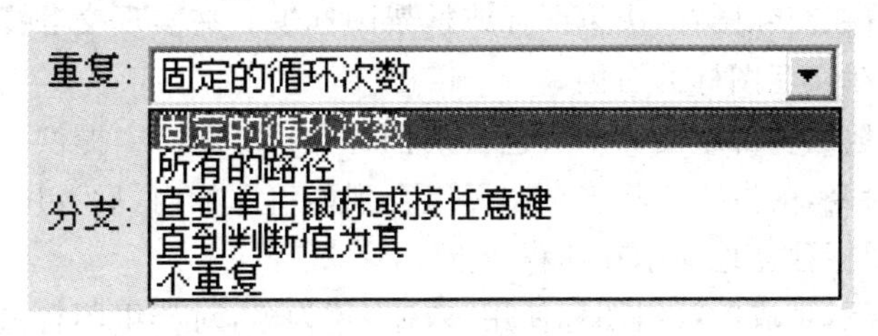

如果选中“固定的循环次数”选项，可以在下方的文本框中输入数值、变量或表达式来判断重复循环执行的次数，如果输入值为“0”，则代表不执行程序，程序会自动退出。

选中“所有的路径”，表示当所有的判断都执行完毕后，程序才会退出。选中“直到单击鼠标或按任意键”时，只有单击鼠标或按任意键才退出；否则，程序都会执行。如果选择“直到判断值为真”，程序每次执行到判断图标的时候都会进行判断，只有当判断条件为真才退出，不为真时都会继续执行。如果选择“不重复”，表示在任何情况下，程序的每一个判断都不做重复，都会在执行一次后就立即退出。需要注意的是，要输入字符，必须在英文输入法状态下输入，否则会出错。

6.2.10　计算图标

计算图标用于计算函数、变量和表达式的值以及编写 Authorware 的命令程序。它最大的功能就是能够调用函数、变量和添加程序注释。除了独立地显示计算图标之外，还可以将它附加在其他图标上，以实现和计算图标同样的功能。

无论是单独出现的计算图标，还是附加计算图标，Authorware 在执行计算窗口的程序时，将不再接受鼠标和键盘的响应，也无法处理其他事件。

6.2.11 群组图标

群组图标可以将一部分程序图标组合起来，实现模块化子程序的设计。它是一种非常实用的工具，能够将流程线上的图标变成可管理的几个模块，使得程序的流程更加清晰，这与高级程序语言中子程序或过程的作用很相似，有效地提高了编程的进程，还可以保证在一层流程线上不会出现大量的图标，以致在演示窗口内无法全部显示。

在具体的使用过程中，通常将逻辑关联的一组图标放在一个群组图标内，这样可以使设计者更加容易了解课件中的所有图标是如何相互影响、相互作用的。同时，也有利于发现课件设计中存在的问题，查找问题的根源。

群组图标与课件流程窗口是逐一对应的，只要双击群组图标都可以打开流程窗口，并且在窗口的右上角显示出当前群组图标所在的层数。群组图标允许相互嵌套，这样就便于创建多级的流程结构。群组图标可以添加在流程线上的任何位置，也可以附着在交互图标、决策图标或框架图标上。在实现交互操作时，群组图标大量地出现在交互图标的右侧。

为了动态地调整群组图标中所包含的图标，Authorware 提供了“组合”及“取消组合”菜单命令，前者用于将多个图标组合到群组图标内，后者用于拆分群组图标，使其中的图标独立地显示在流程线上。

默认情况下，生成的群组图标使用“未命名”为名，对群组图标进行重命名后，它的名称将出现在群组图标流程图的标题栏内。需要解除群组图标时，可执行“修改→取消组合”命令。

按下“Ctrl”键，同时双击群组图标，弹出群组图标的属性。

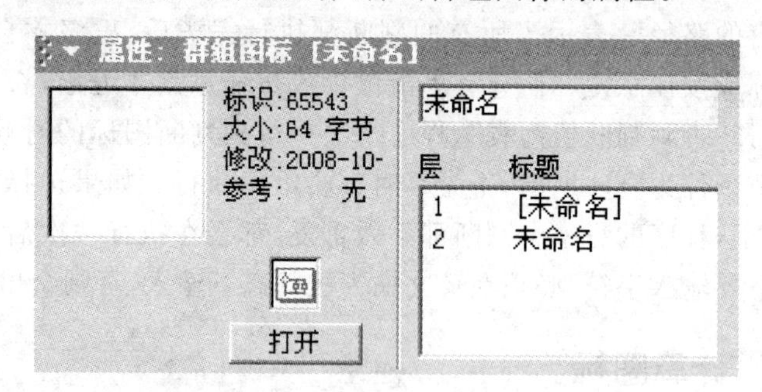

点击“打开”则打开预览窗口。

6.2.12 声音和视频图标

声音和视频图标包括声音图标、电影图标、DVD 图标。

电影图标用于加载和播放外部各种不同格式的动画和影片，如用 3DMAX、

QuickTime、MPEG、AVI 以及 Director 等制作的文件。声音图标用于加载和播放音乐及录制的各种外部声音文件。DVD 图标用于控制计算机外接的视频设备的播放。

媒体是指信息传播的媒介，一般包括声音、文本、动画、图形、数字电影、DVD 等。多媒体则是以上各种媒质的组合。

1. 声音图标的使用

声音的编辑主要是指在多媒体作品中导入声音文件，并对其进行播放设置。Authorware 支持的声音文件格式有 SWA、AIFF、PCM、VOX、WAV、MP3、MIDI 等，为减少在开发中遇到的麻烦，声音都是在程序开发完成的最后阶段才载入的。声音的导入可以通过声音图标来进行，也可以通过拖拉的方式导入。

声音导入。

(1)新建一个文件，加入声音图标，命名为“music”。

(2)打开声音图标的属性。

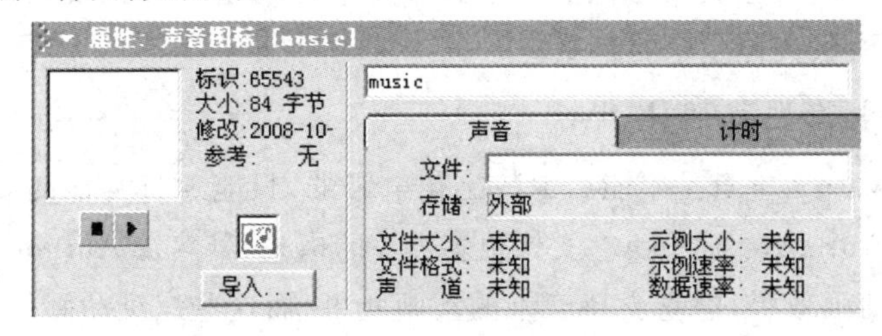

(3)单击导入图标，导入背景音乐。需要注意的是要选择 Authorware 7 支持的音乐文件。一般系统将列出所有支持的声音文件格式，如果不支持，看能否通过调用函数把原来的声音文件转换为 Authorware 7.0 支持的格式。

导入声音文件时，将出现如下所示的提示。

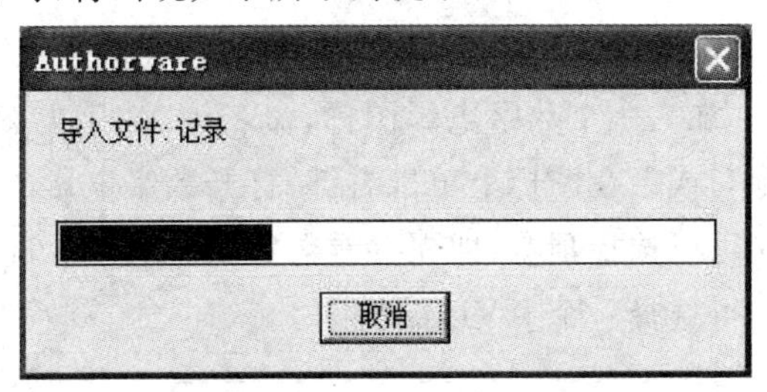

导入声音文件后，声音图标的属性如下所示，显示的是有关声音的信息。

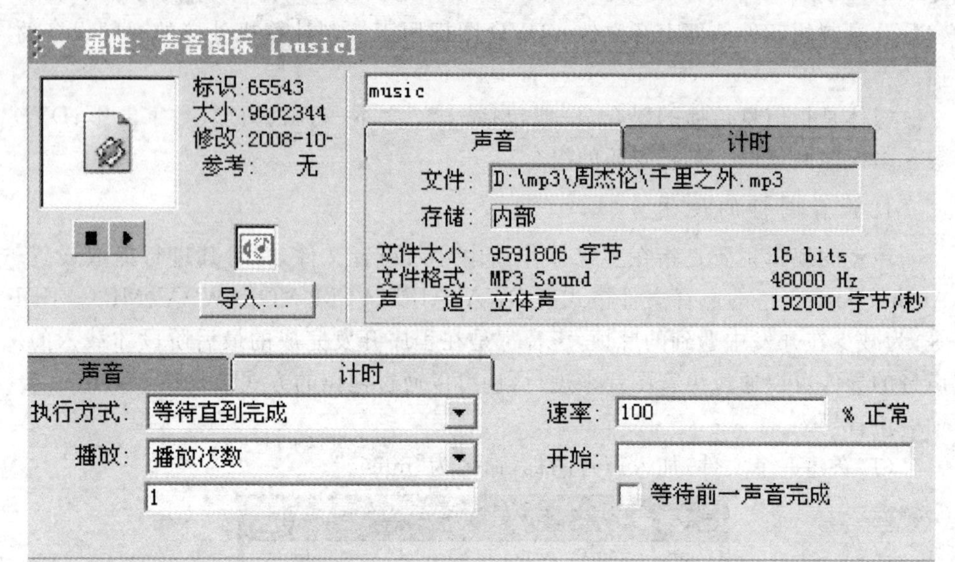

声音文件的执行方式有以下三种。①“等待直到完成”：声音文件播放完成设置次数才执行下一个操作。②“同时”：播放声音文件的同时，流程线上的下一个事件将执行。③“永久”：自动执行声音的播放，不论随后有多少个其他事件，将和这些事件同时执行，直到程序结束。声音文件所占的空间都比较大，如果利用压缩，会使得声音丢失掉原来的音质。

2. 数字电影图标的使用

Authorware 7 本身是不能产生数字化电影的，只能通过其他的软件来制作，然后再引入 Authorware 中。它支持很多影片的格式，虽然在 Authorware 中只能产生二维的动画效果，但它支持三维的动画效果，而这些三维动画效果的影片则可以通过导入来实现。Authorware 7 所支持的影片格式有 Bitmap Sequence 文件、FLC、FLI、CEL 文件、QuickTime 文件、Director 文件、MPEG 文件、PICS 文件、Video for Windows、Windows Media Player 文件、AVI、DVD 电影、Flash 动画、GIF 动画。

数字电影的导入和前面介绍的声音文件的导入类似。

新建一个文件。加入一个数字电影图标，命名为“数字电影”，按下“Ctrl”键，双击“数字电影图标”，或者在图标上单击右键，打开数字电影的图标属性窗口，点击“导入”，在导入时可以选择预览，即先看看数字电影效果。选择 Authorware 支持的数字电影文件，可选择一个 AVI 文件。

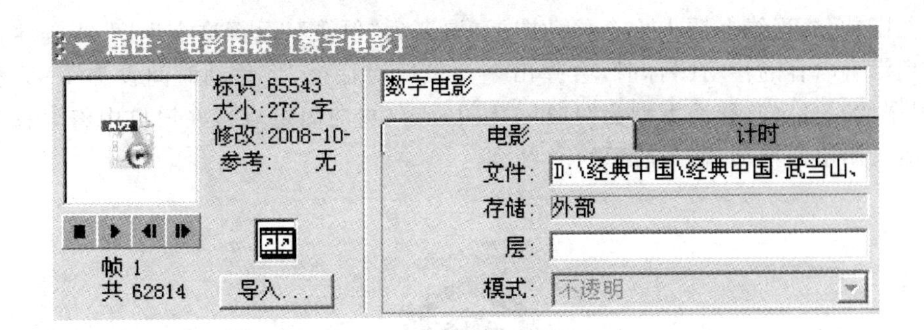

6.3　Authorware 的应用实例

使用 Authorware 可以方便地做出非常漂亮的多媒体课件及程序，例如运动、单击响应、登录密码、超级链接、日历、计时、考试系统等。

6.3.1　用 Authorware 制作运动程序

运用 Authorware 可制作几支箭射向箭靶的动画。流程如下所示。

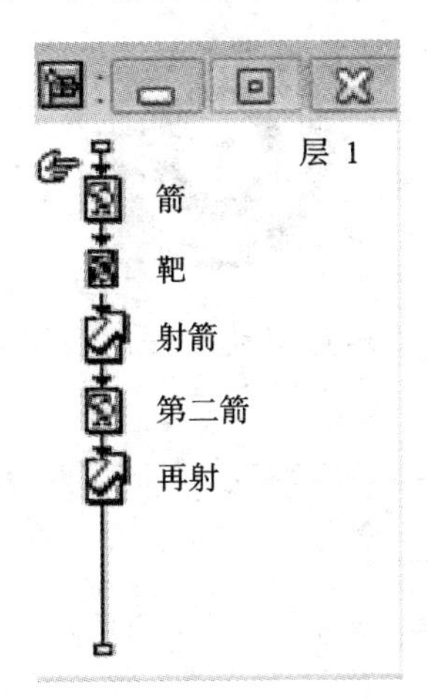

(1)新建一个文件。在主流程线上拖入两个显示图标，命名为“箭”和“箭靶”，双击“箭”，在弹出窗口中画一支箭或者粘贴一支箭的矢量图，双击箭靶，在其中绘制几个同心圆，设置不同的颜色。

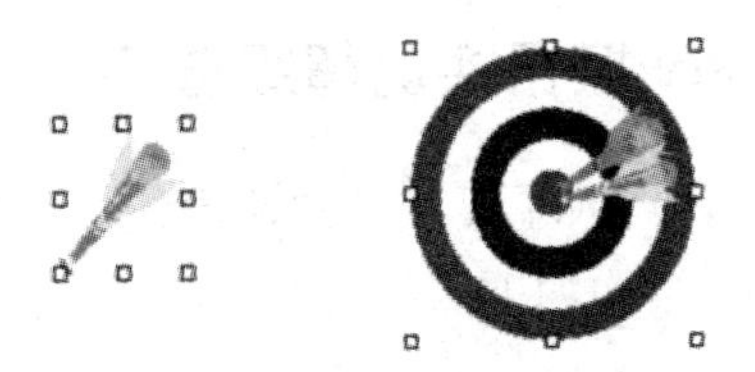

(2)在流程线上插入一个移动图标,取名为“射箭”,运行这个程序,当程序执行到没有内容的移动图标时,会弹出一个设置对话框,将移动时间设为1～3秒(根据情况自定),移动类型为“Direct to Line”(指向固定点),在窗口中将要移动的箭头用鼠标拖动,移到箭靶的中心。

(3)在流程线上再次插入一个显示图标,命名为“第二箭”,在其下方拖入一个移动图标,按上述步骤将移动的属性调好,在移动图标内把箭运动到靶心。完成设置。进行调试,结果如下所示。

(4)针对多个移动对象可以进行移动顺序的设置,让不同的对象同时移动,或者按先后顺序移动。

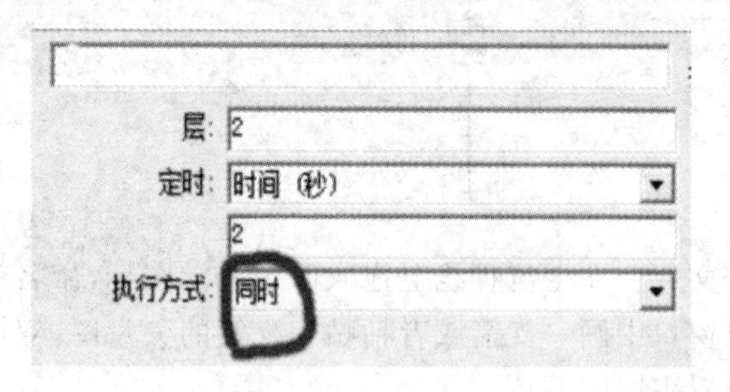

6.3.2 Authorware 按钮实现超级链接

制作一个介绍唐代三位诗人主要作品的流程线,了解如何通过交互图标来实现超级链接。作品有两层,结构如下。

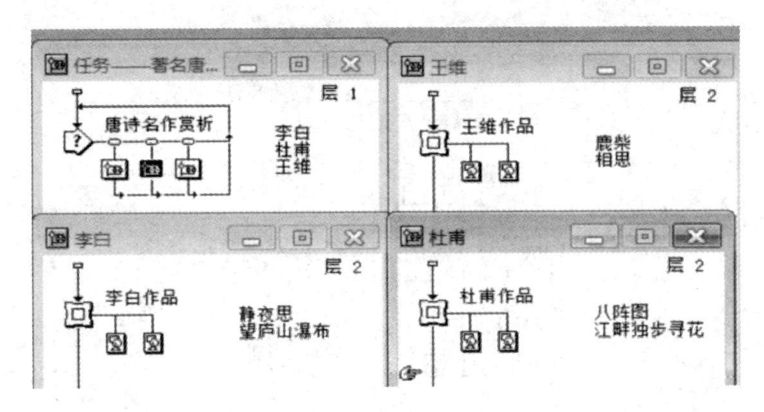

(1)用鼠标左键单击工具栏上的“交互”按钮拖动到流程线上,在其右侧插入一个群组图标,此时会弹出交互类型的设置提示,选择“按钮”式交互类型,确定。

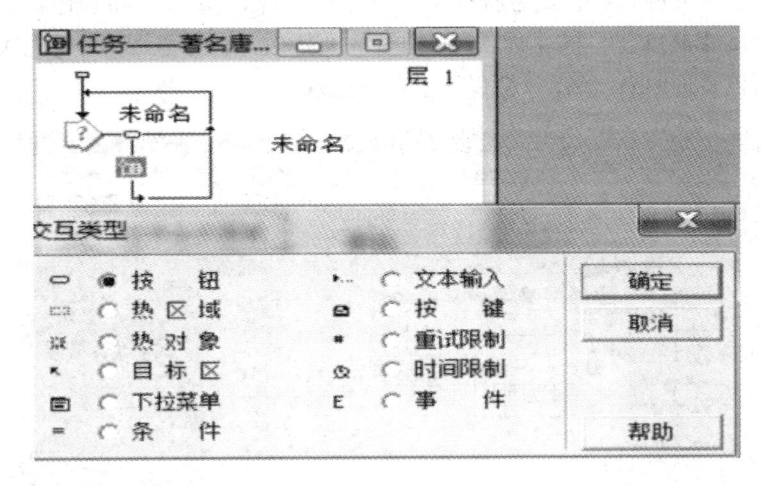

(2)将其命名为“李白”,在其右侧再次加入群组图标,默认为“按钮”式,不再出现提示,有几位作者就加入几个群组图标,这里再加两个,分别给予命名。

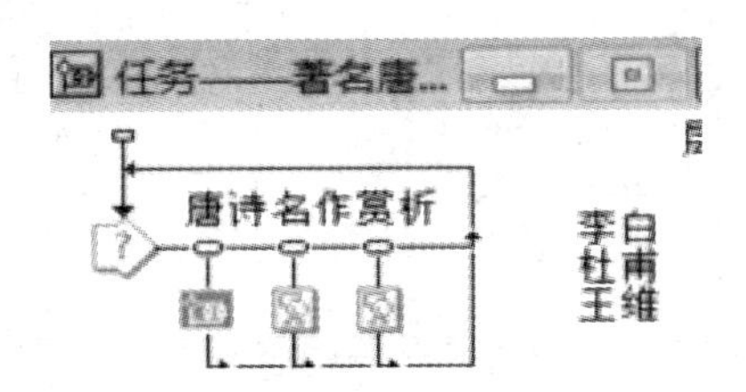

(3)双击群组图标“李白”,打开进入第二层流程线,在线上加入一个框架图标,在框架图标右侧插入显示图标,可以在显示图标中书写很多内容,用流动条辅助阅读,也可以在显示图标中插入图片,或者单个作品占据一个显示图标,例如,只选择李白两首作品,分别占据两个显示图标。

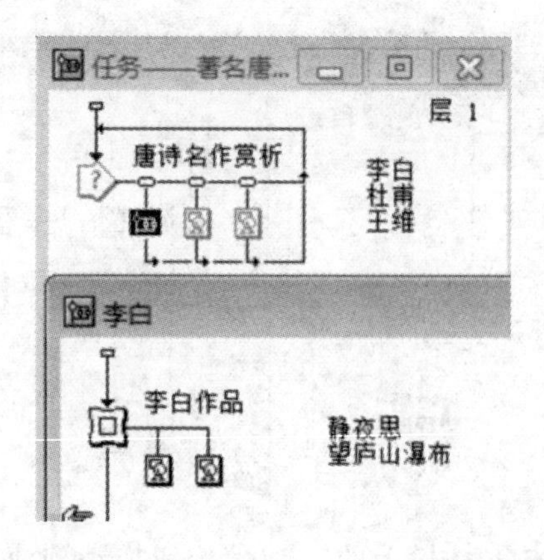

(4)双击打开显示图标，插入图片，输入文字，然后可以给图片设置播放动画，此时选择显示图标，双击，或者打开菜单“修改—图标—属性”，在程序窗口底部会出现一个属性窗口，在“特效选项”里选择一种特效，例如，选“以相机光圈收缩”。当播放到该页面时，作品图片会以这个特效呈现。

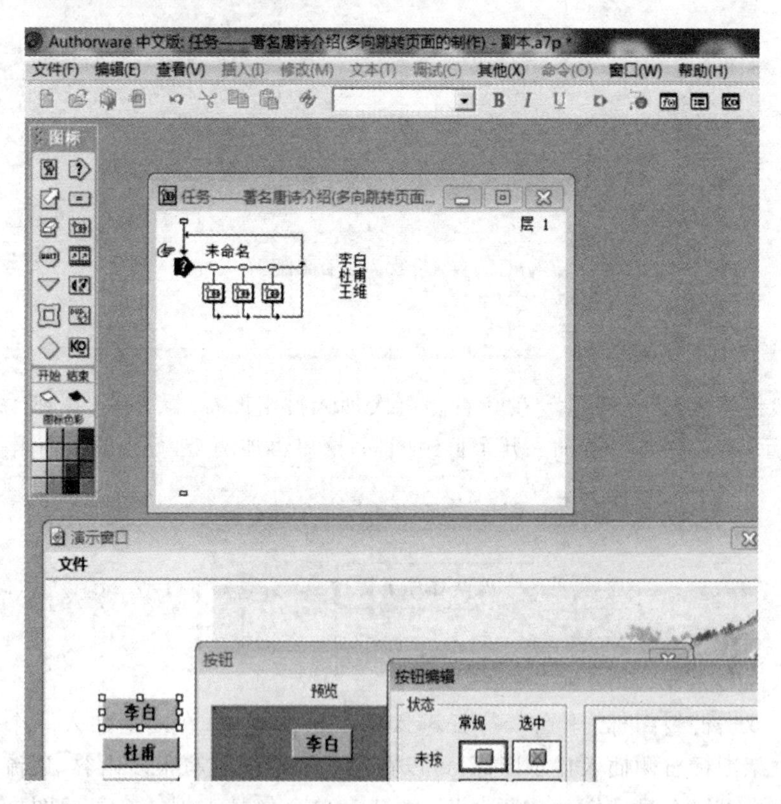

(5)以同样的方法添加李白的其他作品，并设置播放特效，也以同样的方法完成杜甫、王维作品的介绍。制作完成后，点击播放，会出现首个页面，此时只有空

白页以及三个按钮，可以双击交互图标，打开它并添加一个图片作为首页的背景。

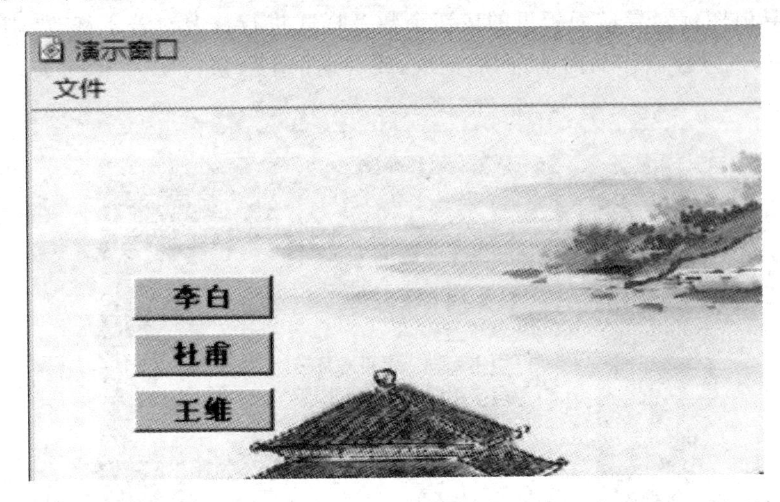

若不喜欢软件默认的按钮，可以打开交互的页面，双击“李白”按钮，页面底部会出现图标属性，点击左侧“按钮”按键，调出按钮设置窗口，可以重新选择按钮样式，也可以自己定制按钮，从这里还能设置鼠标放到按钮上、点击按钮分别出现不同的按钮颜色的声音。

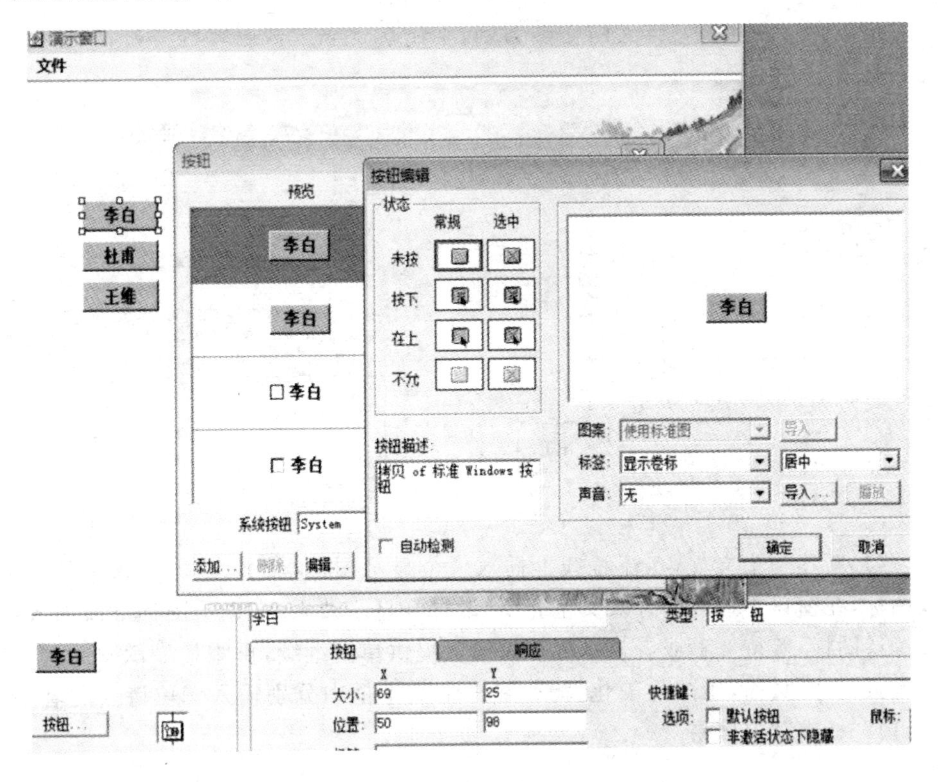

设置完成后，进行播放，每个作者作品的页面上都有导航按键，可以在流程线上双击导航图标对导航面板里的按钮个数及样式进行修改。若不修改，则默认有8个按钮，可以控制作品向前、向后播放，或者返回上一层。

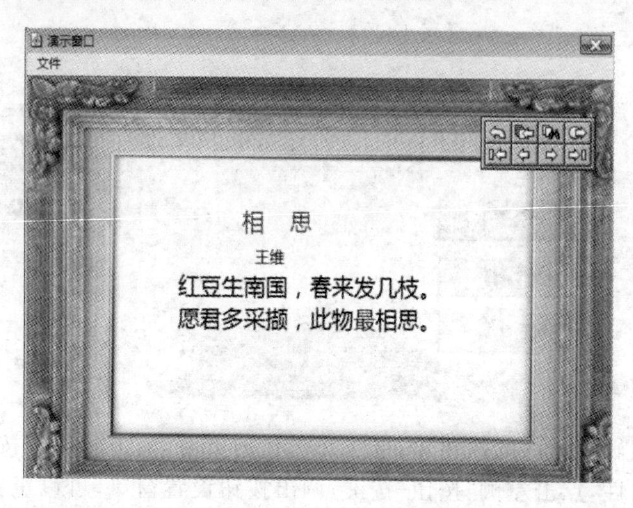

6.3.3 Authorware 热文字实现超级链接

仍以介绍唐代著名诗人的作品为例，采用热文字实现内容的链接，形成的作品共有三层。

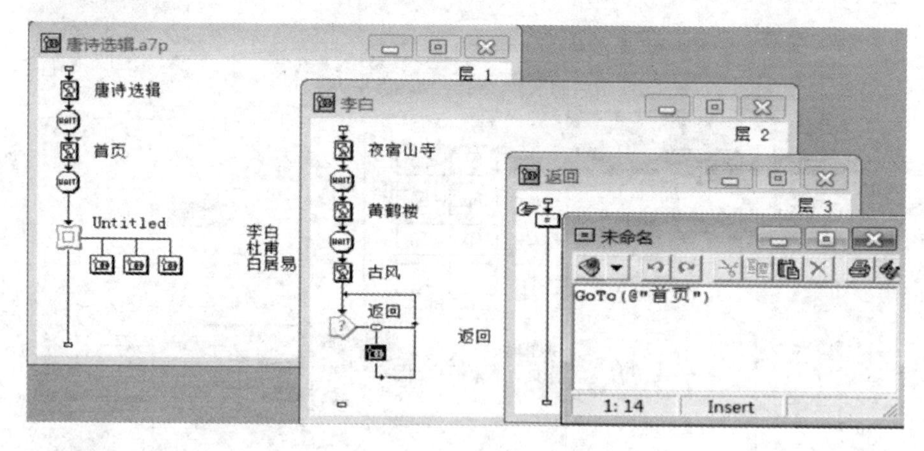

（1）新建一个文件，在流程线上插入一个显示图标，命名为“唐诗选辑”，双击该图标，在窗口中插入图片及文字介绍，设置好显示效果，在显示图标下面加入一个等待图标，等待2秒或者显示等待按钮以提供单击继续，再添加显示图标，命名为首页，打开页面，用图片美化背景，在三个文本框中分别输入三位诗人的名字：“李白”“杜甫”“白居易”。

(2)继续在流程线上添加一个等待图标，属性设置为“时限 100 秒”“按任意键”退出等待，此处等待时间较长是为了给点击热文字留下足够的时间，一旦点击热文字，将会跳转到指定的内容。

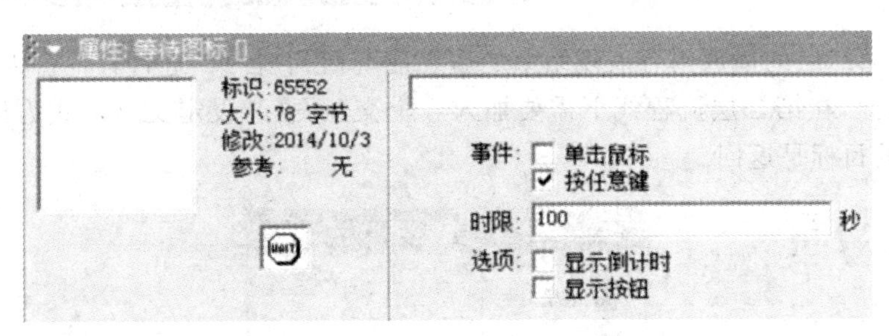

(3)再在流程线上拖入一个框架图标，在框架图标右侧加入三个群组图标，分别命名为“李白”“杜甫”“白居易”。

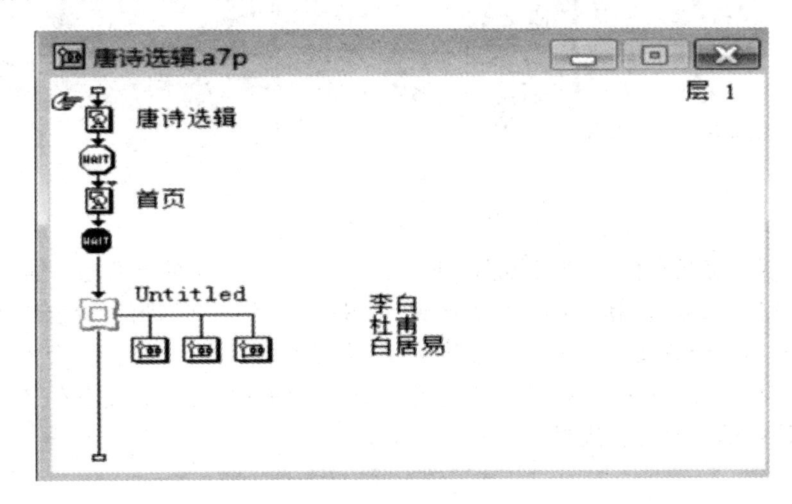

(4)双击打开“李白”群组图标，在新打开的第二层的流程线上加入3个显示图标，打开每个显示图标，加入图片，文字展现诗作，按上述方法设置显示的特效。如果要实现自动播放，可以在各个显示图标之间加入等待图标，让每个作品的页面出现在观众面前有一定的时间，如果是针对内容进行讲解，可以设置等待形式为“单击鼠标”，意味着没讲完不点击鼠标，就不会播放下一页。

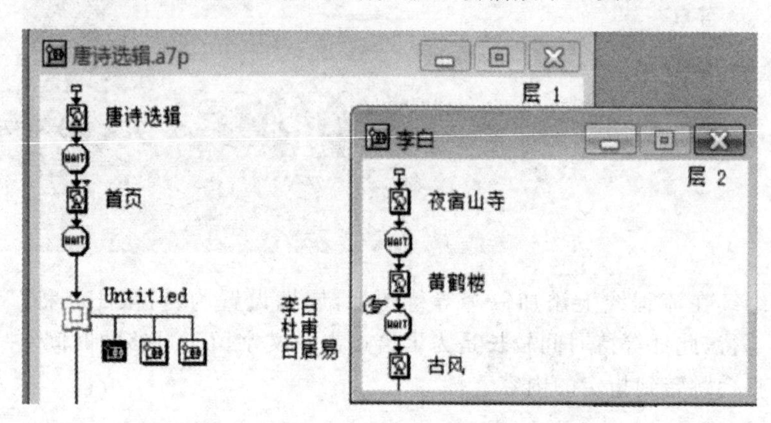

(5)第二层的播放内容展现结束之后要能跳回到“首页”进行其他诗人作品的选择，因此，在第二层流程线下需要加入一个交互图标，设定交互形式为按钮，交互动作的目标是返回。

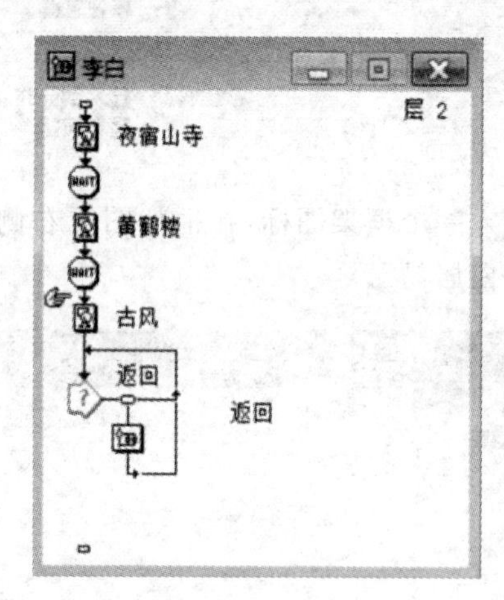

(6)双击交互右侧的群组图标，进入下一层，在这一层的流程线上插入一个“计算”图标，双击“计算”图标，写入函数“GoTo(@‘首页’)”，所写内容除中文外其他都必须在全英文状态下。这意味着，某位诗人的作品一旦看完，会出现一个“返回”按钮，点击按钮，能跳转到指定的页面。以同样的方法设定其他诗人所在的群组图标的内部各层流程。

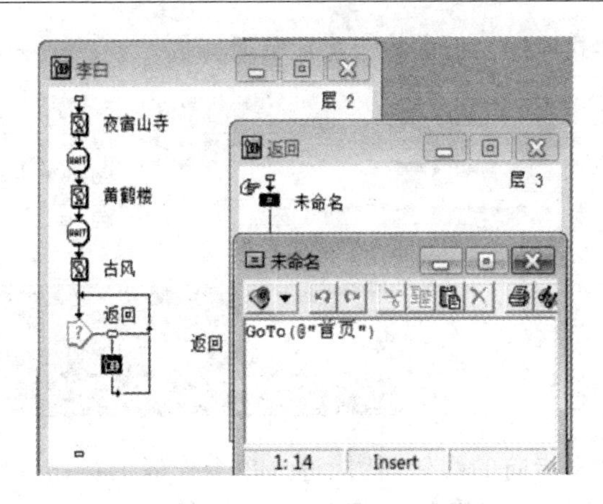

(7)选择菜单"文本—定义风格",打开样式设定窗口,点击"新样式",可按自己的喜好设定字体、字号等,一定要把右侧"交互性"的"单击""指针""导航到"这几个选项选中,点击"完成"按钮。

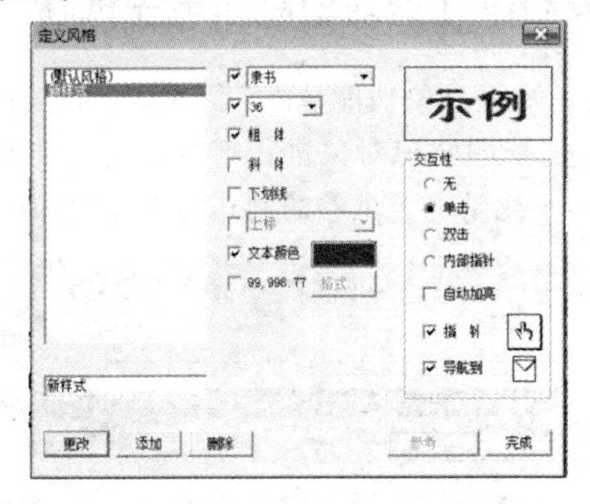

(8)打开"文本"菜单,选择"应用样式",把首页选中的文字应用新样式更改为设定的形式。

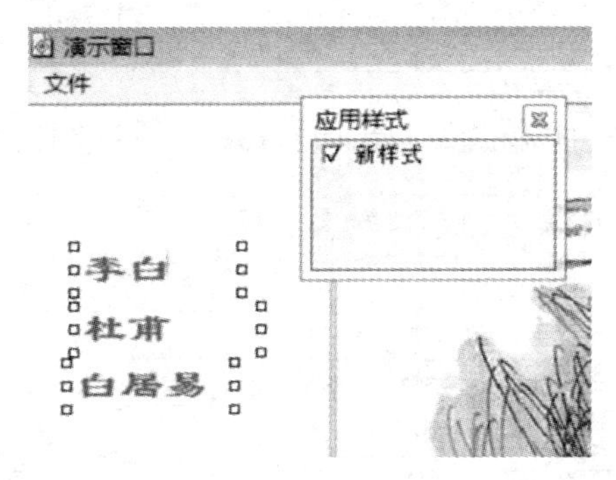

此时运行整个程序,当页面运行到"首页",用鼠标点击作者李白时,会弹出如下对话框,在对话框右侧选中要链接的位置,即"李白"的群组内容,点击"确定"按钮,完成跳转设置。再次从头运行流程,对其他作者进行一样的链接设定。此项工作一定要在新样式应用之后的第一次运行时完成。

设定好的热文字指向的跳转,就能进入单个作者的群组查看具体内容,运行到结尾,通过返回再到“首页”,此处可以选择其他作者。这样热文字指向与计算函数主导的返回就结合起来,形成一个完整的闭环。

6.3.4 Authorware 知识对象制作电子试卷

Authorware 提供了知识对象功能,它将很多复杂的工作程序化,形成某些特定的功能,我们只需对选择的知识对象进行部分设定就能制作出测验、工具箱以及应用程序。下面以初中化学电子试卷的制作为例介绍知识对象的使用。

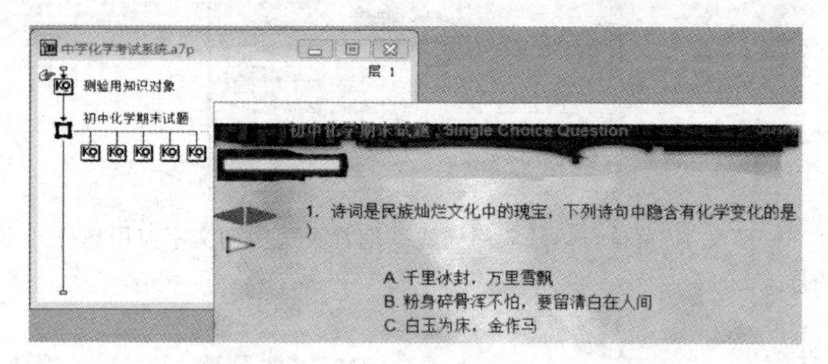

单击快捷工具栏中的“新建”,弹出的对话框中选择“测验”,点击“确定”按钮。

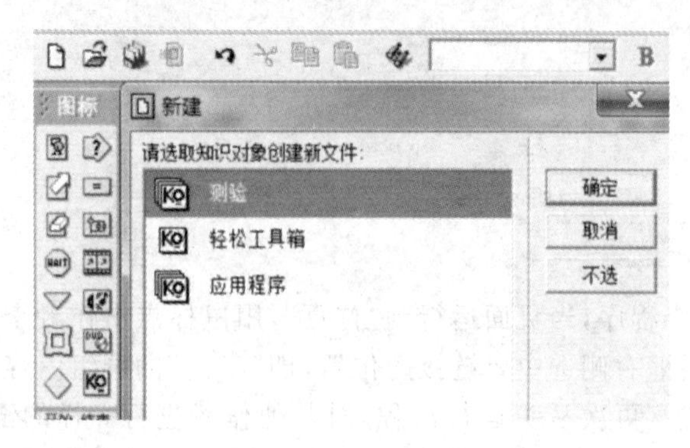

此时流程线上自动生成框架与导航管理的能实现各个方向跳转的测试小程序，同时弹出测验设置向导，包括知识对象的制作简介、页面大小设定、页面风格选择、答题次数设置、进入试卷登录设定、得分是否及格、答案正确与否的反馈以及试题类型的添加。这些选项前边的所有设定都可以使用默认设置或者做细微修改，只有题目添加是需要用户自己动手完成的项目。这里一共有拖拽归类题、热对象与热区拼连题、多选题、单选题、填空题、判断题等几种题型。后四种是考试经常使用的常规题型。如果要制作一道单选题，需要在右侧“Single Choice”按钮上单击一次，此时右侧空白设计框将出现一个“Single Choice Question”项目，再次单击它，可以再添加一个单选题目，有多少个题目，在这里就要单击“添加”多少次，对应的，其他类型的题目，也是单击右侧的题目类型按钮，题目数量与单击次数一致即可。

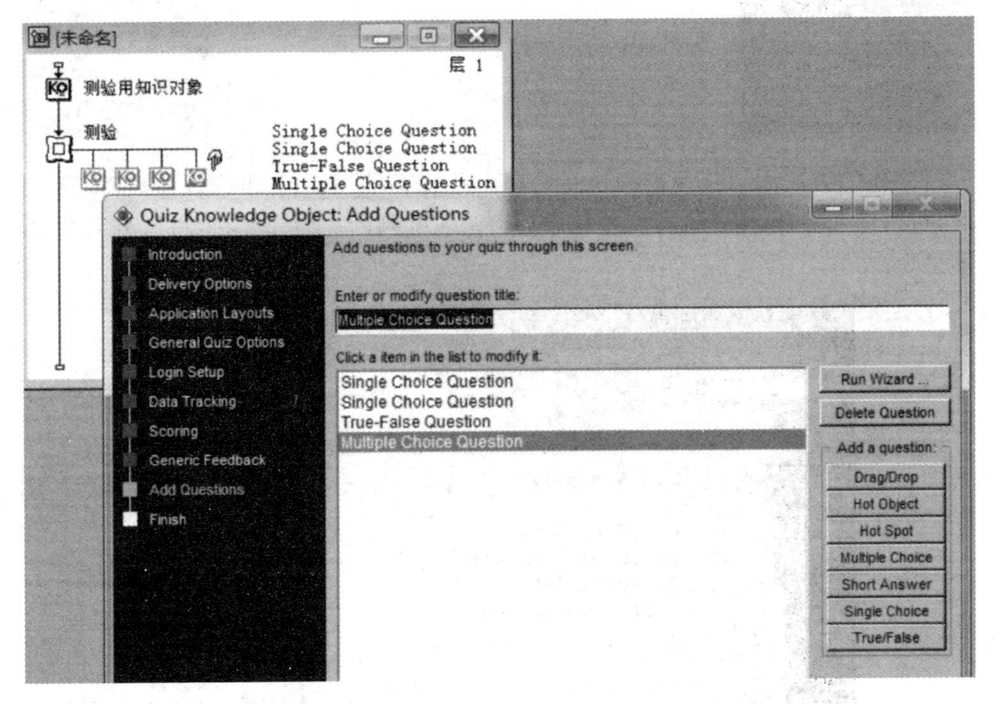

当题目类型与数量设置完成以后，点击完成，运行刚才的测验。此时弹出题目内容设定的对话框，包括简介、答题尝试次数上限、题目内容与答案的设置等，其中需要用户在题目内容与答案的设置中添加题目的题面，哪个答案正确或错误的判断，如果你愿意，还能给出答案正确或错误原因的说明。答案正确与错误的选项可以在此处进行切换。

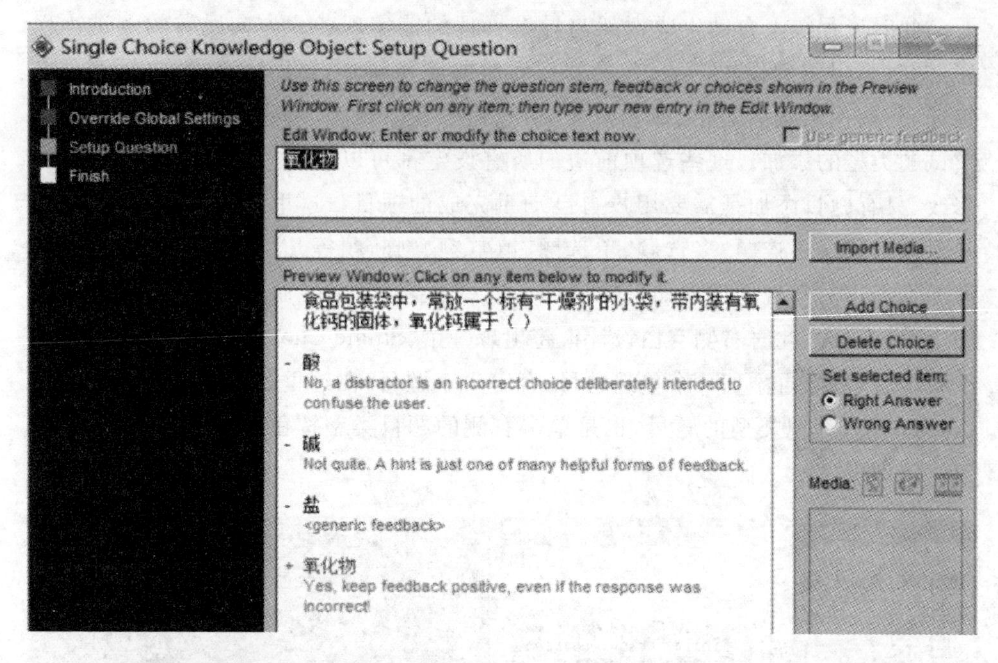

同样的方法添加其他类型题目的题面及答案，结束后点击完成，运行该测试题，可以进入答题，用户选择会被程序后台记录并判断。答完题目，考试分数会立即呈现。

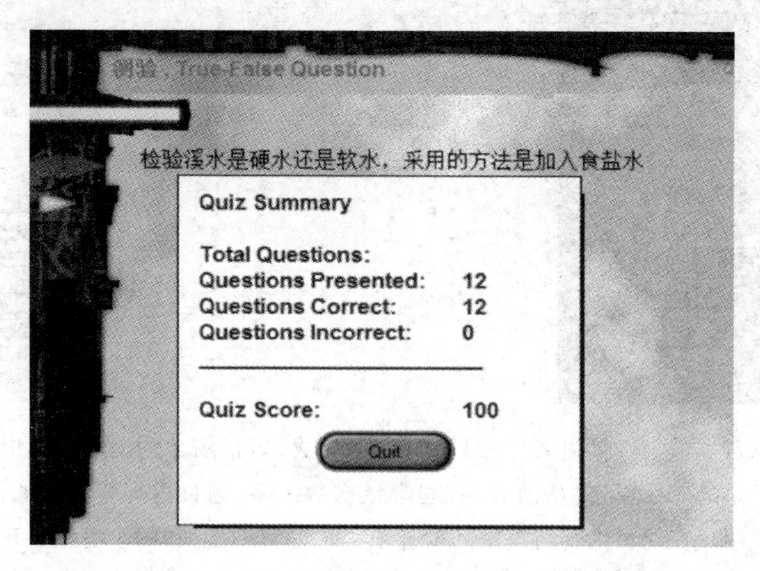

在提倡教育信息化、无纸化办公的时代，采用电子试卷检验学生的学习情况是一个不错的做法，该方法可以在课堂内小范围使用，也能用于大型检验，教师不仅减轻了出题的工作量，还不需要批阅试卷，让考试变得更加高效。

6.4 程序的调试、打包、发布

熟悉了 Authorware 的各类图标之后,要多加应用,不断积累知识与技巧,便可制作出漂亮的多媒体课件。当然,在互联网盛行的今天,我们可以利用网络的优势,去查找该软件的视频以及文本教程,通过多看多用来提高水平。

Authorware 课件制作完成后,需要将程序运行并制作成可以单独使用或者可以安装的可执行程序,这就是 Authorware 程序的调试和打包。

可以从菜单依次选择"文件—发布——键发布",Authorware 将自动在桌面生成"Published Files"文件夹,里边有"Local""Web"两个文件夹,其中"Local"文件夹中就有生成的与我们所存文件同名的可执行文件。

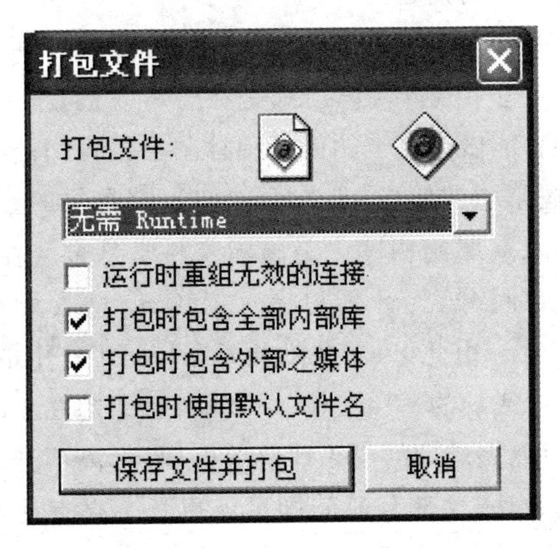

也可以选择"打包",弹出如下所示的"打包文件"对话框。选择"保存文件并打包",弹出保存文件的位置,选取需要的地址,系统开始打包,将生成一个可执行文件,它能在其他未安装 Authorware 程序的电脑上运行。

第7章　化学文献检索

7.1　学习文献检索的意义

英国学者约翰逊曾说过知识分为两类：一类是我们所知道的学科知识；另一类是关于在哪儿可以获得这些知识的知识。如果我们把书籍比作知识的宝库，那么文献检索就是打开宝库的钥匙。

文献检索是获取知识的捷径。“书山有路勤为径，学海无涯苦作舟”“授人以鱼，不如授人以渔”，这些中国古代谚语都是在告诉我们，学习一定要有正确合理的方法，如果方法正确，能做到事半功倍。柏林图书馆大门的碑文：这里是人类知识的宝库，如果你掌握了它的钥匙，那么全部知识都是你的。文献检索就是科学研究的向导和获取知识宝库的钥匙。美国国家科学基金会在化工部的调查统计表明，科研人员工作时间分配：计划思考 7.7%，信息收集 50.90%，实验研究 32.1%，数据处理 9.3%。由此可见，文献检索在科研工作中的重要意义。文献信息检索是科技研究不可或缺的一项工作。一项科研课题在立题之前，或是在研究过程之中，甚至是在研究完成后的成果评价等方面，都离不开查阅有关文献资料。如果没有科学的检索方法，这部分时间则可能更长。更有甚者，因为没有得到相应的文献资料，结果使全部工作成为“重复劳动”，导致自己的成果报废。如美国20世纪50年代的“继电器接点电路合成研究”，几家实验室联合研究了5年、耗资50万美元，完成后发表成果时，才发现该项目早已被其他人完成。在中国20世纪80年代，上海某保温瓶厂研究以镁代银涂层，花了十年时间才实验成功，然而国外早在1930年就有该项目的专利报道。这都是文献检索工作不足或者未进行检索造成的时间、精力与金钱浪费的例子。文献检索还是终身教育的基础。掌握文献检索的技能可以不断从文献内容里获得有用的信息，可以利用文献跟踪学术动态、寻找科研课题、撰写科技论文、申请专利等。

对于学生来说，由于知识剧增，学科越来越多，越分越细，任何一个人都不可能在学校里学完工作所需要的全部知识。在学校里，重要的不仅仅是掌握书本内容，还要学习获取知识的能力。文献检索对发挥学生智能、培养学生独立获取知识的能力是很有帮助的，通过文献检索，学生不仅能找到所需要的资料，有助于弄清问题的来龙去脉，也锻炼和培养了分析问题和解决问题的能力。文献检索具有很强的实践性和综合性，是获取其他有用信息、形成合理知识结构的一种重要手段。

7.2 文献检索基础与网络发展简介

现代文明与科技发展有三大支柱：材料、能源、信息科学。这里的信息科学包括支撑信息技术发展的硬件，也包括这一系列知识本身。在信息科学不断发展的今天，人类一切知识与文明成果的记录方式已逐步从原来的纸质媒体走向电子媒体，这为知识的共享、文明的传播起到加速作用，当然，这都源于计算机以及网络技术的发明和大量使用。作为自然科学之一的化学科学，它的发展以及成果的传播也正被计算机网络所改变着，如何利用计算机网络查询化学相关的资料，就是化学文献检索的内容。

7.2.1 文献检索基础

1. 数据库

数据库是一种经过编辑组织以机读形式出现的记录集合，几乎所有的知识信息都包含于计算机的数据库中。数据库包含字段、记录、文档三大要素。

字段是文献的基本单元，反映文献外部特征和内容特征的每一个项目。每一个字段，都会有一个字段名，如 Title，字段名为 TI；Author，为 AU；SO 为文献来源；AB 是文摘字段；PY 为出版年份；SN 为国际标准书号 ISBN；DE 为叙词或主题词；CS 为著者单位。在数据库的检索中，检索前必须了解数据库的字段名。

记录是由若干不同字段组成的文献单元，一个记录在数据库中往往代表一篇文献。在数据库中每一个记录都有一个记录号，与检索工具中的文摘号类似。

文档是由若干数量的记录所构成的数据集合。

2. 索引

索引是按照一定方式编排起来的文献中具有检索意义的事项，包括基本索引、辅助索引。

基本索引由数据库中的某些字段组成，这些字段通常是关键性的，能以主题概念检索的，如主题词、关键词、篇名等。不同的组织和机构建立的数据库基本索引的字段有所差别，因而在检索前要先了解该数据库的基本索引包含哪些字段。如 DIALOG 系统的 EI 数据库的基本索引包括 TI、DE、ID、AB 四个字段，而 WPI 的基本索引数据库只包含 ID 一个字段。

辅助索引是基本索引包含的字段外的其他字段。在检索中，基本索引的检索与辅助索引的检索有所不同，基本索引检索不用加字段名，而辅助索引的检索需要加字段名，如要检索写 JECK 的文章，检索式应为 AU=JECK。

3. 文献

文献是用文字、图形、符号、声频、视频等技术手段记录人类知识的载体，是记录、积累、传播和继承知识的有效载体。按载体形式可划分为印刷型(印刷在纸张上的文献)、缩微型(通过缩微摄影技术将文献存储在胶片上)、视听型(记录声音和图像的文献)、电子型(以数字形式存储在磁带、磁盘、光盘等介质上，并通过计算机、网络等读取的文献)等；按出版形式可划分为学位论文、科技报告、政府出版物、图书、期刊、报纸、会议文献、专利文献、标准文献、档案文献等；按级别可以分为零次文献、一次文献、二次文献、三次文献等。

零次文献，形成一次文献之前的文献。如原始实验数据、手稿等。零次文献是非常重要的文献，一般都是保密级的。

一次文献，即原始文献，凡是文献著者在科研、实践中撰写的文献，都称为一次文献。如期刊论文、专利、技术标准、科技报告等。确定一篇文献是否为一次文献，要根据文献的内容，而不是根据其形式。如在科技期刊上发表的论文，有可能是三次文献。一次文献是文献的主体，是最基本的情报源，是文献检索最终查找的对象。

二次文献，即检索工具，将分散、无序的一次文献，按照一定的原则进行加工、整理、简化、组织，如著录(即记录)文献的外部特征、摘录内容要点等，使之成为便于存储、检索的系统，如目录、题录、文摘、索引等检索工具。二次文献是查找一次文献的线索，通常是先有一次文献后有二次文献。但由于文献的数量太多，有些出版物在发表原文前，首先发表文摘，或者干脆只发表文摘，不发表原文。在检索工具中(如 PA、CA)，经常在文摘后会发现“(Abstract Only)”字样，表明该文献没有原文。二次文献具有积累、报道和检索一次文献的功能，是管理和利用一次文献的工具性文献。

三次文献，在利用二次文献的基础上，选用一次文献的内容，进行分析、概括、评价而产生的文献，如专题述评、教科书、专著、工具书等。在科技期刊上发表的论文，若是综述性的文章，归为三次文献，而不是一次文献。三次文献一般来说系统性好，综合性强，内容比较成熟，常常附有大量的参考文献，有时可作为查阅文献的起点。

4. 检索工具

检索工具是指用于报道、存储和查找文献线索的工具。它是附有检索标识的某一范围文献条目的集合，是二次文献。

一部完整的检索工具通常由使用说明、著录正文、索引和附录组成。正文由文摘、题录或目录组成。索引分为主题索引、作者索引、分类号索引、期索引、卷索引、累积索引等。检索工具按著录方式可分为目录、题录、文摘和索引。

目录是对图书、期刊或其他单独出版物特征的揭示和报道。它是历史上出现最早的一种检索工具类型。目录以单位出版物为著录对象，一般只记录外部特征，如题名、著者、出版事项、载体形态等。目录主要用于检索出版物的名称、著者及其出版、收藏单位。常用的目录有国家书目、馆藏目录、专题目录、联合目录、出版发行目录、期刊年终目录(一般期刊的年终最后一期上有全年的目录)等。

题录是对单篇文献外表特征的揭示和报道，题录项目一般有篇名、著者、文献来源、文种等。题录项目比较简单，收录范围广，报道速度快，是用来查找最新文献的重要工具。但它揭示文献内容很浅，只能作为临时过渡性检索工具。著名的题录刊物有美国的《化学题录》《现期期刊目次报道》、英国的《当代工艺索引》等。我国的《全国报刊索引》也属于这种类型。

文摘是系统报道、累计和检索文献的主要工具，是二次文献的核心。文摘以单篇文献为报道单位，不仅记录一次文献的外表特征，还著录文献的内容摘要。不看原文，往往便可决定文献资料的取舍，从而节约查阅原始文献资料的时间。按文摘报道的详略程度，文摘可分为指示性文摘和报道性文摘两种类型。报道性文摘有时可代替原文，这类文摘对于不懂原文文种及难以获得原文的科技人员尤为重要。文摘类检索工具主要由文摘和索引两部分组成，分别起报道和检索作用。索引配备的完善与否是衡量文摘类检索工具的重要标志。

索引是把特定范围内的某些重要文献中的有关款目或知识单元，如书名、刊名、人名、地名、语词等，按照一定的方法编排，并指明出处，为用户提供文献线索的一种检索工具。它的著录项目没有目录、题录、文摘那样完全，大多数索引不能直接查到原始文献资料，而必须通过该文献资料在检索工具中的序号，在检索工具的正文中找到文献资料的来源出处，进而找到原始文献资料。索引的类型很多，在检索工具中，常用的索引类型有分类索引、主题索引、关键词索引、著者索引等。学习检索工具的使用方法，主要是学习索引的使用。

7.2.2　检索机构简介

1. 国内检索机构

1987 年，北京计算机应用技术研究所组建网络，发出了中国第一封电子邮件，揭开了中国人使用互联网的序幕，到九十年代末期，我国互联网飞速发展，2000 年以后，互联网逐步走向繁荣。目前，中国的数据检索机构有四大骨干。

(1)中国知网。

1999年3月,为了更好地实现知识生产、传播、扩散与利用,打通信息通道,打造支持全国各行业知识创新、学习和应用的交流合作平台,中国知识基础设施(China National Knowledge Infrastructure,CNKI),由清华大学、清华同方共同发起,于1999年6月开始建设。

中国知网的目标是大规模集成整合知识信息资源,整体提高资源的综合和增值利用价值;建设知识资源互联网传播扩散与增值服务平台,为全社会提供资源共享、数字化学习、知识创新信息化条件;建设知识资源的深度开发利用平台,为社会各方面提供知识管理与知识服务的信息化手段;为知识资源生产出版部门创造互联网出版发行的市场环境与商业机制,大力促进文化出版事业、产业的现代化建设与跨越式发展。凭借优质的内容资源、领先的技术和专业的服务,中国知网在业界享有极高的声誉,在2007年,中国知网旗下的"中国学术期刊网络出版总库"获首届"中国出版政府奖","中国博士学位论文全文数据库""中国年鉴网络出版总库"获提名奖。这是中国出版领域的最高奖项。

通过与期刊界、出版界及各内容提供商达成合作,中国知网已经发展成为集杂志、博士论文、硕士论文、会议论文、报纸、工具书、年鉴、专利、标准、国学、海外文献资源为一体的、具有国际领先水平的网络出版平台。中心网站的日更新文献量达5万篇以上。基于海量的内容资源地增值服务平台,任何人、任何机构都可以在中国知网建立自己个人数字图书馆,定制自己需要的内容。越来越多的读者将中国知网作为日常工作和学习的平台。

(2)万方数据库。

万方数据库是由万方数据公司开发的,涵盖期刊、会议纪要、论文、学术成果、学术会议论文的大型网络数据库,也是和中国知网齐名的中国专业的学术数据库。万方数据库是国内第一家以信息服务为核心的股份制高新技术企业,是在互联网领域,集信息资源产品、信息增值服务和信息处理方案为一体的综合信息服务商。

万方数据库收纳了理、工、农、医、人文五大类70多个类目共7600种科技类期刊全文。收录有《中国学术会议论文全文数据库》,覆盖1998年以来国家级学会、协会、研究会组织召开的全国性学术会议,包括自然科学、工程技术、农林、医学等领域,有中文版、英文版两个版本。此外,万方数据库收录有专利、中外技术标准、科技文献、机构信息等。

(3)维普数据库。

维普数据库由科学技术部西南信息中心下属的重庆维普资讯有限公司出品,它收录有中文报纸1000多种,中文期刊12000多种,外文期刊4000多种,拥有固定客户2000余家。该库中主要有《中文科技期刊数据库》《中国科技经济新闻数据库》《外文科技期刊数据库》和《维普医药信息资源系统》等。

该库可查询论著引用与被引情况、机构发文量、国家重点实验室和部门开放实验室发文量、科技期刊被引情况等，是科技文献检索、文献计量研究和科学活动定量分析评价的有力工具。该库收录从1989年以来公开出版的5000多种科技类期刊总数据量220多万篇文献，全面覆盖自然科学、工程技术、农业、医药卫生、经济、教育和图书情报等学科的信息资源。它单列了维普医药信息资源系统，是目前国内能快捷、准确、全面、方便地反映国际医学界的研究动向和国际医学研究水平的最大的中文医药文献信息平台。

(4)龙源期刊网。

龙源期刊网成立于1998年12月，1999年6月开通，具有完备的网上交易结算功能和简繁体字转换功能，是全球最大的中文期刊网，到2003年底已有独家签约的800多种著名刊物的电子版，同时代理3000种科技期刊电子版和6000多种纸版期刊的网上订阅。龙源还同中国万方数据集团、重庆维普公司、北大方正、中文在线等公司结成战略合作伙伴，是国内重要的商业数据库系统。

(5)中国科技网(CSTNET)。

中国科技网是在中关村地区教育与科研示范网和中国科学院网的基础上，建设和发展起来的覆盖全国范围的大型计算机网络，是我国较早建设并获得国家正式承认具有国际出口的中国四大互联网络之一。中国科技网的服务主要包括网络通信服务、信息资源服务、超级计算服务和域名注册服务。中国科技网拥有科学数据库，科技成果，科技管理，技术资料和文献情报等特有的科技信息资源，向国内外用户提供各种科技信息服务。中国科技网的网络中心还受国务院的委托，管理中国互联网络信息中心(CNNIC)，负责提供中国顶级域“CN”的注册服务。

(6)中国国家公用经济信息通信网(CHINAGBN)。

中国国家公用经济信息通信网即金桥网，它是以光纤、卫星、微波、无线移动等多种传播方式，形成天地一体的网络结构，它和传统的数据网、话音网和图像网相结合并与Internet相连。根据计划，金桥网将建立一个覆盖全国，与国内其他专用网络相联接，并与30几个省市自治区，500个中心城市，12000个大型企业，100个重要企业集团相联接的国家公用经济信息通信网。

2. 国外检索机构

(1)国外重要检索系统介绍。

国外重要的检索系统包括《科学引文索引》《工程索引》《科技会议录索引》《科学评论索引》。其收录论文的状况是评价国家、单位和科研人员的成绩、水平以及进行奖励的重要依据。

①《科学引文索引》(Science Citation Index，SCI)，由美国科学信息所1961年创办并编辑出版，覆盖数、理、化、工、农、林、医及生物学等广泛的学科领域，其中

以生命科学及医学、化学、物理所占比例较大，收录范围是当年国际上的重要期刊。SCI 的引文索引具有独特的科学参考价值。利用此索引可以检索某著者的论文被引用情况以及被 SCI 收录情况。针对文科经管领域，美国科学信息所创建了社会科学引文索引(Social Sciences Citation Index，简称 SSCI)，这是用来对不同国家和地区的社会科学论文的数量进行统计分析的大型检索工具。

②《工程索引》(Engineering Index，EI)，1884 年创刊，由美国工程信息公司出版的一种著名检索刊物，内容涉及工程技术各领域，收录土木、机械、能源、材料、自动化、交通运输、宇宙航天等工程等方面的期刊论文、会议论文、科技报告等文献。

③《科技会议录索引》(Index to Scientific & Technical Proceedings，ISTP)，也是由美国科学信息所(ISI)编辑出版，1978 年创刊，报道世界上每年召开的科技会议的会议论文。在每年召开的国际重要学术会议中，有 75%～90%的会议被此索引引录，内容涉及科学技术的各个领域。

④《科学评论索引》(Index to Scientific Reviews，ISR)，也是由 ISI 公司出版的，半年刊，每年收录 200 多种综述出版物和 3000 多种期刊中的综述类文献。学科范围与 SCI 基本相同。

(2)国外其他资源。

①SpringerLink：包含化学、计算机、经济学、工程学、环境科学、地球科学、法律、生命科学、数学、医学、物理与天文学等 10 多个学科，其中多为核心期刊。

②IEEE/IEE 收录。美国电气与电子工程师学会(IEEE)和英国电气工程师学会(IEE)自 1988 年以来出版的全部 150 多种期刊，5670 余种会议录及 1350 余种标准的全文信息。

③Engineering Village：美国 Engineering Information Inc. 出版的工程类电子数据库，其中 EI Compendex 数据库是工程人员与相关研究者最佳、最权威的信息来源。

④ProQuest 收录了 1861 年以来全世界 1000 多所著名大学理工科 160 万博、硕士学位论文的摘要及索引，学科覆盖了数学、物理、化学、农业、生物、商业、经济、工程和计算机科学等，是学术研究中十分重要的参考信息源。

⑤EBSCO 数据库 ASP(Academic Search Premier)：内容覆盖社会科学、人文科学、教育、计算机、工程技术、语言学、艺术与文化、医学、种族研究等方面的学术期刊的全文、索引和文摘；BSP(Business Source Premier)：涉及经济、商业、贸易、金融、企业管理、市场及财会等相关领域的学术期刊的全文、索引和文摘。

⑥SCIENCEDIRECT 数据库：荷兰 Elsevier Science 公司推出的在线全文数据库，该数据库将其出版的 1568 种期刊全部数字化。该数据库涵盖了数学、物理、化学、天文学、医学、生命科学、商业及经济管理、计算机科学、工程技术、能源

科学、环境科学、材料科学、社会科学等众多学科。

⑦OCLC(Online Computer Library Center)：联机计算机图书馆中心，是世界上较大的文献信息服务机构之一，其数据库绝大多数由美国的国家机构、联合会、研究院、图书馆和大公司等单位提供。数据库中有文献信息、馆藏信息、索引、名录、全文资料等内容。

7.3　期刊书籍类文献简介

7.3.1　期刊与书籍身份识别

期刊与书籍作为重要文献的类型必然要有统一的权威机构进行管理，国家新闻出版署正是这样的部门，负责审核、登记、发放期刊与书籍的出版许可。对于期刊来说，它定期出版，每一期的内容各不相同，它的出版资质由 CN 与 ISSN 构成，前者是国内统一刊号，相当于连续出版物的身份证号，后者是国际标准连续出版物编号。

ISSN(International Standard Serial Number，国际标准连续出版物编号)是根据国际标准 ISO3297 制定的连续出版物国际标准编码，是连续出版物国际性的唯一标识码。该编号是以 ISSN 为前缀，由 8 位数字组成。8 位数字分为前后两段各 4 位，中间用连接号相连，格式如下：ISSN ××××-××××，前 7 位数字为顺序号，最后一位是校验位。ISSN 由设在法国巴黎的国际 ISDS 中心管理。1975 年起建立世界性的连续出版物标准书目数据库，目前已有近 200 个国家和地区出版的 65 万种期刊(包括已停刊的)登记入库，成为国际上最权威的期刊书目数据网络系统。我国于 1985 年建立了 ISSN 中国分中心(设在北京图书馆)，负责中国期刊 ISSN 号的分配与管理，目前已有近 5000 种中文期刊分配了 ISSN 并进入了国际 ISSN 数据系统。ISSN 通常都印在期刊的封面或版权页上。

国内正式期刊的刊号由国际标准刊号(ISSN)和国内统一刊号(CN)两部分组成，“CN”是中国国别代码，只有 ISSN 国际刊号而无国内刊号的期刊在国内被视为非法出版物。其组织开展活动的行为属于诈骗行为，公民可向公安机关举报。

国内公开发行的期刊允许在国内外发行，有国内统一刊号，其刊号结构式为：CN 报刊登记号/分类号，只有 ISSN 国际刊号而无国内统一刊号不允许在国内公开发行。正式期刊一般有国内主管单位，并有国内详细的通信地址和印刷出版地，除自办发行外大多通过邮局征订和发行，故有邮发代码。而非法出版物一般没有国内统一刊号，即使“内部报刊准印证”也没有，没有国内明确的主管单位，通信地址不祥，常常以×××信箱收稿，印刷出版地都在大陆以外。以便逃避查处，当然不可能有邮发代码。

标准格式:CN ××-××××,其中前两位是各省(自治区、直辖市)地区号,其中印有 CN(HK)或 CN ×××(HK)/R 这不是合法的国内统一刊号(表 7-1)。

表 7-1　我国各省期刊 CN 刊号目录

省份(自治区、直辖市)	代码	省份(自治区、直辖市)	代码	省份(自治区、直辖市)	代码	省份(自治区、直辖市)	代码
北京市	11	上海市	31	湖北省	42	云南省	53
天津市	12	江苏省	32	湖南省	43	西藏	54
河北省	13	浙江省	33	广东省	44	陕西省	61
山西省	14	安徽省	34	广西	45	甘肃省	62
内蒙古	15	福建省	35	海南省	46	青海省	63
辽宁省	21	江西省	36	重庆市	50	宁夏	64
吉林省	22	山东省	37	四川省	51	新疆	65
黑龙江	23	河南省	41	贵州省	52		

国内统一连续出版物号 6 位数字的后 4 位数字为地区连续出版物的序号,各省(自治区、直辖市)的国内连续出版物序号范围一律从 0001～9999,其中 0001～0999 为报纸的序号,1000～5999 为印刷版连续出版物的序号,6000～8999 为网络连续出版物的序号,9000～9999 为有形的电子连续出版物(如光盘等)的序号。可以根据这些规则分辨期刊的身份是否合法。

对于书籍,都有唯一的 ISBN 及 CIP。ISBN 是国际标准书号(International Standard Book Number)的简称,是专门为识别图书等文献而设计的国际编号,2007 年 1 月 1 日起,实行新版 ISBN,由 13 位数字组成,分为 5 段,即在原来的 10 位数字前加上 3 位 EAN(欧洲商品编号)图书产品代码“978”。CIP 是图书在版编目(Cataloguing In Publication)的简称,是图书在编辑出版过程中,由一个负责全国集中编目的中心,根据出版部门提供的图书校样进行编目,然后将该书的目录资料提供给出版部门,以便将这些资料印在版权页上,使图书本身和它的编目资料能同时供图书馆、情报部门、书目工作人员和图书发行部门等在进行标准化著录时使用。

7.3.2　核心期刊

核心期刊一般是指专业情报信息量大、质量高、能够代表专业学科发展水平并受到本学科读者重视的专业期刊。确定核心期刊的方法有多种，我国一般根据以下几条原则来综合测定：载文量（刊载本学科的文献量）多的期刊；被二次文献摘录量大的期刊；被读者引用次数多的期刊。

国内有7大核心期刊遴选体系。

（1）南京大学"中文社会科学引文索引"（CSSCI）期刊。

（2）中国科学院文献情报中心"中国科学引文数据库"（CSCD）。

（3）北京大学图书馆"中文核心期刊"。

（4）中国科学技术信息研究所"中国科技论文与引文数据库"（CSTPCD，又称"中国科技核心期刊"）。

（5）《中国人文社会科学核心期刊要览》，中国社会科学院文献信息中心研制。2000年推出首版，建有《中国人文社会科学引文数据库》（CHSSCD）。

（6）《中国核心期刊目录》（RCCSE），由武汉大学邱均平教授主持研制。

（7）《中国学术期刊综合引证报告》，清华大学图书馆和中国学术期刊（光盘版）电子杂志社研制，每年发布。建有《中国引文数据库》（CCD）。

其中前3种是全国各个科研学术机构或高校、事业单位认可度较高的期刊。各种核心期刊每隔一定的时间进行审核，进入核心期刊的杂志可能因为在一个周期内不注重质量而在下个周期被排除到核心期刊之外，反之亦然。所以核心期刊目录是动态更新的。可以到对应的发布机构或网络上查询相关信息，了解最近一个周期内，哪些期刊被权威收录机构认定为核心期刊。

7.4 利用网络联机检索

7.4.1 检索注意事项

网络上的检索工具大致可分为两种基本的类型：①目录型，如搜狐、新浪等；②检索型，如AltaVista，Excite，Infoseek，Lycos，OpenText以及WebCrawler等。

目录型的检索工具比较适合检索大量的网址目录，而要具体到每一网址的内容，就应该选择检索型的检索工具。所谓检索型的检索工具是基于上百万个网址内容的文摘而建立起来的，有的有全文，有的只有标题。http://www.isleuth.com提供了上百万个可以进行检索的数据库，从标准的检索工具到新闻小组的检索、目录、主题等应有尽有。

要了解所使用的检索工具，就要熟练掌握了一两种检索工具。进行文献检索之前，应了解如何使用这种检索工具，尤其要注意了解该系统所特有的检索方式，同时还应了解检索结果有几种表达方式，例如可以选择按关键词的相关性来排列结果或按网页的更新时间或索引来排列检索结果。另外，在使用每一检索工具前应了解相关的帮助信息，以进一步了解该检索工具的具体特性。比如 Lycos 检索工具布尔逻辑式的缺省值是"OR"。

要熟悉所检索的主题。首先要熟悉想要查询的内容。如果键入的检索式不正确，可能导致许多无用信息的产生。还可以边查询边修改检索结果。但是，如果很了解学科的主题，熟悉常用的术语，那么，检索进展就会顺利得多。

要明确网上的局限性。并不是有了好的检索工具与检索方法就一定能准确、全面地查到我们想要的一切内容。有些检索工具能检索到一些较新的信息，但网上的信息一般都比较滞后，因为检索工具一般得花一定时间在网上搜寻新资料，而有些动态网址是很难被编成索引的。

注意收集网上一些有用的、学术性强的检索网址，这些具体化的检索工具可以帮助我们进行较为精确地检索需要的资源。

7.4.2 文献检索方法

1. 根据文献的外部特征进行检索

(1)文献名途径：文献名主要指书名、期刊名、论文名等，文献名索引都按名称的字序或笔画排列。如检索药物化学类书籍时，查九划"药"字即可。

(2)作者途径：根据已知作者的姓名来查找文献。常用 Author Index 进行检索，通过查找某一专家可以检索某一专题的主要文献。如作者李明发表的论文，可以在 Author Index 中查 Li. M。当然，这要建立在熟悉作者的研究的基础之上。

(3)序号途径：根据文献的编号来查找文献。这种检索工具有报告号索引、标准号索引、专利号索引等。利用该途径进行检索时，必须首先知道所查文献的号码，因而这类索引的利用受到限制。例如要了解某一专利的详细内容时，必须知道其专利号。

(4)其他途径：也可以根据文献是纸张出版物还是电子出版物版、是英文还是中文、出版日期等外部特征进行检索。

2. 根据文献的内容特征进行检索

(1)主题途径：按照文献的主题内容进行检索。这类检索工具有主题索引、关键词索引、叙词索引等。该途径以文字做标识，索引按照主题词或关键词的字顺排列，能把同一主题内容的文献集中在一起。如 CA 的 Subject Index 和 Keywords Index。

(2)学科分类途径：这类检类工具有分类目录、分类索引等。用此途径进行检索，能把同一学科的文献集中在一起，但新兴学科、边缘学科在分类时往往难以查找。另外从分类途径检索必须了解学科分类体系，在将概念变换为分类号的过程中常易发生差错，造成漏检或误检。

(3)其他途径:根据学科的不同性质和不同特点,不同学科的文献检索工具有自己独特的检索途径。如CA的环系索引、分子式索引等。

7.4.3 CA文献索引简介

CA,即美国《化学文摘》(*Chemical Abstracts*),是世界上著名的检索刊物,创刊于1907年,由美国化学协会化学文摘社编辑出版,CA自称是"打开世界化学化工文献的钥匙",在每一期CA的封面上都印有"KEY TO THE WORLD'S CHEMICAL LITERATURE"。

CA报道的内容几乎涉及化学家感兴趣的所有领域,除无机、有机、分析、物化、高分子化学外,还包括冶金学、地球化学、药物学、毒物学、环境化学、生物学以及物理学等很多学科领域。目前所收录文献类型:期刊不少于2万种,包括27个国家和两个国际性专利组织(欧洲专利组织、世界知识产权组织)的专利说明书、评论、技术报告、专题论文、会议录、讨论会文集等,涉及世界150多个国家和地区60多种文字的文献,每年收集的文摘约50万条。CA的索引系统包括以下检索途径。

1. 关键词索引(Keyword Index)

关键词索引在1963年开始编制。在普通主题索引和化学物质索引出版之前,Keyword Index是查阅每期文摘的主要工具。

2. 主题索引(Subject Index)

主题索引是CA古老的索引之一,从第1卷开始就有。随着化合物数量的急剧增加,讨论化合物的化学文献迅速增加,从1972年76卷起,分为化学物质索引和普通主题索引。1969年CAS将分散在主题索引中的参照、标题注释、同义词、结构式图解等内容抽出,编制了索引指南。

3. 化学物质索引(Chemical Substance Index)

凡是化学成分确定、结构明确、价键清楚的化学物质或组成明确、可以用分子式表示的化合物,均可作为化学物质索引的主题词。凡登记号索引中有的物质均列入本索引。

4. 普通主题索引(General Subject Index)

主题词是除具体化学物质之外的概念性名称和非特定化学物质。它包括成分未确定的化合物,如岩石(rock)、沸石(zeolite)、黏土(clay)、高岭土(kaolin)、相(phase)、动力学(kinetics)、化工过程和设备(engineering industrial apparatus and process)、生物化学和生物学主题(biochemical and biological subjects)、动植物俗名和学名(common and scientific names of animals and plants)等。

5. 辅助索引(Secondary Index)

索引指南(Index Guide):索引之索引。索引指南从1968年69卷开始出版，是查找CS和GS必不可少的辅助索引，不提供文摘号，仅起参考、引导、说明解释作用。内容包括资料来源索引(CAS Source Index)，刊名缩写、刊名全称、出版文种、刊物的历史、编辑和出版的地点及收藏的单位等。

6. 其他途径索引

其他途径索引包括分子式索引(Formula Index)、环系索引(Index of Ring System)、作者索引(Author Index)、专利索引(Patent Index)等。

7.4.4 其他常用的化工资源及专利查询站点简介

Internet上有丰富的化学、化工信息资源，通过查询使用可获取大量的学术资料、科技成果。现将部分有名的站点介绍如下。

1. 专业站点

(1)化工“虚拟图书馆”。该网站由美国佛罗里达大学建立，主要为用户提供化工、生物、环境、给排水、能源等方面的技术资料，同时还提供有关标准、专利以及化学制品的价格、制造商和相关服务信息，用户还可免费订阅“化学品交易信息”。该网站连接了许多著名化工站点，通过它可进一步搜寻有关化工信息。

(2)OCLC。世界上最大的为读者提供文献信息服务的机构，通过它可方便地检索大量学术资源，提供多种语言版本，支持中文。

(3)美国化学学会(http://www.acs.org)。主要内容有美国化学文摘、教育、公共事物、出版物、计算机软件、会议等。

(4)美国化学学会化学文摘CA。世界著名科技文摘，提供科技信息的在线检索服务，但需付费建立合法账号方可使用。有中文站点。

2. 科技期刊

(1)中国期刊网于1999年6月18日正式开通。网上汇集了6600种科技类、社科类期刊的题录、摘要。其中包括3500多个核心和专业特色期刊的现刊全文信息资源。

(2)万方数据(http://www.wanfangdata.com.cn/)可进行各专业资讯分类查询。

(3)国家工程技术数字图书馆(http://www.chinainfo.gov.cn)是中国科学技术信息研究所组织建立起来的各中外期刊查询网站。

3. 标准及专利

(1)中国标准服务网 CSSN(http://www.cssn.net.cn)可提供所需标准的最新全文及标准信息动向。

(2)美国国家标准与技术研究院 NIST(http://www.nist.gov)。

(3)中国专利文摘数据库(http://www.patent.com.cn/)包含了中国专利局1985—1998年间公布的所有发明专利和实用型专利的申请。该数据库中的“失效专利文摘数据库”中约有21万件失效专利可供无偿使用。

(4)美国专利与商标局(http://www.uspto.gov/)储存了美国专利与商标局1972年以来的专利约170万条。

(5)IBM专利数据库(http://www.ibm.com/ibm/licensing/)包含了美国专利局27年来的专利文献以及24年来的图像资料,可查找并下载超过200万份专利。

7.4.5 中国知网文献检索

中国知网是国内著名学术性大型文献数据库,它收录的学科内容丰富,文献类型齐全,检索方式多样,是工作、学习、研究时首选的学术性数据库。

中国知网的网址是https://www.cnki.net/,打开它,主页面如下。

它可以进行文献检索、知识元检索、引文检索三大类检索，能搜索期刊论文、学位论文等约15类文献。

文献检索可以通过输入论文的主题、关键词、篇名、全文、作者、第一作者、通讯作者、作者单位、基金、小标题、参考文献、分类号、文献来源、DOI等项目来查找需要的文献。

可以通过高级检索进行多个关键词的共同查找以提高检索精度，例如作者姓名加上作者单位就能比较精确地定位需要的文献，也能对期刊进行设置只查询某种或某几种类型的核心期刊。

主题
AND 作者
AND 期刊名称
包含资讯 网络首发 增强出版 基金文献 中英文扩展 同义词扩展
时间范围： 出版年度 起始年 — 结束年 更新时间 不限 指定期
来源类别： 全部期刊 SCI来源期刊 EI来源期刊 北大核心 CSSCI CSCD
重置条件 检索

总库 中文 外文 学术期刊 学位论文 会议 报纸 年鉴

参考文献

[1] 沈勇,张大经,郑康成. 现代化学信息基础教程[M]. 广州:中山大学出版社,2000.

[2] 缪强. 化学信息学导论[M]. 北京:高等教育出版社,2001.

[3] 陈明旦,谭凯. 化学信息学[M]. 2版. 北京:化学工业出版社,2011.

[4] 刘嫔,张卉. PowerPoint 多媒体课件制作案例教程[M]. 北京:人民邮电出版社,2015.

[5] 王玉路,靳丽强. ChemDraw 科技绘图实战进阶[M]. 北京:化学工业出版社,2021.

[6] 周剑平. 精通 Origin 7.0[M]. 北京:北京航空航天大学出版社,2004.

[7] 李润明,吴晓明. 图解 Origin8.0 科技绘图及数据分析[M]. 北京:人民邮电出版社,2009.

[8] 赵文元,王亦军. 计算机在化学化工中的应用技术[M]. 北京:科学出版社,2001.

[9] 方利国. 计算机在化学化工中的应用[M]. 3版. 北京:化学工业出版社,2011.

[10] 杨继萍,吴华. Visio 2010 图形设计标准教程[M]. 北京:清华大学出版社,2011.

[11] 肖信,汪朝阳. 信息技术与化学教学[M]. 北京:化学工业出版社,2005.

[12] 张运林. 多媒体技术基础与 Authorware 实用教程[M]. 北京:北京大学出版社,2014.

[13] 方磊,谷琼. 文献检索与利用[M]. 北京:清华大学出版社,2020.

参考文献